高职高专系列教材

煤化工专业实训

赵宏林　张怀远　编著

中国石化出版社

内 容 提 要

本书系统地介绍了煤中全水分、水分、灰分、挥发分的测定等煤的工业分析；煤中碳和氢测定、煤中全硫的测定等煤的元素分析；煤的发热量、烟煤黏结指数及烟煤的胶质层指数测定等煤的工艺性质分析。同时本书也系统地介绍了常压固定床气化和甲醇合成的原理、方法及操作规程。

本书可作为高职高专院校煤化工和煤炭综合利用专业的实训教学、成人教育、职业培训的教材，也可供从事煤化工技术工作人员的参考用书。

图书在版编目(CIP)数据

煤化工专业实训／赵宏林，张怀远编著.
—北京：中国石化出版社，2015.5(2018.8 重印)
高职高专系列教材
ISBN 978-7-5114-3336-7

Ⅰ.①煤… Ⅱ.①赵… ②张… Ⅲ.①煤化工-高等职业教育-教材 Ⅳ.①TQ53

中国版本图书馆 CIP 数据核字(2015)第 088435 号

中国石化出版社出版发行
地址：北京市朝阳区吉市口路 9 号
邮编：100020 电话：(010)59964500
发行部电话：(010)59964526
http://www.sinopec-press.com
E-mail：press@sinopec.com
北京柏力行彩印有限公司印刷
全国各地新华书店经销
*
787×1092 毫米 16 开本 15.25 印张 365 千字
2018 年 8 月第 1 版第 2 次印刷
定价：32.00 元

前　　言

本教材是根据高职高专煤化工生产技术专业教学要求，按照“以岗位为基础，以能力为本位”的原则，立足于煤化工技术实践教学的需要而编写。该课程教学时数为90左右，先修课程为“煤化学”和“煤化工生产技术”。

本教材采用最新的国家标准和国际标准，可作为高职高专煤化工及其相关专业人才培养的一门专业必修课程，其任务是通过本课程的学习，使学生能够掌握甲醇合成和煤炭气化的原理、工艺、方法及实训操作；能够掌握煤的工业分析及元素分析的测定原理、仪器设备、实训操作步骤、数据处理及实验现象分析。

本书共有三大模块。煤化学实训主要介绍煤中全水分、灰分、挥发分、煤中碳和氢、煤的发热量、煤中全硫、烟煤黏结指数及烟煤的胶质层指数测定原理、方法及操作；煤化工工艺实训主要介绍煤炭气化装置、煤炭气化原理、煤炭气化操作、煤气气体成分分析及数据处理；甲醇冷模装置实训主要介绍甲醇冷模装置概述、煤制甲醇生产方法、煤炭气化、煤炭变换、煤气脱硫脱碳、甲醇合成、甲醇精馏、甲醇冷模仿真实训。

本书由兰州石化职业技术学院赵宏林和张怀远编写。赵宏林编写模块三，张怀远编写模块一和模块二。全书由赵宏林统稿。本书由兰州石化职业技术学院侯侠主审。

本书编写与出版得到了中国石化出版社的支持和帮助，在此谨表感谢，同时在编写过程中借鉴了大量专家和学者的研究成果，在此向原作者表示崇高敬意和衷心感谢。

由于编者水平有限，书中疏漏或不妥之处在所难免，恳请广大读者批评指正。

编　者

2015年1月

目　　录

模块一　煤化学实训

项目一　煤中全水分的测定

《煤中全水分的测定方法》(GB/T 211—2007)规定，煤中全水分的测定可采用3种方法：方法A(两步法)、方法B(一步法)、方法C(微波干燥法)。方法B包括方法B1(在氮气流中干燥)和方法B2(在空气流中干燥)。

一、实验目的

(1) 学习和掌握煤中全水分的测定方法和原理。

(2) 了解全水分测定的用途。

二、实验原理

(一) 煤中水分的存在状态

水分是煤中的重要组成部分，是煤炭质量的重要指标。煤中的水分可分为游离水和化合水。煤中游离水是指与煤呈物理态结合的水，它吸附在煤的外表面和内部空隙中。因此，煤的颗粒越细，内部空隙越发达，煤中吸附的水分就越高。煤中的游离水分可分为两类：即在常温的大气中易于失去的水分和不易失去的水分。前者吸附在煤粒的外表面和较大的毛细空隙中，称为外在水分，用M_f表示；后者则存在于较小的空隙中，称为内在水分，用M_{inh}表示。煤的内在水分和外在水分的质量之和就是煤的全水分，它代表了刚开采出来，或使用单位刚收到，或即将投入使用状态下煤中的全部水分(游离水分)。全水分用M_t或M_{ar}表示。通俗地说，外在水分就是煤长时间暴露在空气中所失去的水分，而这时没有失去仍然残留在煤中的水分就是内在水分，有时也称风干煤样水分。

严格地说，内在水分、外在水分、全水分等指的是水分占煤样质量的百分数。按照一定的采样标准从商品煤堆、商品煤运输工具或用户煤场等处所采煤样称为应用煤样，将应用煤样送到化验室后称为收到煤样，它含有的水分占收到煤样质量的百分数称为煤的全水分或收到基全水分，用M_t或M_{ar}表示。应用煤样在空气中放置一定时间，使煤中水分在大气中不断蒸发，当煤中水的蒸气压与大气中水蒸气分压达到平衡，这时所失去的水分占收到煤样质量的百分数就是收到基外在水分，用$M_{f,ar}$表示。

煤失去外在水分后所处的状态称为风干状态或空气干燥状态，失去外在水分的煤样称为风干煤样或空气干燥煤样。残留在风干煤样中的全部水分质量占风干煤样质量的百分数称为空气干燥基内在水分，用$M_{inh,ad}$表示。通常，煤质分析化验采用的煤样均是空气干燥煤样，空气干燥煤样的水分也可称为空气干燥基水分，用M_{ad}表示，它的大小与$M_{inh,ad}$相同。为了应用方便，将收到基外在水分和空气干燥基内在水分简称为外在水分和内在水分，符号也分别简化为 M_f 和 M_{inh}。

外在水分和内在水分构成了煤的全水分(即收到基全水分)，它们的关系可用下式表示：

$$M_{ar}=\frac{100-M_f}{100}\cdot M_{inh}+M_f,\ \%$$

煤的化合水包括结晶水和热解水。结晶水是指煤中含结晶水的矿物质所具有的，如石膏($CaSO_4\cdot 2H_2O$)、高岭石($2Al_2O_3\cdot 4SiO_2\cdot 4H_2O$)中的结晶水，通常煤中结晶水含量不大；热解水是煤炭在高温热解条件下，煤中的氧和氢结合生成水，它取决于热解的条件和煤中的氧含量。通常，如果不作特殊说明，煤中的水分均是指煤中的游离态的吸附水。这种水在稍高于100℃的条件下即可以从煤中完全析出，而结晶水和热解水析出的温度要高的多。$CaSO_4\cdot 2H_2O$ 在163℃才析出结晶水，而 $2Al_2O_3\cdot 4SiO_2\cdot 4H_2O$ 则要在560℃才析出结晶水，煤分子中的氢和氧化合为水也要在300℃以上才能形成。因此，煤中水分的测定温度一般在105~110℃，在此温度下不会发生化合水的析出。

在煤质研究中，经常会用到一个重要概念——煤的最高内在水分。煤的最高内在水分是指煤样在30℃、相对湿度达到96%的条件下吸附水分达到饱和时测得的水分，用符号 *MHC* 表示，这一指标反映了年轻煤的煤化程度，用于煤质研究和煤的分类。由于空气干燥基水分的平衡湿度一般低于96%，因此，最高内在水分高于空气干燥基水分。

在煤的工业分析中，水分一般指空气干燥基水分，而外在水分、内在水分、最高内在水分和收到基全水分不属于工业分析的范围。

(二)水分测定的应用

目前各国及国际标准在煤水分测定时，测定技术有所不同，导致测定值的差异，需注意某些测定方法并不适用所有煤阶段水分的测定。

煤中水分含量影响到煤的工业用途、使用、运输、储存。水分的存在会相对降低煤的发热量，同时与 SO_2 等作用生成 H_2SO_3 腐蚀设备。因此煤的水分是评价煤炭质量的一个基本指标，水分被列为低阶煤质编码参数。商品煤中的水还是煤炭生产、流通领域中的一个计价因数，煤炭供需双方的合同通常规定煤的最高水分及水分超量的扣款方法。煤中水分虽谈不上有害，但属无效物质，对炼焦煤来说每提高1%水分，结焦时间相应增长十几分钟。作为燃料，发热量降低；运输中属无效运输；在冬季易冻车造成卸车困难；有的用煤设备对煤中水分有其严格要求，以免降低设备的运行效率。

(三)煤中水分与煤化程度的关系

煤的内在水分与煤化程度呈规律性的变化。从褐煤开始，随煤化程度的提高，煤的内在水分是逐渐下降的，到中等煤化程度的肥煤和焦煤阶段，内在水分最低，此后，随煤化程度的提高，内在水分又有所上升。这是由于煤的内在水分吸附于煤的孔隙内表面上，内表面积越大，吸附水分的能力就越强，煤的水分就越高。此外，煤分子结构上极性的含氧官能团的数量越多，煤吸附水分的能力也越大。低煤化程度的煤内表面发达，分子结构上含氧官能团的数量也多，因此内在水分就越高。随煤化程度的提高，煤的内表面和含氧官能团均呈下降趋势，因此，煤中的内在水分也是下降的。到无烟煤阶段，煤的内表面积有所增大，因而煤的内在水分也有所提高。煤的最高内在水分与煤化程度的关系见表1-1。

表 1-1 煤的最高内在水分与煤化程度的关系

煤种	无烟煤	贫煤	瘦煤	焦煤	肥煤	气煤	弱黏煤	不黏煤	长焰煤	褐煤
MHC/%	1.5~10	1~3.5	1~3	0.5~4	0.5~4	1~6	3~10	5~20	5~20	15~35

(四)水分测定的原理

煤的空气干燥基水分、外在水分、内在水分、最高内在水分和收到基全水分的测定方法、步骤有所不同，但测定的原理相同。煤中水分的测定方法有很多，如加热干燥法、共沸蒸馏法、微波加热法等。

1. 加热干燥法

加热干燥法分为干燥失重法和直接重量法。由于煤中水分是以物理态吸附在煤的表面或孔隙中的，只要将煤加热到高于100℃，即可使煤中水分析出。干燥失重法通常是将煤加热到105~110℃并保持恒温，直至煤样处于恒重时，煤样的失重即为煤样水分的质量。计算煤样干燥后失去的质量占煤样干燥前的质量的百分数即为测定的水分数据。由于干燥失重法测定过程简单、仪器设备容易解决，测定结果可靠，因此在实验室中常用此法。但该法也有缺点，即对于年轻煤容易氧化，测定结果偏低。在实用上采用在氮气流中加热或提高温度缩短加热时间的办法来解决。

直接重量法是在105~110℃干燥的氮气流中加热煤样，煤样中水分被氮气流带走，流经装有吸水剂吸收管，水分被吸水剂吸收，根据吸水管的增重计算水分量。该法不存在煤样氧化的问题，但仪器设备复杂，测定过程麻烦。

2. 共沸蒸馏法

将煤样悬浮在一种与水不相溶的有机溶剂(通常用甲苯或二甲苯)中，放入水浴中加热，煤中的水分受热后形成蒸汽，与有机溶剂蒸气一起进入冷凝冷却器，冷凝液进入有刻度的接收管。由于水与溶剂不相溶，且水的密度大，沉于底部，可通过刻度读取水的体积，从而得到水分的量。该方法准确，特别适合于年轻的煤，但所用溶剂有毒。

3. 微波加热法

将煤样置于微波测水仪内，在微波作用下，煤中的水分高速振动，产生摩擦热，使水分蒸发，根据煤样的失重计算水分的含量。微波加热法对煤样能够均匀加热，水分能够迅速蒸发，因而测定快速、周期短，能防止煤样因加热时间长而氧化。但因为无烟煤和焦炭的导电性强，不适合该法测定水分。

在实验室中最常用的方法是烘箱加热的干燥失重法。

三、实验试剂和仪器设备

(1) 空气干燥箱：带有自动控温和鼓风装置，并能保持温度在105~110℃温度范围内，有气体进、出口，有足够的换气量(如每小时可换气5次以上)。

(2) 浅盘：有镀锌铁板或铝板等耐热耐腐蚀材料制成，其规格应能容纳500g煤样，且单位面积负荷不超过1g/cm^3。

(3) 玻璃称量瓶：直径40mm，高25mm，并带有严密的磨口盖。

(4) 分析天平：感量0.001g。

(5) 工业天平：感量0.1g。

(6) 无水氯化钙：化学纯，粒状。

（7）变色硅胶：工业用品。

（8）干燥器：内装变色硅胶或粒状无水氯化钙。

四、实验步骤

1. 粒度小于 6mm 煤样的全水分测定(方法 B1，在氮气流中干燥)

（1）用预先干燥并已称量过(称准至 0.01g)的称量瓶迅速称取粒度小于 6mm 的煤样10~12g(称准至 0.001g)，平摊在称量瓶中。

（2）打开瓶盖，放入预先通入空气并已加热到 105~110℃的空气干燥箱中。在鼓风的条件下，烟煤干燥 2h，褐煤和无烟煤干燥 3h。

（3）从干燥箱中取出称量瓶，立即盖上盖，在空气中放置约 5min，然后放入干燥器中，冷却至室温(约 20min)，称量，称准至 0.001g。

（4）进行检查性干燥，每次 30 min，直到连续两次干燥煤样质量减少不超过 0.01g 或质量增加时为止。在后一种情况下，采用质量增加前一次的质量作为计算依据。水分在 2%以下时，不必进行检查性干燥。

2. 粒度小于 13mm 煤样的全水分测定(方法 B2，在空气流中干燥)

（1）用预先干燥并已称量过的浅盘内迅速称取粒度小于 13mm 的煤样(500±10)g(称准至 0.1g)，平摊在浅盘中。

（2）将浅盘放入预先加热到 105~110℃的空气干燥箱中，在鼓风的条件下，烟煤干燥 2h，无烟煤干燥 3h。

（3）将浅盘取出，趁热称量，称准至 0.1g。

（4）进行检查性干燥，每次 30 min，直到连续两次干燥煤样质量减少不超过 0.5g 或质量增加时为止。在后一种情况下，采用质量增加前一次的质量作为计算依据。

五、实验记录和结果计算

1. 实验记录

煤的全水分测定记录表见表 1-2。

表 1-2　煤的全水分测定记录表

煤样名称				
重复测定			第一次	第二次
称量瓶编号				
称量瓶质量/g				
煤样+称量瓶质量/g				
煤样质量/g				
干燥后煤样+称量瓶质量/g				
煤样减轻的质量/g				
检查性干燥	干燥后煤样+称量瓶质量/g	第一次		
		第二次		
		第三次		
M_t 平均值/%				

2. 结果计算

全水分测定结果按式(1-1)计算：

$$M_t = \frac{m_1}{m} \times 100\% \qquad (1-1)$$

式中　M_t——煤样的全水分，用质量分数表示,%；

m——称取的煤样质量，g；

m_1——煤样干燥后的质量损失，g。

报告值修约至小数点后一位。

如果在运送过程中煤样的水分有损失，则按式(1-2)求出补正后的全水分值。

$$M_t = M_1 + \frac{m_1}{m}(100 - M_1) \qquad (1-2)$$

式中，M_1是煤样运送过程中的水分损失量(%)。当M_1大于1%时，表明煤样在运送过程中可能受到意外损失，则不可补正。但测得的水分可作为实验室收到煤样的全水分。在报告结果时，应注明“未经补正水分损失”并将煤样容器标签和密封情况一并报告。

六、全水分测定的精密度

煤中全水分测定的精密度见表1-3。

表1-3　煤中全水分测定的精密度　　%

全水分(M_t)	重复性限	全水分(M_t)	重复性限
<10	0.4	≥10.00	0.5

七、注意事项

(1) 全水分煤样制样要迅速、使煤样不易破碎过细，以防止制样中水分损失。

(2) 煤样应保存在密封性良好的容器内。

(3) 全水分样品送到实验室后应立即测定，保证破碎过程中水分无明显损失。

(4) 称取煤样之前，应将密封容器中的煤样充分混合至少1min，称量时动作一定要迅速。

八、思考题

(1) 全水分煤样可由哪些渠道制取？

(2) 全水分测定前需做哪些准备工作？

(3) 全水分测定应注意哪些问题？

(4) 全水分等于内在水分和外在水分之和，在计算煤的全水分时，为什么不能将内在水分和外在水分直接相加来计算？

项目二　一般分析试验煤样水分的测定

《煤的工业分析方法》(GB/T 212—2008)规定了煤的三种水分测定方法。其中方法A(通氮干燥法)适用于所有煤种，方法B(空气干燥法)仅适用于烟煤和无烟煤，方法C(微波干燥法)适用于褐煤和烟煤水分的快速测定。在仲裁分析中遇到有用一般分析试验煤样水分进行校正以及基的换算时，应用方法A测定一般分析试验煤样的水分。本实验采用方法B(空气干燥法)。

一、实验目的

(1) 学习和掌握一般分析试验煤样水分的测定方法和原理。

(2) 了解一般分析试验煤样的主要作用。

二、实验原理

称取一定量的一般分析试验煤样，置于105~110℃鼓风干燥箱内，在空气流中干燥到质量恒定。然后根据煤样的质量损失计算出水分的质量分数。

三、实验试剂、仪器、设备

(1) 无水氯化钙：化学纯，粒状。

(2) 变色硅胶：工业用品。

(3) 鼓风干燥箱：带有自动控温装置，能保持温度在105~110℃范围内。

(4) 玻璃称量瓶：直径40mm，高25mm，并带有严密的磨口盖。

(5) 干燥器：内装变色硅胶或粒状无水氯化钙。

(6) 分析天平：感量0.1mg。

四、实验步骤

(1) 在预先干燥并已称量过的称量瓶内称取粒度小于0.2mm的一般分析试验煤样(1±0.1)g(称准至0.0002g)，平摊在称量瓶中。

(2) 打开称量瓶盖，放入预先鼓风并已加热到105~110℃的干燥箱中。在一直鼓风的条件下，烟煤干燥1h，无烟煤干燥1.5h。

(3) 从干燥箱中取出称量瓶，立即盖上盖，放入干燥器中冷却至室温(约20min)后称量。

(4) 进行检查性干燥，每次30min，直到连续两次干燥煤样质量的减少不超过0.0010g或质量增加时为止。水分在2.00%以下时，不必进行检查性干燥。

五、实验记录和结果计算

1. 实验记录

水分测定记录表见表1-4。

表1-4　一般分析试验煤样水分测定原始记录表

煤样名称		
重复测定	第一次	第二次
称量瓶编号		

<table>
<tr><td colspan="3">煤样名称</td><td colspan="2"></td></tr>
<tr><td colspan="3">称量瓶质量/g</td><td></td><td></td></tr>
<tr><td colspan="3">煤样+称量瓶质量/g</td><td></td><td></td></tr>
<tr><td colspan="3">煤样质量/g</td><td></td><td></td></tr>
<tr><td colspan="3">干燥后煤样+称量瓶质量/g</td><td></td><td></td></tr>
<tr><td colspan="3">煤样减轻的质量/g</td><td></td><td></td></tr>
<tr><td rowspan="3">检查性干燥</td><td rowspan="3">干燥后煤样+称量瓶质量/g</td><td>第一次</td><td></td><td></td></tr>
<tr><td>第二次</td><td></td><td></td></tr>
<tr><td>第三次</td><td></td><td></td></tr>
<tr><td colspan="3">M_{ad}/%</td><td></td><td></td></tr>
<tr><td colspan="3">M_{ad}(平均值)/%</td><td colspan="2"></td></tr>
</table>

2. 结果计算

一般分析试验煤样水分的质量分数按式(1-3)计算：

$$M_{ad} = \frac{m_1}{m} \times 100\% \tag{1-3}$$

式中　M_{ad}——一般分析试验煤样水分的质量分数，%；

m——称取的一般分析试验煤样的质量，g；

m_1——煤样干燥后失去的质量，g。

六、水分测定的精密度

一般分析试验煤样水分测定的精密度见表1-5。

表1-5　一般分析试验煤样水分测定的精密度　　%

水分质量分数(M_{ad})	重复性限	水分质量分数(M_{ad})	重复性限
<5.00	0.20	>10.00	0.40
5.00~10.00	0.30		

七、注意事项

(1) 试样粒度小于0.2mm，干燥温度必须按要求控制在105~110℃；干燥时间应为煤样达到干燥完全的最短时间。不同煤源即使同一煤种，其干燥时间也不一定相同。

(2) 称取试样前，应将煤样充分混合。

(3) 预先鼓风的目的在于促进干燥箱内空气流动，一方面使箱内温度均匀，另一方面使煤中水分尽快蒸发，缩短实验周期。应将装有煤样的称量瓶放入干燥箱前3~5min，就开始鼓风。

(4) 凡需根据水分测定结果进行校正和换算的分析实验，应和水分测定同时进行，如不能同时进行，两者测定也应在煤样水分不发生显著变化的期限内进行(最多不超过7天)。

(5) 进行检查性干燥中，遇到质量增加时，采用质量增加前一次的质量为计算依据。

八、思考题

（1）干燥箱为什么要预先鼓风？

（2）为什么要进行检查性干燥？

（3）为什么空气干燥法测定 M_{ad} 不适用于褐煤？

项目三　煤灰分产率的测定

GB/T 212—2008 规定，煤的灰分测定包括缓慢灰化法和快速灰化法两种方法。快速灰化法又包括方法 A（快速灰分测定仪法）和方法 B（马弗炉法）两种方法，其中缓慢灰化法为仲裁法，快速灰化法为例行分析方法。

一、实验目的

（1）学习和掌握煤灰分产率的测定方法和测定原理。

（2）了解煤的灰分与煤中矿物质的关系。

二、实验原理

（一）煤灰分的成因

煤的灰分不是煤中的固有组成，而是由煤中的矿物质转化而来的。煤的灰分与矿物质有很大的区别，首先是灰分的产率比相应的矿物质含量要低，其次是在成分上有很大的变化。矿物质在高温下经分解、氧化、化合等化学反应以后才转化为灰分。煤在灰化过程中矿物质发生的化学反应主要有以下几种：

1. 碳酸盐类矿物的分解

$$CaCO_3 \longrightarrow CaO + CO_2\uparrow$$

$$FeCO_3 \longrightarrow FeO + CO_2\uparrow$$

$$4FeO + O_2 \longrightarrow 2Fe_2O_3$$

2. 硫铁矿的氧化

$$4FeS_2 + 11O_2 \longrightarrow 2Fe_2O_3 + 8SO_2\uparrow$$

3. 黏土、石膏脱结晶水

$$2Si_2 \cdot Al_2O_3 \cdot 2H_2O \longrightarrow 2SiO_2 + Al_2O_3 + 2H_2O\uparrow$$

$$CaSO_4 \cdot 2H_2O \longrightarrow CaSO_4 + 2H_2O\uparrow$$

4. CaO 与 SO_2 的反应

$$2CaO + 2SO_2 + O_2 \longrightarrow 2CaSO_4$$

煤中矿物质含量与其相应的灰分产率的关系可用式（1-4）近似表示：

$$MM = 1.08A + 0.55S_t \qquad (1-4)$$

式中　MM——煤中矿物质的含量，%；

A——煤灰分产率，%；

S_t——煤中的全硫含量，%。

（二）煤中矿物质

煤中矿物质是煤中无机物的总和，包括在煤中独立存在的矿物质（高岭土、蒙脱石、硫铁矿、方解石、石英等），也包括与煤的有机质结合的无机物元素，它们以羰基盐的形式存在，如钙、钠等。此外，煤中还有许多微量元素，其中有的是有益或无益的元素，有的则是有毒或有害的元素。按矿物质的成分或来源可分为以下几种。

1. 原生矿物质

指存在于成煤的植物中，主要是碱金属、碱土金属的盐类，与有机质紧密结合，很难用机械方法分开。这部分矿物质含量很小，约占灰分总量的1%~2%，对煤的最终灰分影响不大。

2. 次生矿物质

主要是指植物遗体在沼泽中堆积时，外来水流和风带来的细黏土、沙粒或水中钙、镁离子及硫铁矿的沉淀。这部分矿物与泥炭搀混，有的均匀分散在泥炭的有机质中，呈浸染状；有的则形成独立的包裹体，呈透镜状、条带状、薄片状等。此外，煤层形成后，地下水中熔接的矿物质由于条件变化而沉淀并充填在煤的裂隙中，主要有方解石、石膏等矿物。次生矿物质的存在形态，决定了煤的可选性难易程度。

煤中的原生矿物质和次生矿物质合称为内在矿物质。次生矿物质的赋存状态是影响煤炭可选性的主要因素。一般来说，呈细分散状的矿物质难以用常规选煤方法分离出来，呈粗颗粒状的则易于通过常规方法予以脱除。

3. 外来矿物质

这种矿物质原来不含于煤层中，它是在采煤过程中混入煤中的顶板、底板和夹矸层中的矸石所形成的。它与煤是独立存在的，几乎不影响煤的可选性。

按来源形式煤中矿物的分类见表1-6。

表1-6　煤中矿物的分类

矿物质	泥炭化作用阶段形成		煤化作用阶段形成	
	水或风运移	化学反应形成	沉积在空隙中（松散共生）	共生矿物的转化（紧密共生）
黏土矿物	高岭石、伊利石、绢云母、蒙脱石等			伊利石、绿泥石
碳酸盐矿物		菱铁矿、铁白云石、白云石、方解石等	铁白云石、白云石、方解石等	
硫化物		黄铁矿结核、胶黄铁矿、白铁矿等	黄铁矿、白铁矿，闪锌矿、方铅矿、黄铜矿、丝炭中黄铁矿	共生 $FeCO_3$ 结合转化为黄铁矿
氧化物		赤铁矿	针铁矿、纤铁矿	
石英	石英粒子	玉髓和石英、来自风化的长石和云母	石英	

续表

矿物质	泥炭化作用阶段形成		煤化作用阶段形成	
	水或风运移	化学反应形成	沉积在空隙中（松散共生）	共生矿物的转化（紧密共生）
磷酸盐	磷灰石	磷钙土、磷灰石		
重矿物和其他矿物	金岩石、金红石、电气石、正长石、黑云母		氯化物、硫酸盐和硝酸盐	

由于煤中的矿物质种类十分复杂，性质差异很大，此外，它们与煤的有机物结合得很紧密，很难彻底分离，要准确测定其组成成分是比较困难的。因此，一般只测定矿物质的总含量，而不测定各组分的含量。国际上测定煤中矿物质含量的方法很不统一，一般有酸抽提法和低温灰化法。酸抽提法的要点是用盐酸和氢氟酸处理煤样，以脱出部分矿物质，再测定酸不溶矿物质，从而计算矿物质含量。这个方法与低温灰化法相比，具有仪器设备简单，实验周期短，易于掌握等优点，但此法的缺点是使用有毒的氢氟酸，测定手续繁琐。低温灰化法是用等离子低温炉，使氧活化后通过煤样，让煤中的有机质在低于150℃的条件下氧化，残余物即为矿物质。由于温度较低，煤中的矿物质不发生变化。低温灰化法的优点是在不破坏矿物质结构的情况下直接测定煤中的矿物质含量，缺点是测定周期长达100~125h，且需要专门的设备，实验条件严格，而且还要测定残留物中的碳、硫含量，比较繁琐。

（三）煤灰成分

煤灰是煤中的矿物质在煤燃烧后形成的残渣，其化学组成十分复杂，不同产地、不同煤种煤的灰分组成差别很大，与煤化程度没有规律可循。煤灰中的成分有几十种，地球上天然存在的元素几乎在煤灰中均可发现，但常见的只有硅、铝、钙、镁、铁、钛、钾、钠、硫、磷等，在一般的煤灰成分测定中也只分析这几种。煤灰成分十分复杂，很难测定其中的化合物，一般用主要元素的氧化物形式表示，如SiO_2、Al_2O_3、MgO、Fe_2O_3、TiO_2、K_2O、SO_3、P_2O_5，其中，最主要的是SiO_2、Al_2O_3、CaO、MgO、Fe_2O_3几种，一般占95%以上。煤灰中各成分的含量取决于原始的矿物组成。

我国煤中的矿物组成大多以硅铝酸盐类为主，因此，煤炭中SiO_2含量最大，其次是Al_2O_3。我国煤炭成分的一般范围见表1-7，我国部分产地煤的煤灰成分见表1-8。

表1-7　我国煤灰成分的一般范围

煤灰成分	褐煤		硬煤	
	最低值	最高值	最低值	最高值
SiO_2	10	60	15	>80
Al_2O_3	5	35	8	50
Fe_2O_3	4	25	1	65
CaO	5	40	0.5	35
MgO	0.1	3	<0.1	5
TiO_2	0.2	4	0.1	6
SO_3	0.6	35	<0.1	15
P_2O_5	0.04	2.5	0.01	5
K_2O+Na_2O	0.09	10	<0.1	10

表 1-8 我国部分产地煤的煤灰成分 %

煤产地	SiO_2	Al_2O_3	Fe_2O_3	CaO	MgO	TiO_2	K_2O+Na_2O	SO_3	碱酸比
阳泉无烟煤	52.7	33.6	7.0	0.2	1.3	0.8	2.0	0.4	0.10
晋城无烟煤	47.7	33.6	4.7	6.5	0.9	0.9	3.3	2.7	0.19
西山贫瘦煤	56.3	31.4	6.9	2.2	0.5	1.0	0.5	1.2	0.11
灵武不黏煤	37.9	14.5	16.4	10.9	5.0	0.9	2.5	11.8	0.65
长广气煤	46.1	29.7	15.2	3.5	0.5	1.6	1.1	2.4	0.26
大同弱黏煤	57.8	18.4	13.1	3.4	0.7	1.3	—	3.2	0.16
扎赉诺尔煤	41.1	13.6	12.4	14.0	3.0	1.2	3.0	9.5	0.6

注：碱酸比 = $(Fe_2O_3+CaO+MgO+K_2O+Na_2O)/(SiO_2+Al_2O_3+TiO_2)$。

(四) 煤灰熔融性和煤灰黏度

1. 煤灰熔融性

煤灰熔融性是动力用煤和气化煤的重要性能指标。煤灰熔融性是指煤灰在高温条件下软化、熔融、流动时的温度特性。通常，煤灰熔融性采用角锥法进行测定，即将煤灰中加入淀粉糊，制成三棱锥形状的灰锥，放入高温炉，在一定气氛下加热，观察在加热过程中灰锥的变形情况，依次确定煤灰熔融性。通常用三个特性温度表示：

变形温度(Deforming Temperature，*DT*)——煤灰锥体尖端开始弯曲或变圆时的温度。

软化温度(Softening Temperature，*ST*)——煤灰锥体弯曲至锥尖及底板变成球形或半球形时的温度。

流动温度(Flowing Temperature，*FT*)——煤灰锥体完全熔化展开成高度小于 1.5mm 薄片时的温度。

一般以煤灰的软化温度 *ST* 作为衡量煤灰熔融性的指标，即灰熔点。如图 1-1 所示。

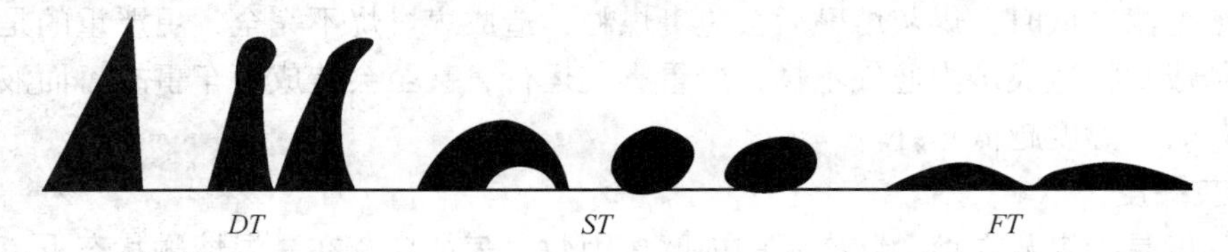

图 1-1 煤灰灰锥变形和熔融温度

煤灰熔融性取决于煤灰成分的组成比例及气氛的氧化还原性。灰成分中 SiO_2 和 Al_2O_3 含量高，灰熔点也高；而 CaO、MgO、Fe_2O_3、K_2O、Na_2O 等碱性成分高则灰熔点就低。

高温条件下，煤灰所在部位的氧化还原性气氛对煤灰熔融性也有很大的影响。氧化、弱还原和强还原气氛下，Fe 元素分别以 Fe_2O_3、FeO 和 Fe 的形式存在，其熔点也各不同。Fe_2O_3的熔点是 1560℃，FeO 的熔点是 1535℃，Fe 的熔点是 1420℃。在弱还原性气氛下，FeO 能与 SiO_2形成一系列共熔混合物，如 $4FeO \cdot SiO_2$、$2FeO \cdot SiO_2$和 $FeO \cdot SiO_2$等，它们的熔融范围均在 1138~1180℃之间。在工业条件下，煤炭燃烧或气化成渣部位的气氛一般是弱还原性的，因此，在测定煤灰熔融性时，一般模拟弱还原性气氛进行。

在相同的气氛条件下，煤炭熔融性由其灰成分的化学组成决定。通常，不同产地的煤，其煤灰成分差别很大，因此煤灰熔融性也都不相同。煤灰中不同化学成分对煤灰熔融性的影响有一定规律。

(1) SiO_2的影响：SiO_2是煤灰中含量最多的成分，约为 30%~70%。SiO_2对煤灰融性的影响较为复杂。在SiO_2含量大于40%时，煤灰熔融温度比小于40%的约高100℃；当SiO_2含量超过45%时，随SiO_2含量的增加，FT和ST之差随之增大；但SiO_2含量在45%~60%时，随SiO_2含量的增加，灰熔点则随之降低；当SiO_2含量超过60%时，对灰熔点的影响没有规律性。

（2）Al_2O_3的影响：Al_2O_3是煤灰中含量第二的成分，它的存在能显著增加煤灰的熔融温度。Al_2O_3含量越高，煤灰熔融温度就越高。当煤灰中Al_2O_3的含量超过40%时，无论其他成分如何变化，煤灰的流动温度都将大于1500℃。

（3）CaO的影响：煤灰中CaO的含量差别很大，大多数煤灰中CaO含量不超过10%，个别煤灰中CaO的含量可高达30%以上。CaO是碱土金属氧化物，它很容易与SiO_2形成易熔的硅酸盐。通常煤灰中的SiO_2含量远远超过CaO的含量，有足够的SiO_2与CaO形成复合硅酸盐。因此，CaO一般均起降低灰熔点的作用。

（4）MgO的影响：MgO的作用与CaO类似，也会降低灰熔点。

（5）K_2O、Na_2O的影响：煤灰中的K_2O、Na_2O均能显著降低灰熔点。煤灰中Na_2O每增加1%，软化温度降低17.7℃，流动温度降低15.6℃。

按照煤灰熔融温度的高低可将煤灰熔融性分为四种类型：

（1）易熔灰分　　$ST<1100$℃

（2）中等熔融灰分　　$ST=1100\sim1250$℃

（3）难溶灰分　　$ST=1250\sim1500$℃

（4）耐熔灰分　　$ST>1500$℃

煤炭熔融温度是一个近似反映煤在锅炉中或气化炉中灰渣熔融特性的数据。一般固态排渣炉要求煤灰的熔融温度越高越好，以避免因为煤灰的熔融温度低而在炉内结渣影响正常操作。煤灰熔融温度低时，煤灰熔融后会包裹煤粒，造成煤燃烧不完全，更严重的是熔融煤灰渣之间融结成片，造成炉内通气不畅，严重影响运行，甚至会造成停车事故。而液态排渣炉则要求煤灰熔融温度越低越好。

2. 煤灰黏度

煤灰黏度是指煤灰在熔融状态下的内摩擦因数，表征煤灰在高温熔融状态下流动时的物理特性。根据牛顿摩擦定律，两个相对移动的液体层面之间相互作用力f与垂直于流动方向的速度梯度dv/dx和接触液面的面积S成正比，如式(1-5)所示：

$$f=\eta\cdot S\cdot\frac{dv}{dx}\qquad(1-5)$$

式中　η——流体的内摩擦因数或动力黏度，Pa·s。

煤灰黏度是动力用煤和气化用煤的重要指标，特别是对于液态排渣炉来说，仅靠煤灰熔融温度的高低已经不能正确判断煤灰渣在液态时的流动特性，而需要测定煤灰在熔融态时的黏度特性曲线。近年来，世界上液态排渣的大型现代化锅炉和气化炉有了很快的发展，特别是在现代煤气化工艺中，很多工艺对煤灰黏度提出了要求，因为这些煤气化工艺均是在高于煤灰熔点的温度下操作的，采用液态排渣，一般希望煤灰黏度小一点为好，这样可以在较低温度下操作，延长设备的使用寿命，有利于降低操作费用，提高经济效益。例如，在固定床液态排渣煤气炉中，排渣黏度应小于5.0Pa·s；煤粉气化过程中，其排渣黏度应小于25.0Pa·s；而在液态排渣锅炉中，顺利排渣的黏度范围是5.0~10.0Pa·s。实验表明，由于煤灰组成不同，虽然两种煤灰的熔融温度可能相近，但其黏度-温度特性曲线有很大的差别。因此，需要测定煤灰的黏度-温度特性曲线，才能了解灰渣的流动特性，以帮助制订相应的操作条件或采用添加助熔剂或配煤的方法来改变煤灰的流动性，使其符合液态排渣炉的使用要求。

（五）煤中矿物质及灰分对煤炭利用的影响

作为能源或化工原料使用时，煤中的矿物质或灰分是不利的甚至是有害的，必须尽量除去煤中的矿物质。

（1）煤炭在我国是大宗运输物资，煤中的矿物质多就必然造成运力的浪费。

（2）炼焦是煤炭利用的重要途径，在煤炭焦化过程中，煤中矿物质会转化成灰分进入焦炭。灰分的增加，将导致焦炭的机械强度下降；用于炼铁时，焦炭灰分高，将使高炉产量下降、原料消耗增大。通常，焦炭灰分增加1%，焦炭用量增加2.0%~2.5%，助熔剂石灰石用量增加2%，高炉产量下降2.5%~3.0%。

（3）作为气化原料或动力燃料时，灰分大，则热效率低。灰分每增大1%，煤耗增加2.0%~2.5%。处理燃烧后的灰渣，也会增加成本。

（六）煤灰分的测定方法和原理

1. 缓慢灰化法

用预先灼烧至质量恒定的灰皿，称取粒度为0.2mm以下的干燥煤样(1　0.1)g(精确至0.0002g)，质量记为m(g)，均匀摊平在灰皿中，轻微振动，使样品分散为均匀的薄层，置温度低于100℃的高温炉中。在炉门留有约15mm左右的缝隙供自然通风，控制加热速度，使炉温在30min左右缓慢升高至500℃并保持此温度30min。然后，升高温度至(815　10)℃，关闭炉门，在此温度下继续灼烧1h。灰化结束后取出灰皿，放在耐热瓷板或石棉网上，盖上灰盖在空气中冷却5 min左右。移入干燥器中冷至室温(约20min)称量，然后进行检查性灼烧，每次进行20min，直到煤样的质量变化小于0.001g时为止，取最后一次质量计算，质量记为m_1。灰分小于15%的样品，可不必进行检查性灼烧。可按式(1-6)计算空气干燥煤的灰分。

$$A_{ad} = m_1/m \times 100\% \qquad (1-6)$$

2. 快速灰化法

快速灰化法又分为快速灰分测定仪测定法和马弗炉测定法。

（1）快速灰分测定仪测定法：

快速灰分测定仪由马蹄形管式电炉、传送带、控制仪三部分组成。测定时，将灰分快速测定仪预先加热至(815　10)℃，开传送带并将其传送速度调节到17mm/min左右，用预先灼烧至质量恒定的灰皿，称取粒度为0.2mm以下的干燥煤样(0.5　0.01)g(精确至0.0002g)。均匀的摊平在灰皿中，将盛有煤样的灰皿放在灰分快速测定仪的传送带上，灰皿就自动送入炉中，当灰皿从炉中送出时取下，放在耐热瓷板或石棉网上，在空气中冷却5 min左右。移入干燥器中冷至室温(约20min)称量。

（2）马弗炉测定法：

马弗炉测定法是将盛有煤样的已恒定质量的灰皿预先分排放在耐热瓷板或石棉网上，将马弗炉加热到850℃，打开炉门，将放有灰皿的耐热瓷板或石棉网缓慢推入马弗炉中，先使第一排灰皿中的煤样灰化，等5~10min，煤样不再冒烟时，以不大于2mm/min的速度把第二排、第三排、第四排的灰皿按顺序推入炉内炽热部分，关上炉门，在(815 10)℃的温度下灼烧40min，从炉中取出灰皿，放在空气中冷却5 min左右。移入干燥器中冷至室温(约20min)称量，然后进行检查性灼烧至恒重，取最后一次质量计算。(如检查灼烧时结果不稳定，改为缓慢灰化法重新测定，灰分小于15%的样品，可不必进行检查性灼烧)。

(七)灰分测定的应用

灰分是一个重要的煤指标，它对煤的加工利用产生负面影响，同时造成环境污染。从对煤质评价及煤对环境的影响考虑，灰分被列为“中国煤炭编码系统和中国炉层煤分类”中的一个分类编码参数。煤的灰分分级如表1-9所示。

灰分的存在不但影响燃烧时煤的发热量，同时也影响煤灰的熔融特性以及对炉膛表面的腐蚀及灰沉积情况。煤灰也可综合利用变废为宝，如用煤灰生产水泥、预制块、砖瓦或轻骨料等建筑材料；在农业上用作土壤改良剂；煤中稀有元素含量高时，尚可富集提取稀有元素。

表1-9 煤的灰分分级表

级别名称	分级范围(A_d/%)	级别名称	分级范围(A_d/%)
特低灰煤	≤5.00	中灰分煤	20.01~30.00
低灰分煤	5.01~10.00	中高灰煤	30.01~40.00
低中灰煤	10.01~20.00	特高灰分煤	40.01~50.00

三、仪器设备

(1) 马弗炉：炉膛具有足够的恒温区，能保持温度为(815±10)℃。炉后壁的上部带有直径为25~30mm的烟囱，下部离炉膛底20~30mm处有一个插热电偶的小孔。炉门上有一个直径为20mm的通气孔。马弗炉的恒温区应在关闭炉门下测定，并至少每年测定一次。高温计(包括毫伏计和热电偶)至少每年校准一次。

(2) 灰皿：瓷质，长方形，底长45mm，底宽22mm，高14mm(见图1-2)。

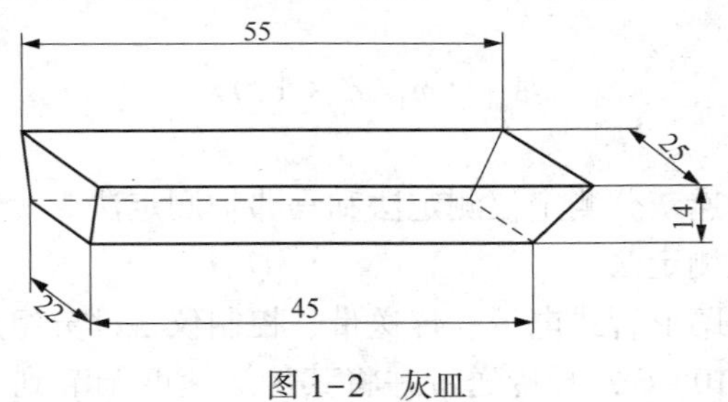

图1-2 灰皿

注：单位为毫米(mm)，余同。

(3) 干燥器。

(4) 分析天平。

(5) 耐热瓷板或石棉板。

四、实验步骤

(1) 在预先灼烧至质量恒定的灰皿中，称取粒度小于0.2mm的一般分析试验煤样(1±

0.1)g，称准至0.0002g，均匀地摊平在灰皿中，使其每平方厘米的质量不超过0.15g。

(2) 将灰皿送入炉温不超过100℃的马弗炉恒温区中，关上炉门并使炉门留有15mm左右的缝隙。在不少于30min的时间内将炉温缓慢升至500℃，并在此温度下保持30min。继续升温到(815±10)℃，并在此温度下灼烧1h。

(3) 从炉中取出灰皿，放在耐热瓷板或石棉板上，在空气中冷却5min左右，移入干燥器中冷却至室温(约20min)后称量。

(4) 进行检查性灼烧，温度为(815±10)℃，每次20min，直到连续两次灼烧后的质量变化不超过0.0010g为止。以最后一次灼烧后的质量为计算依据。灰分小于15%时，不必进行检查性灼烧。

五、实验记录和结果计算

1. 实验记录

灰分测定记录表见表1-10。

表1-10　灰分测定原始记录表

煤样名称		
重复测定	第一次	第二次
灰皿编号		
灰皿质量/g		
煤样+灰皿质量/g		
煤样质量/g		
灼烧后残渣质量+灰皿质量/g		
残渣质量		
A_{ad}/%		
平均值		

2. 结果计算

煤样的空气干燥基灰分按式(1-7)计算：

$$A_{ad} = \frac{m_1}{m} \times 100\% \qquad (1-7)$$

式中　A_{ad}——空气干燥基灰分的质量分数，%；

m_1——灼烧后残留物的质量，g；

m——称取的一般分析试验煤样的质量，g。

六、灰分测定的精密度

灰分测定精密度见表1-11。

表1-11　灰分测定精密度　　%

灰分质量分数	重复性限 A_{ad}	再现性临界差 A_d
<15	0.20	0.30
15.00~30.00	0.30	0.50
>30	0.50	0.70

七、注意事项

(1) 快速灰化法对某一矿区的煤，需经过缓慢灰化法反复校正，证明误差在允许差范围内方可使用。

(2) 快速灰化法时每排灰皿推进速度不能过快，否则容易爆炸，使试验作废。

(3) 煤样在灰皿中要铺平，使其每平方厘米的质量不超过 0.08g，以避免局部过厚，燃烧不完全。

(4) 煤样在灰化前最好先做干燥处理，以免灰化时水分剧烈蒸发产生煤烟使实验作废，也可以使用测定过水分的煤样来测灰分。

(5) 灰化过程中始终保持良好的通风状态，使硫氧化物一经生成就及时排除。

八、思考题

(1) 影响灰分测定结果的主要因素有哪些？

(2) 水分含量高的煤样在灰化过程中会产生什么现象？应如何避免？

(3) 如何获得可靠的灰分测定结果？

项目四 煤挥发分产率的测定

煤挥发分产率测定是一个规范性很强的实验项目，本实验采用 GB/T 212—2008 测定煤的挥发分产率。

一、实验目的

(1) 掌握煤挥发分产率的测定原理及方法。

(2) 了解运用挥发分产率判断煤的煤化程度，初步确定煤的加工利用途径。

二、实验原理

(一) 煤挥发分测定

称取(1±0.01)g 分析煤样放入挥发分坩埚，在(900±10)℃下隔绝空气加热 7min 取出，在干燥器中冷却后称量，按式(1-8)计算挥发分：

$$V_{ad} = \frac{m - m_1}{m} \times 100 - M_{ad}, \% \qquad (1-8)$$

式中 V_{ad}——空气干燥基挥发分的质量分数,%；

m——一般分析试验煤样的质量，g；

m_1——煤样加热后减少的质量，g；

M_{ad}——一般分析试验煤样水分的质量分数,%。

(二) 干燥无灰基挥发分的换算

挥发分是由煤的有机质热解而产生的，挥发分的高低反映了煤的有机质的特性。但挥发分的测定结果用空气干燥基表示时，由于水分和灰分的影响，既不能正确反映煤中有机质的特性，也不能准确表达挥发分的大小。因此，排出水分和灰分的影响，采用无水无灰的基准（无水无灰基也称干燥无灰基）表示。干燥无灰基的挥发分指的是有机质挥发物的质量占煤中干燥无灰物质质量的百分数。在实际使用中除非特别指明，挥发分的基准均是干燥无灰基。干燥无灰基挥发分用 V_{daf} 表示，由空气干燥基挥发分换算而得：

$$V_{daf} = \frac{100}{100 - M_{ad} - A_{ad}} \times V_{ad},\ \% \tag{1-9}$$

这时，干燥无灰基的固定碳：

$$FC_{daf} = 100 - V_{daf},\ \% \tag{1-10}$$

（三）挥发分的校正

根据挥发分的定义，挥发分反映的是煤中有机质的特性，但在失重法测定过程中，挥发物中除了有机质上分解而来的化合物之外，还有一部分挥发物不是从有机质而来。如煤样中矿物质的结晶水、碳酸盐矿物分解产生的 CO_2、硫铁矿转化而来的 H_2S 等。显然它们是由煤样中的无机盐转化而来的。但在挥发分测定时，记入了挥发分，这样，所测定的挥发分就不能正确反映有机质的真实情况，必须经行校正。也就是从挥发分的测值中扣除 CO_2、H_2S 和矿物结晶水的量。碳酸盐 CO_2 含量校正如下：

当碳酸盐含量≥2%时，

$$V_{ad校正} = V_{ad} - (CO_2)_{ad},\ \% \tag{1-11}$$

式中 $(CO_2)_{ad}$——空气干燥基碳酸盐 CO_2 的含量，%。

但在实际工作中，直接测定碳酸盐分解生成的 CO_2，硫铁矿产生的 H_2S 和矿物质结晶水的含量十分复杂，有的甚至是不可能的。因此，一般采用对煤样进行脱灰处理，降低其矿物质含量后，矿物质对挥发分的测定产生的影响就可以忽略了。通常，要求用于挥发分测定的煤炭样，其灰分应该小于 15%，最好是 10%。

（四）影响煤挥发分的因素

1. 测定条件的影响

影响挥发分测定结果的主要因素是加热温度、加热时间、加热速度。此外，加热炉的大小，试样容器的材质、形状和尺寸以及容器的支架都会影响测定结果。因此，挥发分测定是一个规范性很强的分析项目。

2. 煤化程度的影响

煤的挥发分随煤化程度的提高而下降。褐煤的挥发分最高，通常大于 40%，无烟煤的挥发分最低，通常小于 10%。煤的挥发分主要来自于煤分子上不稳定的脂肪侧链、含氧官能团断裂后形成的小分子化合物和煤有机质高分子缩聚时的氢气。随着煤化程度的提高，煤分子上的脂肪侧链和含氧官能团均呈下降趋势，所以煤的挥发分随煤化程度的提高而下降。

3. 成因类型和煤岩组分的影响

煤的挥发分主要决定于其煤化程度，但也受成因类型和煤岩类型的影响。腐殖煤的挥发分低于腐泥煤。这是因为成煤原始植物和结构的差异引起的。腐植煤以稠环芳香族物质为主，受热不易分解，而腐泥煤则以脂肪族为主，受热易裂解为小分子化合物成为挥发分。

煤岩组分中壳质组挥发分最高，镜质组次之，惰质组最低。由于各个显微成分有不同的挥发分，因此煤的挥发分将随显微组分的变化而变化，而且非常敏感。图 1-3 是不同煤岩的挥发组分的挥发分随煤化程度的变化规律。腐殖质镜质组的挥发分随煤化程度的提高而较为均匀的下降。所以，一般用挥发分作为表示煤化程度的指标。

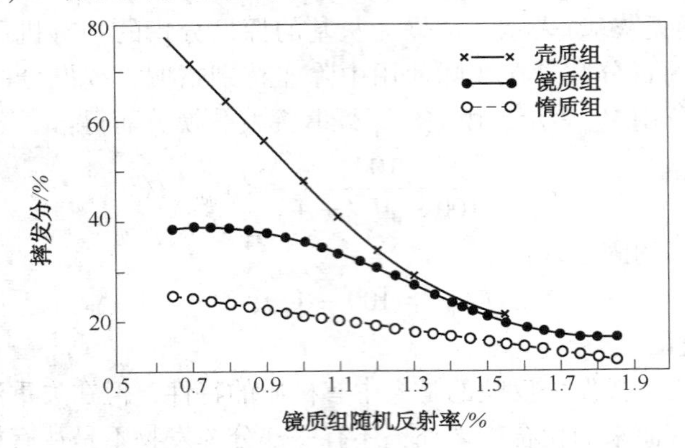

图 1-3　不同显微组分的挥发分与其镜质组随机反射率的关系

(五) 挥发分测定的应用

根据挥发分产率的高低，可以初步判别煤的变质程度、发热量及焦油产率等各种重要性质，而且几乎世界各国都采用干燥无灰基挥发分作为煤分类的一个主要指标。

工业生产用煤也都首先需要了解挥发分是否合乎要求，所以煤的挥发分是了解煤性质和用途的最基本、最重要的指标，也是煤分类的重要指标。煤的干燥无灰基挥发分分级表见表1-12。

表 1-12　煤的干燥无灰基挥发分分级表

级别名称	分级范围(V_{daf}/%)	级别名称	分级范围(V_{daf}/%)
特低挥发分煤	≤10	中高挥发分煤	28.01~37.00
低挥发分煤	10.01~20.00	高挥发分煤	37.01~50.00
中等挥发分煤	20.01~28.00	特高挥发分煤	>50

三、实验仪器设备

(1) 挥发分坩埚(见图 1-4)：带有配合严密盖的瓷坩埚，总质量为 15~20g。

(2) 马弗炉：带有高温计和调温装置，能保持温度在(900±10)℃，并有足够的(900±5)℃的恒温区。炉子的热容量为当起始温度为 920℃左右时，放入室内温度下的坩埚架和若干坩埚，关闭炉门后，在 3min 内恢复到(900±10)℃。炉后壁有一个排气孔和插热电偶的小孔。小孔的位置应使热电偶插入炉内后其热接点在坩埚底和炉底之间，距炉底 20~30mm 处。马弗炉的恒温区应在关闭炉门下测定，并至少每年测定一次。高温计(包括毫伏计和热电偶)至少每年校准一次。

(3) 坩埚架：用镍铬丝或其他耐热金属丝制成。其规格尺寸能使所有的坩埚都在马弗炉恒温区内，并且坩埚底部紧邻热电偶接点上方(见图 1-5)。

(4) 瓷坩埚夹。

(5) 干燥器：内装变色硅胶或粒状无水氯化钙。

(6) 分析天平：感量 0.0001g。

(7) 压饼机：螺旋式或杠杆式压饼机，能压制直径约 10mm 的煤饼。

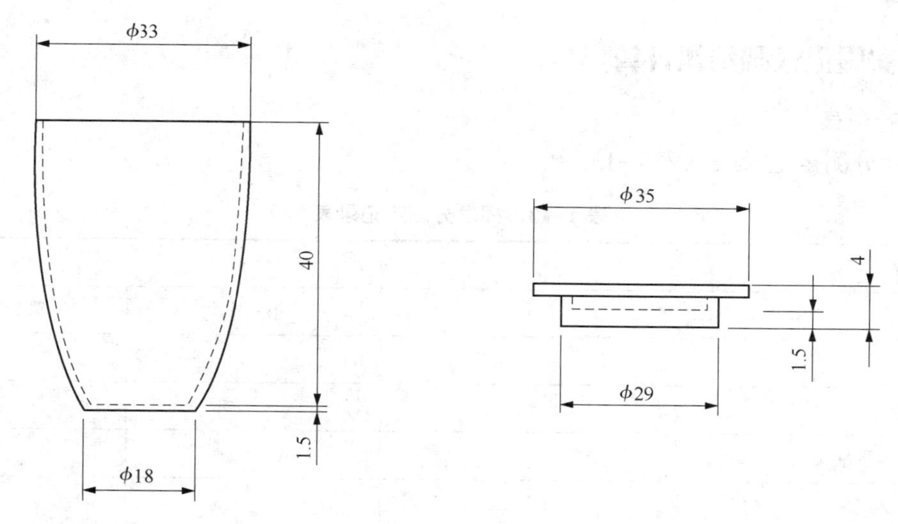

图 1-4　挥发分坩埚

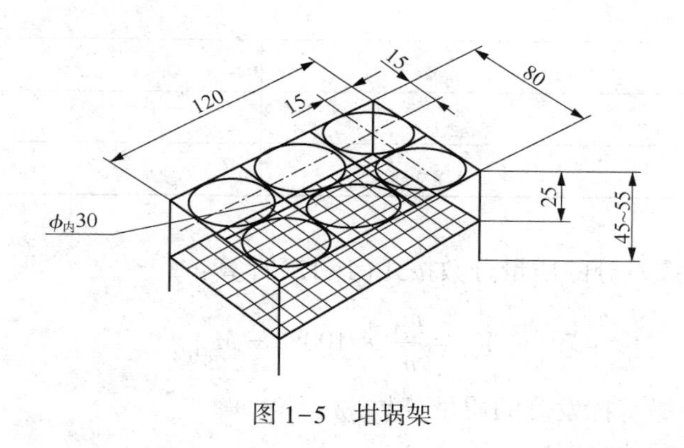

图 1-5　坩埚架

（8）秒表

四、实验步骤

（1）在预先于 900℃温度下灼烧至质量恒定的带盖瓷坩埚中，称取粒度小于 0. 2mm 的一般分析试验煤样（1±0. 01）g（称准至 0. 0002g），然后轻轻振动坩埚，使煤样摊平，盖上盖，放在坩埚架上。褐煤和长焰煤就预先压饼，并切成约 3mm 的小块。

（2）将马弗炉预先加热至 920℃左右。打开炉门，迅速将放有坩埚的架子放入恒温区，立即关上炉门并计时，准确加热 7min。坩埚及坩埚架放入后，要求炉温在 3min 内恢复至（900±10）℃，此后保持在（900±10）℃，否则此次实验作废。加热时间包括温度恢复时间在内。

注：马弗炉预先加热温度可视马弗炉具体情况调节，以保证在放入坩埚及坩埚架后，炉温在 3min 内恢复至（900±10）℃为准。

（3）从炉中取出坩埚，放在空气中冷却 5min 左右，移入干燥器中冷却至室温（约 20 min）后称量。

五、实验记录和结果计算

1. 实验记录

煤挥发分测定记录表见表1-13。

表1-13　挥发分测定记录表　　%

煤样名称		
重复测定	第一次	第二次
坩埚编号		
坩埚质量/g		
煤样+坩埚质量/g		
煤样质量/g		
焦渣+坩埚质量/g		
煤样加热后减轻的质量/g		
M_{ad}/%		
V_{ad}/%		
平均值/%		

2. 结果计算

空气干燥煤样的挥发分的质量分数按式(1-12)计算：

$$V_{ad}=\frac{m_1}{m}\times 100\%-M_{ad} \tag{1-12}$$

式中　V_{ad}——空气干燥基挥发分的质量分数,%；

m——一般分析试验煤样的质量，g；

m_1——煤样加热后减少的质量，g；

M_{ad}——一般分析试验煤样水分的质量分数,%。

六、挥发分测定的精密度

挥发分测定的精密度见表1-14。

表1-14　挥发分测定精密度　　%

挥发分质量分数	重复性限 V_{ad}	再现性临界差 V_d
<20.00	0.30	0.50
20.00~40.00	0.50	1.00
>40.00	0.80	1.50

七、煤中的固定碳含量

煤的固定碳含量不能直接测定，一般是根据测定的水分、灰分、挥发分，用差减法求得。

空气干燥基的固定碳 FC_{ad} 按式(1-13)计算：

$$FC_{ad} = 100 - M_{ad} - A_{ad} - V_{ad},\ \% \qquad (1-13)$$

挥发分和固定碳都不是煤中的固有成分，它们是煤中的有机质在一定条件下热分解的产物。固定碳与煤中的碳元素是两个不同的概念，固定碳实际上是高分子化合物的混合物，它含有碳、氢、氧、氮、硫等元素。

通常在煤的有机质隔绝空气加热后形成的挥发物中有 CH_4、C_2H_6、H_2、CO、H_2S、NH_3、COS、H_2O、C_nH_{2n}、C_nH_{2n-2} 以及苯、萘、酚等芳香化合物和 $C_5 \sim C_{16}$ 的烃类、吡啶、吡咯、噻吩等化合物。

八、注意事项

（1）总加热时间(包括温度恢复时间)严格控制在 7min，用秒表计时。

（2）炉温应在 3min 中内恢复到(900±10)℃，因此马弗炉应经常验证其温度恢复速度是否符合要求，或手动控制。

（3）坩埚从马弗炉取出后，在空气中冷却时间不宜过长，以防焦渣吸水，坩埚在称量前不能开盖。

（4）测定低煤化程度煤如褐煤、长焰煤时必须压饼。这是由于它们的水分和挥发分很高，如以松散状态测定，挥发分大量释放，易把坩埚盖顶开带走碳粒，使结果偏高，且重复性较差。压饼后试样紧密，可减缓挥发分的释放速度，有效防止煤样爆燃、喷溅，使测定结果稳定可靠。

（5）定期对热电偶及毫伏计进行校正。校正和使用热电偶时，其冷端应放入冰水或将零点调到室温，或采用冷端补偿器。

（6）定期测量马弗炉的恒温区，装有煤样的坩埚必须放在马弗炉的恒温区内。

（7）每次实验最好放同样数目的坩埚，以保证坩埚及支架的热容量基本一致。

（8）要使用符合规定的坩埚，坩埚盖子必须配合使用。

（9）要用耐热金属做的坩埚架，它受热时不能掉皮，若黏在坩埚上影响测定结果。

九、思考题

（1）煤的挥发分指标为什么不能称为挥发分含量？

（2）固定碳与煤中碳元素含量有何区别？

（3）测定低煤化程度煤的挥发分产率时，为什么要压饼？

项目五　煤中碳和氢的含量测定

《煤中碳和氢的测定方法》(GB/T 476—2008)规定了煤和水煤浆中碳氢分析的三节炉法、二节炉法，用电量法测定煤和水煤浆中的氢的方法用重量法测定碳的方法及其原理、试剂和材料、装置、试验步骤、结果计算及精密度等。本实验采用国家标准的三节炉法。用吸收法测定二氧化碳和水，从而间接求得碳和氢的含量。

一、实验目的

(1) 掌握三节炉法测定煤中碳、氢含量的基本方法。

(2) 了解三节炉的结构和燃烧管的填充方法，并学会实验操作。

二、实验原理

(一) 煤中的碳元素

碳是构成煤分子骨架最重要的元素之一，也是煤燃烧过程中放出热能的最主要的元素之一。随煤化程度的提高，煤中的碳元素逐渐增加，从褐煤的60%左右一直增加到年老无烟煤的98%。腐殖煤的碳含量高于腐泥煤，在不同的煤岩组分中，碳含量的顺序是：惰质组 > 镜质组 > 壳质组。

(二) 煤中的氢元素

氢元素是煤中第二重要的元素，主要存在于煤分子的侧链和官能团上，在有机质中的含量约为2.0%~6.5%左右，随煤化程度的提高而呈下降趋势。从低煤化程度到中等煤化程度阶段，氢元素的含量变化不十分明显，但在高变质的无烟煤阶段，氢元素的降低较为明显而且均匀，从年轻无烟煤的4%下降到年老无烟煤的2%左右。因此，我国无烟煤分类中采用氢元素含量作为分类指标。氢元素的发热量约为碳元素的4倍，虽然远低于碳含量，但氢元素的变化对煤的发热量影响很大。

腐泥煤的氢含量高于腐殖煤。腐殖煤中不同煤岩组分氢含量的顺序是：壳质组>镜质组>惰质组。煤中元素含量随煤化程度的变化规律如表1-15所示。

表1-15 煤中元素含量随煤化程度的变化规律

煤种	C_{daf}/%	H_{daf}/%	煤种	C_{daf}/%	H_{daf}/%
泥炭	55~62	5.3~6.5	肥煤	82~89	4.8~6.0
年轻褐煤	60~70	5.5~6.6	焦煤	86.5~91	4.5~5.5
年老褐煤	70~76.5	4.5~6.0	瘦煤	88~92.5	4.3~5.0
长焰球	77~81	5.4~6.8	贫煤	88~92.7	4.0~4.7
气煤	79~85	5.4~6.8	年轻无烟煤	89~93	3.3~4.0
典型无烟煤	93~95	2.0~3.2	年老无烟煤	95~98	0.8~2.0

(三) 碳、氢元素的测定

燃烧法是目前测定煤中碳氢含量的最通用方法，其基本原理是：将盛有定量分析的煤样的瓷舟放入燃烧管内，通入氧气，在800℃的温度下使煤样充分燃烧。煤样中的碳和氢在800℃下分别生成二氧化碳和水，分别用吸水剂(氯化钙或过氯酸镁)和二氧化碳吸收剂(碱石棉，碱石灰)吸收，根据吸收剂的增重计算出煤中碳和氢含量的百分比含量。

为了防止煤样燃烧不完全，在燃烧管中要充填线状氧化铜或高锰酸银，将未燃烧完全的CO、CH_4等氧化物氧化完全。为避免煤中硫形成的SO_x和氯被二氧化碳吸收剂吸收，而被误认为二氧化碳，燃烧管内还要充填铬酸铅和银丝卷(若前面用高锰酸银，则银丝卷可不用)。铬酸铅可与SO_x反应生成硫酸铅，被固定在铬酸铅内，不随气流进入二氧化碳吸收管。氯则与银反应生成氯化银而被固定。另外，煤中的氮会生成NO_x影响碳的测定，可以在二氧化碳吸收管前加充填有颗粒状MnO_2的吸收管以除去它的干扰。

三、试剂和材料

（1）无水高氯酸镁：分析纯，粒度1~3mm；或无水氯化钙：分析纯，粒度2~5mm。

（2）粒状二氧化锰：化学纯，市售或用硫酸锰和高锰酸钾制备。制法：称取25g硫酸锰，溶于500mL蒸馏水中，另称取16.4g高锰酸钾，溶于300mL蒸馏水中。两溶液分别加热到50~60℃。在不断搅拌下将高锰酸钾溶液慢慢注入硫酸锰溶液中，并加以剧烈搅拌。然后加入10mL(1+1)硫酸。将溶液加热到70~80℃并继续搅拌5min，停止加热，静置2~3h。用热蒸馏水以倾泻法洗至中性。将沉淀移至漏斗过滤，除去水分，然后放入干燥箱中，在150℃左右干燥2~3h，得到褐色、疏松状的二氧化锰，小心破碎和过筛，取粒度0.5~2mm的备用。

（3）铜丝卷：丝直径约0.5mm。铜丝网：0.15mm(100目)。

（4）氧化铜：化学纯，线状(长约5mm)。

（5）铬酸铅：分析纯，制备成粒度1~4mm。

制法：将市售的铬酸铅用蒸馏水调成糊状，挤压成型。放入马弗炉中，在850℃下灼烧2h，取出冷却后备用。

（6）银丝卷：丝直径约0.25mm。

（7）氧气：99.9%，不含氢。氧气钢瓶配有可调节流量的带减压阀的压力表(可使用医用氧气吸入器)。

（8）三氧化钨：分析纯。

（9）碱石棉：化学纯，粒度1~2mm；或碱石灰：化学纯，粒度0.5~2mm。

（10）真空硅脂。

（11）高锰酸银热解产物：当使用二节炉时，需制备高锰酸银热解产物。制备方法如下：将100g化学纯高锰酸钾，溶于2L蒸馏水中，煮沸。另取107.5g化学纯硝酸银溶于约50mL蒸馏水中，在不断搅拌下，缓缓注入沸腾的高锰酸钾溶液中，搅拌均匀后逐渐冷却并静置过夜。将生成的深紫色晶体用蒸馏水洗涤数次，在60~80℃下干燥1h，然后将晶体一小部分一小部分地放在瓷皿中，在电炉上缓缓加热至骤然分解，成银灰色疏松状产物，装入磨口瓶中备用。

警告：未分解的高锰酸钾易受热分解，故不宜大量储存。

（12）硫酸：化学纯。

（13）带磨口塞的玻璃管或小型干燥器(不放干燥剂)。

四、实验装置

（一）碳氢测定仪

碳氢测定仪包括净化系统、燃烧装置和吸收系统三个主要部分，结构如图1-6所示。

1. 净化系统

用来脱除氧气中的二氧化碳和水，包括以下部件。

（1）气体干燥塔：容量500mL，2个，一个(A)上部(约2/3)装入无水氯化钙(或无水高氯酸镁)，下部(约1/3)装碱石棉(或碱石灰)；另一个(B)装入无水氯化钙(或无水高氯酸镁)。

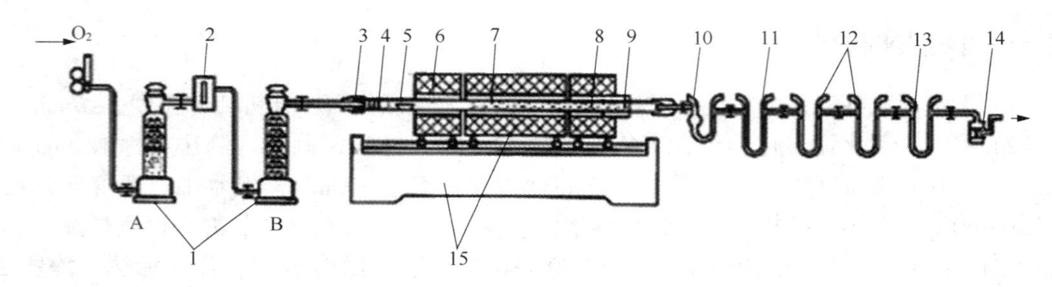

图 1-6 碳氢测定仪

1—气体干燥塔；2—流量计；3—橡皮塞；4—铜丝卷；5—燃烧舟；6—燃烧管；7—氧化铜；8—铬酸铅；9—银丝卷；10—吸水 U 形管；11—除氮氧化物 U 形管；12—吸收二氧化碳 U 形管；13—空 U 形管；14—气泡计；15—三节电炉及控温装置

（2）计量计：测量范围 0~150mL/min 。

2. 燃烧装置

由一个三节(或二节)管式炉及其控温系统构成，用以将煤完全燃烧使其中的碳和氢分别生成二氧化碳和水，同时脱出测定干扰的硫氧化物和氯。主要包括以下部件。

（1）电炉：三节炉或二节炉(双管炉或单管炉)，炉膛直径约 35mm。

三节炉：第一节长约 230mm，可加热到(850±10)℃ ，并可沿水平方向移动；第二节长 330~350mm，可加热到(800±10)℃；第三节长 130~150mm，可加热到(600±10)℃。

二节炉：第一节长约 230mm，可加热到(850±10)℃，并可沿水平方向移动；第二节炉长 130~150mm，可加热到(500±10)℃ 。每节炉装有热电偶、测温和控温装置。

（2）燃烧管：素瓷、石英、刚玉或不锈钢制成，长 1100~1200mm(使用二节炉时，长约 800mm)，内径 20~22mm，壁厚约 2mm。

（3）燃烧舟：素瓷或石英制成，长约 80mm。

（4）橡皮塞或橡皮帽(最好用耐热硅橡胶)或铜接头。

（5）镍铬丝钩：直径约 2mm，长约 700mm，一端弯成钩。

3. 吸收系统

用来吸收燃烧生成的二氧化碳和水，并在二氧化碳吸收管前将氮氧化物脱出，包括以下部件。

a）吸水 U 形管(见图 1-7)装药部分高 100~120mm，直径约 15mm，入口端有一球形扩大部分，内装无水氯化钙或无水高氯酸镁。

b）吸收二氧化碳 U 形管(见图 1-8)2 个。装药部分高 100~120mm，直径约 15mm ，前 2/3 装碱石棉或碱石灰，后 1/3 装无水氯化钙或无水高氯酸镁。

c）除氮 U 形管(见图 1-8)装药部分高 100~120mm，直径约 15mm，前 2/3 装粒状二氧化锰，后 1/3 装无水氯化钙或无水高氯酸镁。

d）气泡计：容量约 10mL，内装浓硫酸。

（二）分析天平

感量为 0. 0001g。

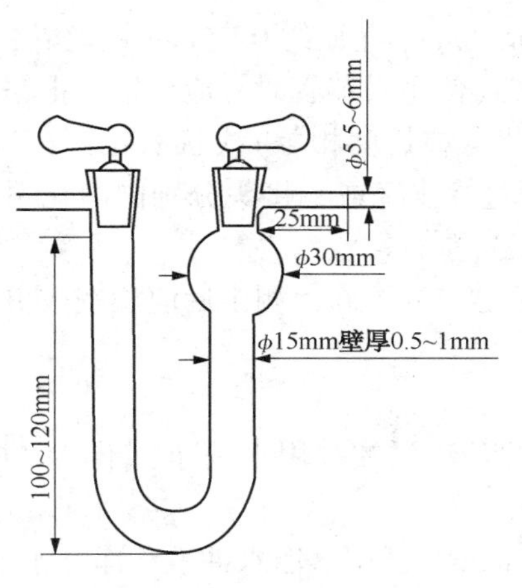

图 1-7 吸水 U 形管

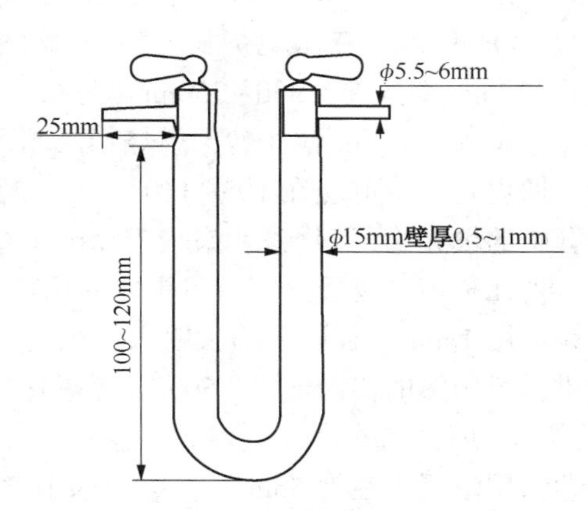

图 1-8 二氧化碳吸收管(除氮 U 形管)

五、实验准备

1. 净化系统各容器的充填和连接

按规定在净化系统各容器中装入相应的净化剂，然后按图 1-6 顺序将各容器连接好。氧气可由氧气钢瓶通过可调节流量计的减压阀供给。净化剂经 70～100 次测定后，应进行检查或更换。

2. 吸收系统各容器的充填和连接

按规定在吸收系统各容器中装入相应的吸收剂。为保证系统气密，每个 U 形管磨口塞处涂少许真空硅脂，然后按图 1-6 顺序将各容器连接好。

吸收系统的末端可连接一个空 U 形管(防止硫酸倒吸)和一个装有硫酸的气泡计。

当出现下列现象时，应更换 U 形管中试剂：

(1) 吸水 U 形管中的氯化钙开始溶化并阻碍气体畅通；

(2) 第二个吸收二氧化碳的 U 形管一次试验后的质量增加达 50mg 时，应更换第一个 U 形管中的二氧化碳吸收剂；

(3) 二氧化锰一般使用 50 次左右应更换。

上述 U 形管更换试剂后，应以 120mL/min 的流量通入氧气至质量恒定后方能使用。

3. 燃烧管的填充

(1) 使用三节炉时，按图 1-9 所示填充：

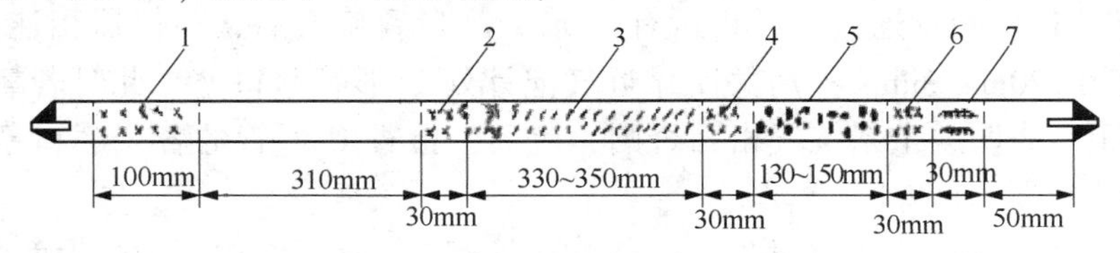

图 1-9 三节炉燃烧管填充示意图

1，2，4，6—铜丝卷；3—氧化铜；5—铬酸铅；7—银丝卷

用直径约 0.5mm 的铜丝制做三个长约 30mm 和一个长约 100mm、直径稍小于燃烧管使之既能自由插入管内又与管壁密切接触的铜丝卷。

从燃烧管出气端起，留 50mm 空间，依次填充 30mm 直径约 0. 25mm 银丝卷，30mm 铜丝卷，130～150mm(与第三节电炉长度相等)铬酸铅(使用石英管时，应用铜片把铬酸铅与石英管隔开)，30mm 铜丝卷，330～350mm(与第二节电炉长度相等)线状氧化铜，30mm 铜丝卷，310mm 空间和 100mm 铜丝卷，燃烧管两端通过橡皮塞或铜接头分别同净化系统和吸收系统连接。橡皮塞使用前应在 105～110℃ 下干燥 8h 左右。

燃烧管中的填充物(氧化铜、铬酸铅和银丝卷)经 70～100 次测定后应检查或更换。

注：下列几种填充物经处理后可重复使用：

氧化铜：用 1mm 孔径筛子筛去粉末；

铬酸铅：可用热的稀碱液(约 50g/L 氢氧化钠溶液)浸渍、用水洗净、干燥，并在 500～600℃下灼烧 0. 5h ；

银丝卷：用浓氨水浸泡 5min，在蒸馏水中煮沸 5min，用蒸馏水冲洗干净并干燥。

(2) 使用二节炉时，按图 1-10 所示填充。

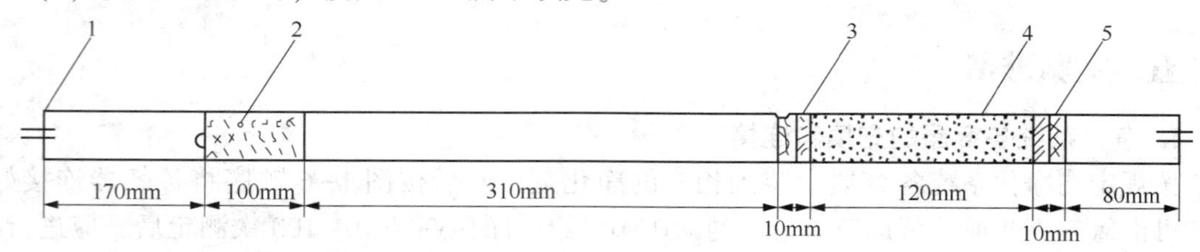

图 1-10　二节炉燃烧管填充示意图

1—橡皮塞；2—铜丝卷；3，5—铜丝网圆垫；4—高锰酸银热解产物

按(1)给出的细节，做两个长约 10mm 和一个长约 100mm 的铜丝卷，再用 100 目铜丝网剪成与燃烧管直径匹配的圆形垫片 3～4 个(用以防止高锰酸银热解产物被气流带出)，然后按图 1-10 所示部位填入。

4. 炉温的校正

将工作热电偶插入三节炉(或二节炉)的热电偶孔内，使热端插入炉膛与高温计连接。将炉温升至规定温度，保温 1h。燃后沿燃烧管轴向将标准热电偶依次插到空燃烧管中对应于第一、第二、第三节炉(或第一、第二节炉)的中心处(注意勿使热电偶和燃烧管管壁接触)。根据标准热电偶指示，将管式电炉调节到规定温度并恒温 5min 。记下相应工作热电偶的读数，以后即以此为准控制炉温。

5. 测定仪整个系统的气密性检查

将仪器按图 1-6 所示连接好，将所有 U 形管磨口塞旋开启，与仪器相连，接通氧气，调节氧气流量为 120mL/min。然后关闭靠近气泡计处 U 形管磨口塞，此时若氧气流量降至 20 mL/min 以下，表明整个系统气密；否则，应逐个检查 U 形管的各个磨口塞，查出漏气处，予以解决。

注意：检查气密性时间不宜过长，以免 U 形管磨口塞因系统内压力过大而弹开。

6. 测定仪可靠性检查

为了检查测定仪是否可靠，可称取 0. 2g 标准煤样，称准至 0. 0002g，进行碳氢测定。如果实测的碳氢值与标准值的差值不超过标准煤样规定的不确定度，表明测定仪可用。否则需查明原因并纠正后才能进行正式测定。

7. 空白试验

将仪器各部分按图 1-6 所示连接，将吸收系统各 U 形管磨口塞旋至开启状态，接通氧气，调节氧气流量为 120mL/min。在升温过程中，将第一节电炉往返移动几次，通气约 20min 后，取下吸收系统，将各 U 形管磨口塞关闭，用绒布擦净，在天平旁放置 10min 左右，称量。当第一节炉达到并保持在(850±10)℃，第二节炉达到并保持在(800±10)℃，第三节炉达到并保持在(600±10)℃ 后开始作空白试验。此时第一节炉移至紧靠第二节炉，接上已经通气并称量过的吸收系统。在一个燃烧舟内加入三氧化钨(质量和煤样分析时相当)。打开橡皮塞，取出铜丝卷，将装有三氧化钨的燃烧舟用镍铬丝推棒推至第一节炉入口处，将铜丝卷放在燃烧舟后面，塞紧橡皮塞，接通氧气并调节流量为 120mL/min。移动第一节炉，使燃烧舟位于炉子中心，通气 23min，将第一节炉移回原位。

2min 后取下吸收系统 U 形管，将磨口塞关闭，用绒布擦净，在天平旁放置 10min 后称量。吸水 U 形管增加的质量即为空白值。重复上述试验，直到连续两次空白测定值相差不超过 0.0010g，除氮管、二氧化碳吸收管最后一次质量变化不超过 0.0005g 为止，取两次空白值的平均值作为当天氢的空白值。在做空白试验前，应先确定燃烧管的位置，使出口端温度尽可能高又不会使橡皮塞受热分解。如空白值不易达到稳定，可适当调节燃烧管的位置。

六、实验步骤

1. 三节炉法实验步骤

(1) 将第一节炉炉温控制在(850±10)℃，第二节炉炉温控制在(810±10)℃，第三节炉炉温控制在(600±10)℃，并使第一节炉紧靠第二节炉。

(2) 在预先灼烧过的燃烧舟中称取粒度小于 0.2mm 的空气干燥煤样 0.2g(称准至 0.0002g)，并均匀铺平。在煤样上铺一层三氧化钨。可将装有试样的燃烧舟暂存入专用的磨口玻璃管或不加干燥剂的干燥器中。

(3) 接上已恒定并称量的吸收系统，并以 120mL/min 的流量通入氧气，打开橡皮塞，取出铜丝卷，迅速将燃烧舟放入燃烧管中，使其前端刚好在第一节炉炉口，再放入铜丝卷，塞上橡皮塞。保持氧气流量为 120mL/min。1min 后向净化系统方向移动第一节炉，使燃烧舟的一半进入炉子；2min 后，移动炉体，使燃烧舟全部进入炉子；再 2min 后，使燃烧舟位于炉子中央。保温 18min 后，把第一节炉移回原位。2min 后，取下吸收系统，将磨口塞关闭，用绒布擦净，在天平旁放置 10min 后称量(除氮管不必称量)。如果第二个吸收二氧化碳 U 形管变化小于 0.0005g，计算时忽略。

2. 二节炉法实验步骤

用二节炉进行碳、氢测定时，第一节炉控温在(850±10)℃，第二节炉控温在(500±10)℃，并使第一节炉紧靠第二节炉。每次空白试验时间为 20min。燃烧舟移至炉子中心后，保温 18min，其他操作按上述规定进行。

七、实验记录和结果计算

1. 实验记录

煤中碳、氢含量测定记录表见表 1-16。

表 1-16　煤中碳、氢含量测定记录表

<table>
<tr><td colspan="2">煤样名称</td><td colspan="2"></td><td>煤样来源</td><td></td><td></td></tr>
<tr><td colspan="2">瓷舟编号</td><td>瓷舟质量/g</td><td>瓷舟质量+煤样质量/g</td><td>煤样质量/g</td><td rowspan="2">空白值(m_3)/g</td><td></td></tr>
<tr><td colspan="2"></td><td></td><td></td><td></td><td></td></tr>
<tr><td colspan="2"></td><td></td><td></td><td></td><td>空气干燥煤样水分/%</td><td></td></tr>
<tr><td rowspan="5">U形管质量</td><td>U形管</td><td>吸收前质量/g</td><td>吸收后质量/g</td><td>增量值/g</td><td>重复测定值/%</td><td>平均值/%</td></tr>
<tr><td rowspan="2">水分吸收管</td><td></td><td></td><td></td><td>H_{ad}</td><td rowspan="2">$\bar{H}_{ad}$</td></tr>
<tr><td></td><td></td><td></td><td>H_{ad}</td></tr>
<tr><td rowspan="2">二氧化碳吸收管</td><td></td><td></td><td></td><td>C_{ad}</td><td rowspan="2">$\bar{C}_{ad}$</td></tr>
<tr><td></td><td></td><td></td><td>C_{ad}</td></tr>
</table>

2. 结果计算

一般分析煤样的碳和氢质量分数分别按下列公式计算：

$$C_{ad}=\frac{0.2729m_1}{m}\times 100 \tag{1-14}$$

$$H_{ad}=\frac{0.1119(m_2-m_3)}{m}\times 100-0.1119M_{ad} \tag{1-15}$$

式中　C_{ad}——一般分析试验煤样(或水煤浆干燥试样)中碳的质量分数,%;

H_{ad}——一般分析试验煤样(或水煤浆干燥试样)中氢的质量分数,%;

m_1——吸收二氧化碳U形管的增量，g;

m_2——吸水U形管的增量，g;

m_3——空白值，g;

M_{ad}——一般分析煤样水分的质量分数,%;

m——一般分析煤样质量，g;

0.2729——将二氧化碳折算为碳的因数;

0.1119——将水折算为氢的因数。

当需要测定有机碳时，按式(1-16)计算有机碳($C_{o,ad}$)的质量分数：

$$C_{o,\ ad}=\frac{0.2729m_1}{m}\times 100-0.2729(CO_2)_{ad} \tag{1-16}$$

式中　$(CO_2)_{ad}$——一般分析试验煤样中碳酸盐二氧化碳的质量分数,%。

其余符号意义同前。

八、测定方法精密度

碳、氢测定的精密度见表 1-17。

表 1-17　碳、氢测定的精密度

重复性限/%		再现性临界差/%	
C_{ad}	H_{ad}	C_d	H_d
0.50	0.15	1.00	0.25

九、思考题

（1）测定碳、氢元素的原理是什么？

（2）怎样进行气密性检查？

项目六　煤中全硫含量的测定

《煤中全硫的测定方法》（GB/T 214—2007）规定煤中全硫的测定方法有艾氏卡法、库伦滴定法和高温燃烧中和法。在仲裁分析时，应用艾氏卡法。本实验采用库伦滴定法测定。

一、实验目的

（1）掌握库伦滴定法测定煤中全硫的基本原理、方法和步骤。

（2）掌握库仑滴定法和测硫装置的操作技能。

二、方法原理

（一）煤中的硫元素

硫是煤中主要的有害元素，在煤的焦化、气化和燃烧中均产生对工艺和环境有害的 H_2S、SO_2 等物质。

煤中硫的来源有两种：一是成煤植物本身所含的硫——原生硫，另一种是来自成煤环境及成岩变质过程中加入的硫——次生硫。对于绝大多数煤来说，煤中的硫主要是次生硫。在次生硫的生成过程中，硫酸盐还原菌起了非常重要的作用。煤中的硫分为有机硫和无机硫。一般煤中有机硫的含量较低，低于 0.2%～0.5%，但也有高于 1.0%～2.0%甚至更高的煤。煤中有机硫的成分很复杂，主要由硫醚或硫化物、二硫化物、硫醇、巯基化合物、噻吩类杂环化合物及硫醌化合物等组分和官能团所构成。低有机硫醚中的有机硫主要来自于煤植物中的蛋白质和微生物中的蛋白质；高有机煤中的有机硫则主要来自于沉积环境，即次生硫。反应活性较高的腐殖酸是次生有机硫的生产者。有机硫存在于煤的有机质分子上，分布均匀，极难脱去。煤中的无机硫主要以硫铁矿、硫酸盐等形式存在，其中尤以硫铁矿居多。脱去硫铁矿的难易程度取决于硫铁矿的颗粒的大小及分布状态，颗粒大则较易除去，极细颗粒的硫铁矿硫则难以用常规方法脱除。一般情况下，煤中的硫酸盐硫是黄铁矿氧化所致，因而未经氧化的煤中的硫酸盐硫很少。

煤中的有机硫用 S_o 表示，硫铁矿硫用 S_p 表示，硫酸盐硫用 S_s 表示；有机硫和无机硫之和称为煤的全硫，用 S_t 表示，即

$$S_t = S_o + S_p + S_s$$

煤中有机硫和硫铁矿称为可燃硫，燃烧后可形成 SO_2 等有害气体。

煤中硫含量的高低与成煤的原始环境有密切的关系，与煤化程度没有明显的关系。根据最近的研究结果，对有机硫而言，在泥炭化和早期成岩阶段形成的有机硫多以硫醇、硫醚及饱和环状含硫化合物为主；晚期成盐阶段和变质阶段形成的有机硫主要以噻吩硫为主。许多

学者认为高硫煤中的硫经历了一个逐渐积累的过程，在这一过程中，沉积环境起了决定性的作用，一般陆相煤的硫含量较低，而海相煤的硫含量较高。这是因为在海相的还原环境下，海水中的硫酸根被还原形成硫铁矿进入煤层，此外，海相植物本身硫含量较高。煤的硫分等级如表1-8所示。

表1-18 煤的硫分等级

级别名称	分级范围($S_{t,ad}$/%)	级别名称	分级范围($S_{t,ad}$/%)
特低硫煤	≤0.50	中硫分煤	1.51~2.00
低硫分煤	0.51~1.00	中高硫煤	2.01~3.00
低中硫煤	1.01~1.50	高硫分煤	>3.00

（二）库伦滴定法测定煤中全硫含量原理

煤样在催化剂作用下，于空气流中燃烧分解，煤中硫生成硫氧化物，其中二氧化硫被碘化钾溶液吸收，以电解碘化钾溶液所产生的碘进行滴定，根据电解所消耗的电量计算煤中全硫的含量。

三、试剂和材料

（1）三氧化钨(HG 10—1129)。

（2）变色硅胶(HG/T 2765.4)：工业品。

（3）氢氧化钠(GB/T 629)：化学纯。

（4）电解液：称取碘化钾(GB/T 1272)、溴化钾(GB/T 649)各5.0g，溶于250~300mL水中并在溶液中加入冰乙酸(GB/T 676) 10mL。

（5）燃烧舟：素瓷或刚玉制品，装样部分长约60mm，耐温1200℃以上。

四、仪器设备

库仑测硫仪，由下列各部分构成：

（1）管式高温炉：能加热到1200℃ 以上，并有至少70mm长的(1150±10)℃高温恒温带，带有铂铑-铂热电偶测温及控温装置，炉内装有耐温1300 ℃以上的异径燃烧管。

（2）电解池和电磁搅拌器：电解池高120~180mm，容量不少于400mL，内有面积约150mm^{2}的铂电解电极对和面积约15mm^{2}的铂指示电极对。指示电极响应时间应小于1s，电磁搅拌器转速约500r/min且连续可调。

（3）库仑积分器：电解电流0~350mA范围内积分线性误差应小于±1% ，配有4~6位数字显示器或打印机。

（4）送样程序控制器：可按规定的程序前进、后退。

（5）空气供应及净化装置：由电磁泵和净化管组成。供气量约1500mL/min，抽气量约1000mL/min，净化管内装氢氧化钠及变色硅胶。

（6）分析天平：感量0.0001g。

五、实验步骤

1. 试验准备

（1）将管式高温炉升温至1150 ℃，用另一组铂铑-铂热电偶高温计测定燃烧管中高温带的位置、长度及500℃的位置。

（2）调节送样程序控制器，使煤样预分解及高温分解的位置分别处于500℃和1150℃处。

（3）在燃烧管出口处充填洗净、干燥的玻璃纤维棉，在距出口端约80~100mm处填充厚度约3mm的硅酸铝棉。

（4）将程序控制器、管式高温炉、库分积分器、电解池、电磁搅拌器和空气供应及净化装置组装在一起。燃烧管、活塞及电解池之间连接时应口对口紧接，并用硅橡胶管封住。

（5）开动抽气泵和供气泵，将抽气流量调节到1000mL/min，然后关闭电解池与燃烧管间的活塞，若抽气量能降到300mL/min以下，则证明仪器各部件及各接口气密性良好，可以进行测定；否则需检查各部件及其接口。

2. 仪器标定

（1）标定方法：使用有证煤标准物质、按以下方法之一进行测硫仪标定。

① 多点标定法：用硫含量能覆盖被测样品硫含量范围的至少3个有证煤标准物质进行标定。

② 单点标定法：用与被测样品硫含量相近的标准物质进行标定。

（2）标定程序：

① 按GB/T 212测定煤标准物质的空气干燥基水分，计算其空气干燥基全硫$S_{t,ad}$标准值。

② 按后述库仑滴定法测定步骤，用被标定仪器测定煤标准物质的硫含量。每一标准物质至少重复测定3次，以3次测定值的平均值为煤标准物质的硫测定值。

③ 将煤标准物质的硫测定值和空气干燥基标准值输入测硫仪(或仪器自动读取)，生成校正系数。注：有些仪器可能需要人工计算校正系数，然后再输入仪器。

标定有效性核验：另外选取1~2个煤标准物质或者其他控制样品，用被标定的测硫仪按照测定步骤测定其全硫含量。若测定值与标准值(控制值)之差在标准值(控制值)的不确定度范围(控制限)内，说明标定有效，否则应查明原因，重新标定。

3. 实验具体操作步骤

（1）将管式高温炉升温并控制在(1150±5)℃。

（2）开动供气泵和抽气泵并将抽气流量调节到1000mL/min。在抽气下，将电解液加入电解池内，开动电磁搅拌器。

（3）在瓷舟中放入少量非测定用的煤样，进行测定(终点电位调整试验)。如试验结束后库仑积分器的显示值为0，应再次测定，直至显示值不为0。

（4）在瓷舟中称取粒度小于0.2mm的空气干燥煤样(0.05±0.005)g(称准至0.0002g)，并在煤样上盖一薄层三氧化钨。将瓷舟置于送样的石英托盘上，开启送样程序控制器，煤样即自动送进炉内，库仑滴定随即开始。实验结束后，库仑积分器显示出硫的毫克数或质量分数，或由打印机打出。

4. 标定检查

仪器测定期间应使用煤标准物质或者其他控制样品定期(建议每10~15次测定后)对测硫仪的稳定性和标定的有效性进行核查，如果煤标准物质或者其他控制样品的测定值超出标准值的不确定度范围(控制限)，应按上述步骤重新标定仪器，并重新测定自上次检查以来的样品。

六、实验记录及结果计算

（一）实验记录

库伦滴定法测定煤中全硫含量记录表见表 1-19。

表 1-19　库伦滴定法测定煤中全硫含量记录表

煤样编号				
煤样质量/mg				
积分值(硫重)/mg				
$S_{t,ad}$(全硫)/%				
$S_{t,ad}$(全硫)平均值/%				
M_{ad}/%				
$S_{t,d}$(干燥基)/%				

（二）结果计算

当库仑积分器最终显示数为硫的毫克数时，全硫的质量分数按式(1-17)计算：

$$S_{t,ad} = \frac{m_1}{m} \times 100\% \tag{1-17}$$

式中　$S_{t,ad}$——一般分析试验煤样中全硫的质量分数,%；

m_1——库仑积分器显示值，mg；

m——煤样质量，mg。

七、精密度

库伦滴定法全硫测定的重复性和再现性见表 1-20。

表 1-20　库伦滴定法测定煤中全硫含量精密度

全硫质量分数 S_t/%	重复性限 $S_{t,ad}$/%	再现性临界差 $S_{t,d}$/%
≤1.50	0.05	0.15
1.50(不含)~4.00	0.10	0.25
>4.00	0.20	0.35

八、思考题

（1）库伦滴定法为什么必须使用干燥的空气做载气？

（2）在煤样上覆盖一层三氧化钨的作用是什么？

（3）煤灰中的硫可以用库仑滴定法测定吗？

项目七　煤的发热量测定

《煤的发热量测定方法》(GB/T 213—2008)规定了用氧弹量热法测定煤的高位发热量的

原理、试验条件、试剂和材料、仪器设备、测定步骤、测定结果的计算、热容量、仪器常数标定和方法精密度等，以及低位发热量的计算方法。

适用于泥炭、褐煤、烟煤、无烟煤、焦炭、碳质页岩等固体矿物燃料及水煤浆。

一、实验目的

(1) 掌握煤发热量测定原理及恒温式热量计测定煤发热量的操作方法与步骤。

(2) 学会恒温式热量计的安装与使用方法。

二、实验相关术语

1. 热量单位

热量的单位为焦耳(J)。

焦耳(J)是1牛顿(N)的力使其作用点在力的方向上移动1 m所作的功。

$$1J = 1N \cdot m$$

发热量测定结果以兆焦每千克(MJ/kg)或焦耳每克(J/g)表示。

2. 弹筒发热

单位质量的试样在充有过量氧气的氧弹内燃烧，其燃烧后的物质组成为氧气、氮气、二氧化碳、硝酸和硫酸、液态水以及固态灰时放出的热量。

注：任何物质(包括煤)的燃烧热，随燃烧产物的最终温度而改变，温度越高，燃烧热越低，因此，一个严密的发热量定义，应对燃烧产物的最终温度(参比温度)有所规定(ISO 1928规定的参比温度为25℃)。但在实际发热量测定时，由于具体条件的限制，把燃烧产物的最终温度限定在一个特定的温度或一个很窄的范围内都是不现实的，温度每升高1K，煤和苯甲酸的燃烧热约降低0.4～1.3J/g。当按规定在相近的温度下标定热容量和测定发热量时，温度对燃烧热的影响可近于完全抵消，而无需加以考虑。

3. 恒容高位发热量

单位质量的试样在充有过量氧气的氧弹内燃烧，其燃烧后的物质组成为氧气、氮气、二氧化碳、二氧化硫、液态水以及固态灰时放出的热量。

恒容高位发热量即由弹筒发热量减去硝酸形成热和硫酸校正热后得到的发热量。

4. 恒容低位发热量

单位质量的试样在恒容条件下，在过量氧气中燃烧，其燃烧后的物质组成为氧气、氮气、二氧化碳、二氧化硫、气态水(假定压力为0.1MPa)以及固态灰时放出的热量。

恒容低位发热量即由恒容高位发热量减去水(煤中原有的水和煤中氢燃烧生成的水)的汽化热后得到的发热量。

5. 恒压低位发热量

单位质量的试样在恒压条件下，在过量氧气中燃烧，其燃烧后的物质组成为氧气、氮气、二氧化碳、二氧化硫、气态水(假定压力为0.1MPa)以及固态灰时放出的热。

6. 热量计的有效热容量

量热系统产生单位温升所需的热量(简称热容量)。通常以焦耳每开尔文(J/K)表示。

三、实验原理

1. 高位发热量

煤的发热量在氧弹热量计中进行测定。一定量的分析试样在氧弹热量计中，在充有过量氧气的氧弹内燃烧，热量计的热容量通过在相近条件下燃烧一定量的基准量热物苯甲酸来确定，根据试样燃烧前后量热系统产生的温升，并对点火热等附加热进行校正后即可求得试样的弹筒发热量。

从弹筒发热量中扣除硝酸形成热和硫酸校正热（氧弹反应中形成的水合硫酸与气态二氧化硫的形成热之差）即得高位发热量。

2. 低位发热量

煤的恒容低位发热量和恒压低位发热量可以通过分析试样的高位发热量计算。计算恒容低位发热量需要知道煤样中水分和氢的含量。原则上计算恒压低位发热量还需知道煤样中氧和氮的含量。

四、实验条件

进行发热量测定的实验室应满足以下条件：

（1）进行发热量测定的试验室，应为单独房间，不应在同一房间内同时进行其他试验项目。

（2）室温应保持相对稳定，每次测定室温变化不应超过1℃，室温以在15～30℃范围为宜。

（3）室内应无强烈的空气对流，因此不应有强烈的热源、冷源和风扇等，试验过程中应避免开启门窗。

（4）试验室最好朝北，以避免阳光照射，否则热量计应放在不受阳光直射的地方。

五、试剂和材料

（1）氧气：至少99.5%纯度，不含可燃成分，不允许使用电解氧；压力足以使氧弹充氧至3.0MPa。

（2）氢氧化钠标准溶液：浓度为0.1mol/L。

称取优级纯氢氧化钠4g，溶解于1000mL经煮沸冷却后的水中，混合均匀，装入塑料瓶或塑料筒内，拧紧盖子。然后用优级纯苯二甲酸氢钾进行标定。

（3）甲基红指示剂：2g/L。

称取0.2g甲基红，溶解在100mL水中。

（4）苯甲酸：基准量热物质，二等或二等以上，经权威计量机构鉴定并标明热值的苯甲酸。

（5）点火丝：直径0.1mm左右的铂、铜、镍丝或其他已知热值的金属丝或棉线，如使用棉线，则应选用粗细均匀，不涂蜡的白棉线。各种点火丝点火时放出的热量如下：

铁丝：6700J/g；

镍铬丝：6000J/g；

铜丝：2500J/g；

棉线：17500J/g。

（6）点火导线：直径0.3mm左右的镍铬丝。

（7）酸洗石棉绒：使用前在800℃下灼烧30min。

（8）擦镜纸：使用前先测出燃烧热。方法为抽取3～4张纸，团紧，称准质量，放入燃烧皿中，然后按常规方法测定发热量。取三次结果的平均值作为擦镜纸热值。

六、仪器设备

（一）热量计

1. 概况

热量计是由燃烧氧弹、内筒、外筒、搅拌器、水、温度传感器、试样点火装置、温度测量和控制系统构成。

通常热量计有两种，恒温式和绝热式，它们的量热系统被包围在充满水的双层夹套(外筒)中，它们的差别只在于外筒的控温方式不同，其余部分无明显区别。

无水热量计的内筒、搅拌器和水被一个金属块代替。氧弹为双层金属构成，其中嵌有温度传感器，氧弹本身组成了量热系统。

自动氧弹热量计在每次试验中应以打印或其他方式记录并给出详细的信息，如观测温升、冷却校正值(恒温式)、有效热容量、样品质量和样品编号、点火热和其他附加热等；以使操作人员可以对由此进行的所有计算都能进行人工验证，所用的计算公式应在仪器操作说明书中给出。计算中用到的附加热应清楚地确定，所用的点火热，副反应热的校正应该明确说明。

热量计的精密度和准确度要求为，测试精密度：5次苯甲酸重复测定结果的相对标准差不大于0.20%；准确度：标准煤样测试结果与标准值之差都在不确定度范围内；或者用苯甲酸作为样品进行5次发热量测定，其平均值与标准热值之差不超过50 J/g。计算中除燃烧不完全的结果外，所有的测试结果不应随意舍弃。

2. 氧弹

氧弹结构如图1-11所示。由耐热、耐腐蚀的镍铬或镍铬钼合金钢制成，需要具备三个主要性能：

（1）不受燃烧过程中出现的高温和腐蚀性产物的影响而产生热效应；

（2）能承受充氧压力和燃烧过程中产生的瞬时高压；

（3）试验过程中能保持完全气密。

弹桶容积为250～350mL，弹头上应装有供充氧和排气的阀门以及点火电源的接线电极。

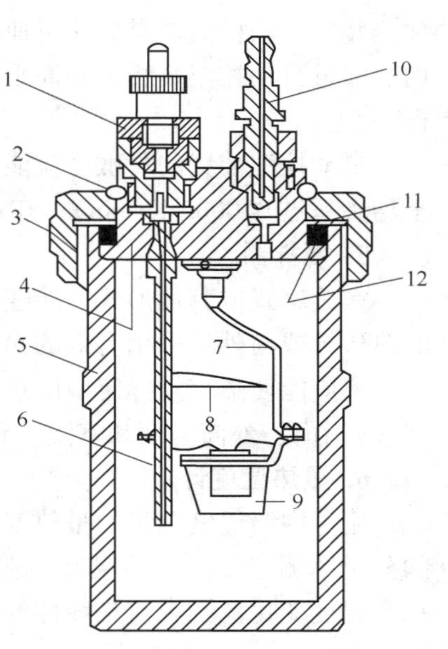

图1-11　氧弹示意图

1—进气阀；2—弹簧圈；3—连接环；4—弹盖；5—弹体；6—氧气导管；7—电极；8—遮火罩；9—燃烧皿；10—排气阀；11—压环；12—方形断面橡胶密封圈

新氧弹和新换部件(弹筒、弹头、连接环)的氧弹应经20.0 MPa的水压试验，证明无问题后方能使用。此外，应经常注意观察与氧弹强度有关的结构，如弹筒和连接环的螺纹、进气阀、出气阀和电极与弹头的连接处等，如发现显著磨损或松动，应进行修理，并经水压试验合格后再用。

氧弹还应定期进行水压试验，每次水压试验后，氧弹的使用时间一般不应超过 2 年。

当使用多个设计制作相同的氧弹时，每一个氧弹都应作为一个完整的单元使用。氧弹部件的交换使用可能导致发生严重的事故。

3. 内筒

用紫铜、黄铜或不锈钢制成，断面可为椭圆形、菱形或其他适当形状。筒内装水通常为 2000~3000mL，以能浸没氧弹(进、出气阀和电极除外)为准。内筒外面应高度抛光，以减少与外筒间的辐射作用。

4. 外筒

为金属制成的双壁容器，并有上盖。外壁为圆形，内壁形状则依内筒的形状而定；外筒应完全包围内筒，内外筒间应有 10~12mm 的间距，外筒底部有绝缘支架，以便放置内筒。

恒温式外筒和绝热式外筒的控温方式不同，应分别满足以下要求：

(1) 恒温式外筒：恒温式热量计配置恒温式外筒。自动控温的外筒在整个试验过程中，外筒水温变化应控制在±0. 1K 之内；非自动控温式外筒-静态式外筒，盛满水后其热容量应不小于热量计热容量的 5 倍(通常 12. 5 L 的水量可以满足外筒恒温的要求)，以便试验过程中保持外筒温度基本恒定。外筒的热容量应该是：当冷却常数约为 0. 0020 min^{-1}时，从试样点火到末期结束时的外筒温度变化小于 0. 16 K；当冷却常数约为 0. 0030 min^{-1}时，此温度变化应小于 0. 11K。外筒外面可加绝热保护层，以减少室温波动的影响。用于外筒的温度计应有 0. 1K 的最小分度值。

(2) 绝热式外筒：绝热式热量计配置绝热式外筒。外筒中水量应较少，最好装有浸没式加热装置，当样品点燃后能迅速提供足够的热量以维持外筒水温与内筒水温相差在 0. 1K 之内。通过自动控温装置，外筒水温能紧密跟踪内筒的温度。外筒的水还应在特制的双层盖中循环。

自动控温装置的灵敏度应能达到使点火前和终点后内筒温度保持稳定(5min 内温度变化平均不超过 0. 0005 K/min)；在一次试验的升温过程中，内外筒间热交换量应不超过 20 J。

5. 搅拌器

螺旋桨式或其他形式。转速 400~600r/min 为宜，并应保持恒定。搅拌器轴杆应有较低的热传导或与外界采用有效的隔热措施，以尽量减少量热系统与外界的热交换。搅拌器的搅拌效率应能使热容量标定中由点火到终点的时间不超过 10min，同时又要避免产生过多的搅拌热(当内、外筒温度和室温一致时，连续搅拌 10 min 所产生的热量不应超过 120 J)。

6. 量热温度计

用于内筒温度测量的量热温度计至少应有 0. 001K 的分辨率，以便能以 0. 002K 或更好的分辨率测定 2~3K 的温升；它代表的绝对温度应能达到近 0. 1K。量热温度计在它测量的每个温度变化范围内应是线性的或线性化的。它们均应经过计量部门的检定，证明已达到上述要求。

有以下两种类型的温度计可用于此目的：

(1) 玻璃水银温度计：常用的玻璃水银温度计有两种：一种是固定测温范围的精密温度计；另一种是可变测温范围的贝克曼温度计。两者的最小分度值应为 0. 01K。使用时应根据计量机关检定证书中的修正值做必要的校正。两种温度计都应进行温度校正(贝克曼温度计称为孔径校正），贝克曼温度计除这个校正值外还有一个称为“平均分度值”的校正值。

为了满足所需要的分辨率，需要使用5倍的放大镜来读取温度，为防止水银柱在玻璃上的黏滞，通常需要一个机械振荡器来敲击温度计。如果没有机械振荡器，在读取温度前应人工敲击温度计。

（2）数字显示温度计：数字显示温度计可代替传统的玻璃水银温度计，这些温度计是由诸如铂电阻、热敏电阻以及石英晶体共振器等配备合适的电桥、零点控制器、频率计数器或其他电子设备构成，它们应能提供符合要求的分辨率，这些温度计的短期重复性不应超过0.001K，6个月内的长期漂移不应超过0.05K，线性温度传感器在发热量测定中引起的偏移比非线性温度传感器的小。

（二）附属设备

（1）燃烧皿：铂制品最理想，一般可用镍铬钢制品。规格可采用高17~18mm、底部直径19~20mm、上部直径25~26mm，厚0.5mm。其他合金钢或石英制的燃烧皿也可使用，但以能保证试样燃烧完全而本身又不受腐蚀和产生热效应为原则。

（2）压力表和氧气导管：压力表由两个表头组成，一个指示氧气瓶中的压力，一个指示充氧时氧弹内的压力。表头上应装有减压阀和保险阀。压力表每2年应经计量部门检定一次，以保证指示正确和操作安全。

压力表通过内径1~2mm的无缝铜管与氧弹连接，或通过高强度尼龙管与充氧装置连接，以便导入氧气。

压力表和各连接部分禁止与油脂接触或使用润滑油。如不慎沾污，应依次用苯和酒精清洗，并待风干后再用。

（3）点火装置：点火采用12~24V的电源，可由220 V交流电源经变压器供给。线路中应串接一个调节电压的变阻器和一个指示点火情况的指示灯或电流计。

点火电压应预先试验确定：接好点火丝，在空气中通电试验。在熔断式点火的情况下，调节电压使点火丝在1~2s内达到亮红；在非熔断式点火的情况下，调节电压使点火线在4~5s内达到暗红。在非熔断式点火的情况下如采用棉线点火，则在遮火罩以上的两电极柱间连接一段直径约0.3mm的镍铬丝，丝的中部预先绕成螺旋数圈，以便发热集中。通电，准确测出电压、电流和通电时间，以便计算电能产生的热量。

（4）压饼机：螺旋式、杠杆式或其他形式压饼机。能压制直径10 mm的煤饼或苯甲酸饼。模具及压杆应用硬质钢制成，表面光洁，易于擦拭。

（5）秒表或其他指示10s的计时器。

（三）天平

（1）分析天平：感量0.1 mg。

（2）工业天平：载量4~5kg，感量0.5g。

七、实验步骤

1. 概述

发热量的测定由两个独立的试验组成，即在规定的条件下基准量热物质的燃烧试验（热容量标定）和试样的燃烧试验。为了消除未受控制的热交换引起的系统误差，要求两种试验的条件尽量相近。试验包括定量进行燃烧反应到定义的产物和测量整个燃烧过程引起的温度变化。试验过程分为初期、主期(燃烧反应期)和末期。对于绝热式热量计，初期和末期是为了确定开始点火的温度和终点温度；对于恒温式热量计，初期和末期的作用是确定热量计的热交换特性，以便在燃烧反应主期内对热量计内筒与外筒间的热交换进行正确的校正。初期和末期的时间应足够长。

2. 恒温式热量计法

(1) 按使用说明书安装调节热量计。

(2) 在燃烧皿中称取粒度小于0.2mm的空气干燥煤样或水煤浆干燥试样0.9~1.1g，称准到0.0002g。

燃烧时易于飞溅的试样，可用已知质量的擦镜纸包紧后再进行测试，或先在压饼机中压饼并切成粒度约为2~4mm的小块使用。不易燃烧完全的试样，可用石棉绒做衬垫(先在皿底铺上一层石棉绒，然后以手压实)。石英燃烧皿不需任何衬垫。如加衬垫仍燃烧不完全，可提高充氧压力至3.2 MPa，或用已知质量和热值的擦镜纸包裹称好的试样并用手压紧，然后放入燃烧皿中。

需快速测定水煤浆的发热量时，也可称取水煤浆试样。称样前搅拌水煤浆试样，使其无软硬沉淀成均一状态。将已知质量的擦镜纸双层折叠垫于燃烧皿中，快速称取水煤浆试样1.5~1.8g，称准至0.0004 g，迅速将试样包裹好后，将燃烧皿放在坩锅架上。立即进行试验。

(3) 在熔断式点火的情况下，取一段已知质量的点火丝，把两端分别接在氧弹的两个电极柱上，弯曲点火丝接近试样，注意与试样保持良好接触或保持微小的距离(对易飞溅和易燃的煤)；并注意勿使点火丝接触燃烧皿，以免形成短路而导致点火失败，甚至烧毁燃烧皿。同时还应注意防止两电极间以及燃烧皿与另一电极之间的短路。

在非熔断式点火的情况下，当用棉线点火时，把已知质量的棉线的一端固定在已连接到两电极柱上的点火导线上(最好夹紧在点火导线的螺旋中)，另一端搭接在试样上，根据试样点火的难易，调节搭接的程度。对于易飞溅的煤样，应保持微小的距离。

往氧弹中加入10 mL蒸馏水。小心拧紧氧弹盖，注意避免燃烧皿和点火丝的位置因受震动而改变，往氧弹中缓缓充入氧气，直至压力到2.8~3.0MPa，达到压力后的持续充氧时间不得少于15s；如果不小心充氧压力超过3.2 MPa，停止试验，放掉氧气后，重新充氧至3.2 MPa以下。当钢瓶中氧气压力降到5.0 MPa以下时，充氧时间应酌量延长，压力降到4.0MPa以下时，应更换新的钢瓶氧气。

(4) 往内筒中加入足够的蒸馏水，使氧弹盖的顶面(不包括突出的进、出气阀和电极)淹没在水面下10~20mm。内筒水量应在所有试验中保持相同，相差不超过0.5g。

水量最好用称量法测定。如用容量法，则需对温度变化进行补正。注意恰当调节内筒水温，使终点时内筒比外筒温度高1K左右，以使终点时内筒温度出现明显下降。外筒温度应尽量接近室温，相差不得超过1.5K。

(5) 把氧弹放入装好水的内筒中，如氧弹中无气泡漏出，则表明气密性良好，即可把内筒放在热量计中的绝缘架上；如有气泡出现，则表明漏气，应找出原因，加以纠正，重新充氧。然后接上点火电极插头，装上搅拌器和量热温度计，并盖上热量计的盖子。温度计的水银球(或温度传感器)对准氧弹主体(进、出气阀和电极除外)的中部，温度计和搅拌器均不得接触氧弹和内筒。靠近量热温度计的露出水银柱的部位(使用玻璃水银温度计时)，应另悬一支普通温度计，用以测定露出柱的温度。

(6) 开动搅拌器，5 min 后开始计时，读取内筒温度(t_0)后立即通电点火。随后记下外筒温度(t_1)和露出柱温度(t_e)。外筒温度至少读到 0.05K，内筒温度借助放大镜读到 0.001K。读取温度时，视线、放大镜中线和水银柱顶端应位于同一水平上，以避免视差对读数的影响。每次读数前，应开动振荡器振动 3~5s。

(7) 观察内筒温度(注意：点火后 20s 内不要把身体的任何部位伸到热量计上方)。如在 30s 内温度急剧上升，则表明点火成功。当计算冷却校正值时，点火后 1′40″时读取一次内筒温度($t_{1'40''}$)，接近终点时，开始按 1 min 间隔读取内筒温度；当计算冷却校正值时，点火后按 1 min 间隔读取内筒温度直至终点。点火后最初几分钟内，温度急剧上升，读温精确到 0.01K 即可，但只要有可能，读温应精确到 0.001K。

(8) 以第一个下降温度作为终点温度(t_n)，试验主期阶段至此结束。一般热量计由点火到终点的时间为 8~10min。对一台具体热量计，可根据经验恰当掌握，若终点时不能观察到温度下降(内筒温度低于或略高于外筒温度时)，可以随后连续 5 min 内温度读数增量(以 1 min 间隔)的平均变化不超过 0.001K/min 时的温度为终点温度 t_n。

(9) 停止搅拌，取出内筒和氧弹，开启放气阀，放出燃烧废气，打开氧弹，仔细观察弹筒和燃烧皿内部，如果有试样燃烧不完全的迹象或有炭黑存在，试验应作废。

量出未烧完的点火丝长度，以便计算实际消耗量。

需要时，用蒸馏水充分冲洗氧弹内各部分、放气阀、燃烧皿内外和燃烧残渣；把全部洗液(共约 100mL)收集在一个烧杯中供测硫使用。

3. 绝热式热量计法

(1) 按使用说明书安装和调节热量计。

(2) 按步骤称取试样。

(3) 按步骤准备氧弹。

(4) 按步骤称出内筒中所需的水。调节水温使其尽量接近室温，相差不要超过 5K，以稍低于室温为最理想。内筒温度过低，易引起水蒸气凝结在内筒外壁；温度过高，易造成内筒水的过多蒸发。这都对获得准确的测定结果不利。

(5) 按步骤安放内筒、氧弹、搅拌器和温度计。

(6) 开动搅拌器和外筒循环水泵，开通外筒冷却水和加热器。当内筒温度趋于稳定后，调节冷却水流速，使外筒加热器每分钟自动接通 3~5 次(由电流计或指示灯观察)。如自动控温线路采用可控硅代替继电器，则冷却水的调节应以加热器中有微弱电流为准。

调好冷却水后，开始读取内筒温度，借助放大镜读到 0.001K，每次读数前，开动振荡器 3~5s。当以 1min 为间隔连续 3 次温度读数极差不超过 0.001K 时，即可通电点火，此时的温度即为点火温度 t_0，否则，调节电桥平衡钮，直到内筒温度达到稳定，再行点火。

点火后 6~7min，再以 1 min 间隔读取内筒温度，直到连续三次读数极差不超过 0.001 K 为止。取最高的一次读数作为终点温度 t_n。

注：用铂电阻为内、外筒测温元件的自动控温系统中，在内筒初始温度下调定电桥的平衡位置后，到达终点温度(一般比初始温度高 2~3K)后，内筒温度也能自动保持稳定但在用半导体热敏元件的仪器中，可能出现初始温度下调定的平衡位置，不能保持终点温度的稳定。凡遇此种情况时，平衡钮的调定位置应服从终点温度的需要。具

体做法是：先按常规步骤安放氧弹和内筒，但不必装试样和充氧。把内筒水温调节到可能出现的最高终点温度。然后开动仪器，搅拌 5～10min。精确观察内筒温度。根据温度变化方向(上升或下降)调节平衡钮位置，以达到内筒温度最稳定为止，至少应能达到以每分钟为间隔连续 5 次的温度读数极差不超过 0.002 K。平衡钮的位置一经调定后，就不要再动，只有在又出现终点温度不稳定的情况下，才需重新调定。按照上述方式调定的仪器，在使用步骤上应做如下修正：

装好内筒和氧弹后，开动搅拌器、加热器、循环水泵和冷却水，搅拌 5min 后(此时内筒温度可能缓慢持续上升)，准确读取内筒温度并立即通电点火，而无需等内筒温度稳定。

(7) 关闭搅拌器和加热器(循环水泵继续开动)，然后按步骤结束试验。

4. 自动氧弹热量计法

(1) 按照仪器说明书安装和调节热量计。

(2) 按步骤称取试样。

(3) 按步骤准备氧弹。

(4) 按仪器操作说明书进行其余步骤的实验，然后按步骤结束试验。

(5) 试验结果被打印或显示后，校对输入的参数，确定无误后报出结果。

八、实验记录及结果计算

(一) 实验记录

煤发热量测定记录表见表 1-21。

表 1-21　煤发热量测定原始记录表

煤样编号		热容量 E		t_0/℃		M_{ad}/%	
煤样质量/g		常数 K		$t_{1'40''}$/℃		A_{ad}/%	
露出柱温度/℃		常数 A		t_n/℃		$Q_{b,ad}$/(J/g)	
基点温度/℃		n		S_b/%		$Q_{gr,ad}$/(J/g)	
点火时外筒温度/℃		NaOH 标液浓度/(mol/L)		NaOH 溶液消耗量/mL			
时间/min	内筒温度/℃	时间/min	内筒温度/℃	时间/min	内筒温度/℃	时间/min	内筒温度/℃
0		3		6		9	
1′40″		4		7		10	
2		5		8		11	

1. 温度计校正

使用玻璃温度计时，应根据检定证书对点火温度和终点温度进行校正。

(1) 温度计刻度校正：根据检定证书中所给的孔径修正值校正点火温度 t_0 和终点温度 t_n，再由校正后的温度(t_0+h_0)和(t_n+h_n)求出温升，其中 h_n 和 h_0 分别代表 t_0 和 t_n 孔径修正值。

(2) 若使用贝克曼温度计，需进行平均分度值的校正。

试验过程中，当试验时的露出柱温度 t_e 与标准露出柱温度相差 3℃以上时，按式(1

-18)计算平均分度 H。调定基点温度后，应根据检定证书中所给的平均分度值计算该基点温度下的对应于标准露出柱温度(根据检定证书所给的露出柱温度计算而得)的平均分度值 H^0。

$$H = H^0 + 0.00016(t_s - t_e) \tag{1-18}$$

式中 H^0——该基点温度下对应于标准露出柱温度时的平均分度值；

t_s——该基点温度所对应的标准露出柱温度,℃；

t_e——试验中的实际露出柱温度,℃；

0.00016——水银对玻璃的相对膨胀系数。

2. 冷却校正(热交换校正)

绝热式热量计的热量损失可以忽略不计，因而无需冷却校正。恒温式热量计在试验过程中内筒与外筒间始终发生热交换，对此散失的热量应予校正，办法是在温升中加上一个校正值 C，这个校正值称为冷却校正值，计算方法如下。

首先根据点火时和终点时的内外筒温差(t_0-t_j)和(t_n-t_j)从 $v-(t-t_j)$关系曲线中查出相应的 v_0和 v_n，或根据预先标定出的公式计算 v_0和 v_n：

$$v_0 = k(t_0 - t_j) + A \tag{1-19}$$

$$v_n = k(t_n - t_j) + A \tag{1-20}$$

式中 v_0——对应于点火时内外筒温差的内筒降温速度，K/min；

v_n——对应于终点时内外筒温差的内筒降温速度，K/min；

k——热量计的冷却常数，min^{-1}；

A——热量计的综合常数，K/min；

t_0-t_j——点火时的内、外筒温差，K；

t_n-t_j——终点时的内、外筒温差，K。

然后按式(1-21)计算冷却校正值：

$$c = (n - a)v_n + av_0 \tag{1-21}$$

式中 c——冷却校正值，K；

n——由点火到终点时间，min；

a——当 $\Delta/\Delta_{1'40''} \leqslant 1.20$ 时，$a=\Delta/\Delta_{1'40''}-0.10$；

当 $\Delta/\Delta_{1'40''}>1.20$ 时，$a=\Delta/\Delta_{1'40''}$。

其中：Δ 为主期内总温升($\Delta= t_n-t_0$)，$\Delta/\Delta_{1'40''}$为点火后 1′40″时的温升($\Delta_{1'40''}=t_{1'40''}- t_0$)。

3. 点火热校正

在熔断式点火法中，应由点火丝的实际消耗量(原用量减掉残余量)和点火丝的燃烧热计算试验中点火丝放出的热量。

在非熔断式点火法中，用棉线点燃样品时，首先算出所用一根棉线的燃烧热(剪下一定数量适当长度的棉线，称出它们的质量，然后算出一根棉线的质量，再乘以棉线的单位热值)，然后按下式确定每次消耗的电能热：

电能产生的热量=电压×电流×时间

二者放出的总热量即为点火热。

（二）弹筒发热量和高位发热量的计算

1. 按式（1-22）计算空气干燥煤样或水煤浆弹筒发热量 $Q_{b,ad}$

使用恒温式热量计时：

$$Q_{b,ad}=\frac{EH[(t_n+h_n)-(t_0+h_0)+C]-(q_1+q_2)}{m} \tag{1-22}$$

式中 $Q_{b,ad}$——空气干燥煤样（或水煤浆干燥试样）的弹筒发热量，J/g；

E——热量计的热容量，J/K；

q_1——点火热，J；

q_2——添加物如包纸等产生的总热量，J；

m——试样质量，g；

H——贝克曼温度计的平均分度值；使用数字显示温度计时，$H=1$；

h_0——t_0的毛细孔径修正值，使用数字显示温度计时，$h_0=0$；

h_n——t_n的毛细孔径修正值，使用数字显示温度计时，$h_n=0$。

使用绝热式热量计时：

$$Q_{b,ad}=\frac{EH[(t_n+h_n)-(t_0+h_0)]-(q_1+q_2)}{m} \tag{1-23}$$

如果称取的是水煤浆试样，计算的弹筒发热量为水煤浆试样的弹筒发热量 $Q_{b,CWM}$。

2. 按式（1-24）计算空气干燥煤样或水煤浆试样的恒容高位发热量

$$Q_{gr,ad}=Q_{b,ad}-(94.1S_{b,ad}+aQ_{b,ad}) \tag{1-24}$$

式中 $Q_{gr,ad}$——空气干燥煤样（或水煤浆干燥试样）的恒容高位发热量，J/g；

$S_{b,ad}$——由弹筒洗液测得的含硫量，以质量分数表示,%；当全硫低于4.00%时，或发热量大于14.60MJ/kg时，可用全硫（按GB/T 214测定）代替 $S_{b,ad}$；

94.1——空气干燥煤样（或水煤浆干燥试样）中每1.00%硫的校正值，J/g；

α——硝酸形成热校正系数：

当 $Q_b\leqslant 16.70$MJ/kg，$\alpha=0.0010$；

当 16.70MJ/kg$<Q_b\leqslant 25.10$MJ/kg，$\alpha=0.0012$；

当 $Q_b>25.10$MJ/kg，$\alpha=0.0016$。

加助燃剂后，应按总释热量考虑。

如果称取的是水煤浆试样，计算的高位发热量为水煤浆试样的高位发热量 $Q_{gr,CWM}$［分别用 $Q_{b,CWM}$ 和 $S_{b,CWM}$ 代替式式（1-24）中的 $Q_{b,ad}$ 和 $S_{b,ad}$］。

在需要测定弹筒洗液中硫 $S_{b,ad}$ 的情况下，把洗液煮沸2～3min，取下稍冷后，以甲基红（或相应的混合指示剂）为指示剂，用氢氧化钠标准溶液滴定，以求出洗液中的总酸量，然后 按式（1-25）计算出弹筒洗液硫 $S_{b,ad}$（%）：

$$S_{b,ad}=(c\times V/m-\alpha Q_{b,ad}/60)\times 1.6 \tag{1-25}$$

式中 c——氢氧化钠标准溶液的物质的量浓度，mol/L；

V——滴定用去的氢氧化钠溶液体积，mL；

60——相当1mmol硝酸的形成热，J/mmol；

m——试样质量，g；

1.6——将每mmol硫酸（$1/2H_2SO_4$）转换为硫的质量分数的转换因子。

注：这里规定的对硫的校正方法中，略去了对煤样中硫酸盐硫的考虑。这对绝大多数煤来说影响不大，因煤的硫酸盐硫含量一般很低。但有些特殊煤样，含量可达 0.5%以上。根据实际经验，煤样燃烧后，由于灰的飞溅，一部分硫酸盐硫也随之落入弹筒，因此无法利用弹筒洗液来分别测定硫酸盐硫和其他硫。遇此情况，为求高位发热量的准确，只有另行测定煤中的硫酸盐硫或可燃硫，然后做相应的校正。关于发热量大于 14.60 MJ/kg 的规定，在用包纸或掺苯甲酸的情况下，应按包纸或掺添加物后放出的总热量来掌握。

九、测定方法的精密度

发热量测定的重复性限和再现性临界差如表 1-22 所示。

表 1-22 发热量测定的重复性限和再现性临界差

高位发热量/(J/g)	重复性限 $Q_{gr,ad}$	再现性临界差 $Q_{gr,d}$
	120	300

十、注意事项

(1) 发热量测量中所用的氧弹必须经过耐压(≥20MPa)实验，并且充氧后保持完全气密。

(2) 氧气瓶口不得沾有油污及其他易燃物，氧气瓶附近不得有明火。

十一、思考题

(1) 氧弹加 10mL 蒸馏水的目的是什么？

(2) 检验氧弹气密性的原因是什么？

十二、不同煤化程度煤的发热量

不同煤化程度煤的发热量见表 1-23。

表 1-23 各种煤的发热量

煤种	$Q_{gr,v,def}/g$	煤种	$Q_{gr,v,def}/g$	煤种	$Q_{gr,v,def}/g$
泥炭	20~24	气煤	32.2~35.6	贫煤	34.8~36.4
年氢褐煤	24~28	肥煤	34.3~36.8	年轻无烟煤	34.8~36.2
老年褐煤	28~30.6	焦煤	35.2~37.1	典型无烟煤	34.3~35.2
长焰煤	30~33.5	瘦煤	35~36.6	年老无烟煤	32.2~34.3

项目八 烟煤黏结指数的测定

烟煤黏结指数的测定是通过测定焦块的耐磨强度来评定烟煤的黏结性。GB/T 5447—2014 规定了测定烟煤黏结指数的方法提要、试剂和材料、仪器、试验煤样、试验步骤、结果表达、方法精密度和试验报告。

一、实验目的

（1）掌握测定烟煤黏结指数的原理、方法和具体操作步骤。

（2）了解烟煤黏结指数在中国煤炭分类中的应用。

二、实验原理

（一）煤的黏结性和结焦性

煤的黏结性是指烟煤在干馏时产生的胶质体黏结自身和(或)惰性物料的能力。煤的结焦性是指单种煤或配合煤在工业焦炉或模拟工业焦炉的炼焦条件下(一定的升温速度、加热终温等)，黏结成块并最终形成具有一定块度和强度的焦炭的能力。黏结性是结焦性的必要条件，而胶质体的塑性、流动性、膨胀性、透气性、热稳定性等对煤的结焦性也有较大的影响。煤的黏结性是评价烟煤能否用于炼焦的主要依据；也是评价低温干馏、气化或动力用煤的重要依据。

炼焦是煤最主要的转化利用方式。炼焦就是将配合好的煤粉碎到适宜的粒度后在焦炉中进行高温干馏，生成焦炭、煤气和其他化学产物的热加工过程。炼焦用煤必须具有黏结性，即粉状的炼焦煤在高温干馏过程中能够“软化”、“熔融”；并形成黏稠的以液体为主的胶质体，固化后形成块状焦炭的能力，肥煤和气肥煤的黏结性最好。炼焦用煤也必须具有结焦性，即煤在干馏时，能形成一定块度和足够强度的焦炭的能力，焦煤的结焦性最好。

（二）烟煤黏结指数测定

黏结指数是我国科学工作者经过对煤的黏结过程的深入分析和研究后，针对罗加指数的缺点改进而来的。其测定原理和仪器设备与罗加指数法完全相同。主要改进点有：①将标准无烟煤的粒度降为0.1~0.2mm，一方面与试验煤样粒度接近，可防止发生煤样粒度偏析，造成两种煤样混合不均，影响测定结果。另一方面，降低无烟煤粒度，可增加其吸纳胶质体的能力，有利于提高对强黏结性煤的区分能力；②根据煤样的黏结性强弱灵活改变配比，黏结性较强的煤用1∶5的比例，黏结性较弱的煤用3∶3的比例，可以提高强黏结性煤的区分能力和弱黏结性煤的测定准确性和重视性；③转鼓试验由3次改为2次，提高了测定效率。

实践表明，黏结指数在我国的应用是成功的，并已经作为我国煤炭分类的主要指标之一，如表1-24所示。

表1-24　烟煤黏结指数分类

级别名称	黏结指数范围	级别名称	黏结指数范围
无黏结煤	≤5	中黏结煤	50~80
微黏结煤	5~20	强黏结煤	>80
弱黏结煤	20~50		

三、实验仪器设备

（1）分析天平：感量1mg。

（2）马弗炉：具有均匀加热带，其恒温区(850±10)℃，长度不少于120mm，并附有调压器或定温控制器。

（3）转鼓实验装置(见图1-12)：包括2个转鼓，1台变速器和1台电动机，转鼓转速必须保证(50±0.5)r/min。转鼓内径200mm、深70mm，壁上铆有2块相距180°、厚为3 mm的挡板，规格尺寸见图1-13。

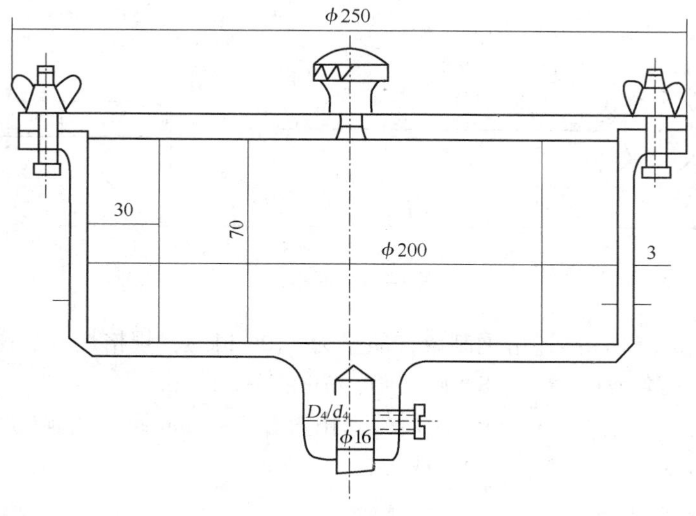

图1-12 转鼓

(4) 压力器(见图1-13)：以6kg质量压紧试验煤样与专用无烟煤混合物的仪器，规格尺寸见图1-13。

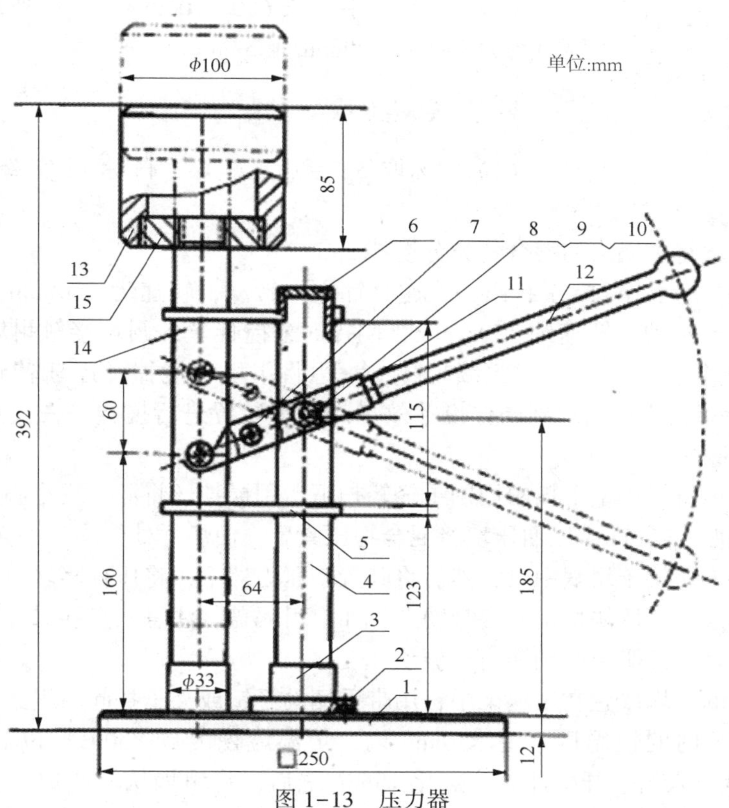

图1-13 压力器

1—底板；2—沉头螺钉；3—圆座；4—钢管；5—联板；6—堵板；7—支承轴；8—小轴；9—垫圈；10—开口销；11—支撑架；12—手柄；13—压重；14—升降立轴；15—丝堵

（5）坩埚：瓷质。

（6）搅拌丝(见图 1-14)：由直径 1~1.5mm 的硬质金属丝制成，规格尺寸见图 1-14。

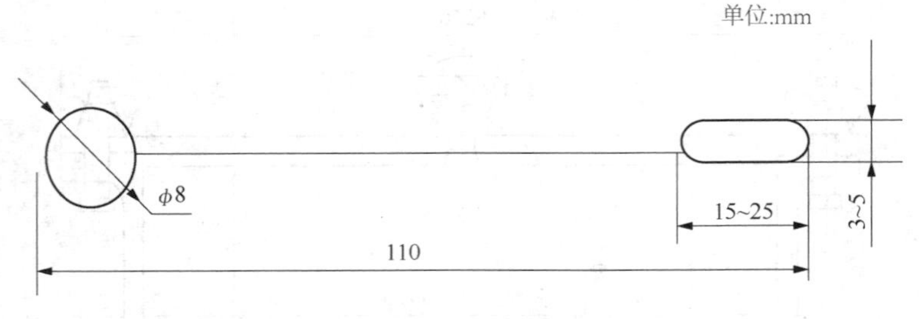

图 1-14　搅拌丝

（7）压块(见图 1-15)：镍铬钢制成，质量为 110~115g，规格尺寸见图 1-15。

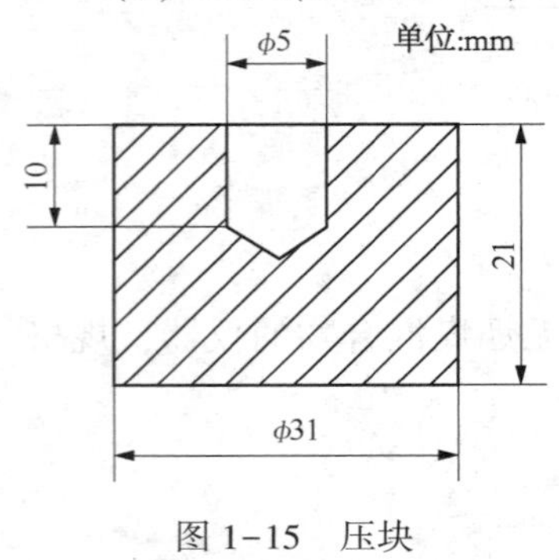

图 1-15　压块

（8）圆孔筛：筛孔直径 1mm。

（9）坩埚架：由直径 3~4mm 镍铬丝制成。

（10）秒表。

（11）干燥器。

（12）镊子。

（13）刷子。

（14）平铲：手柄长 600~700mm，平铲外形尺寸(长×宽×高)约为 200mm×20mm×1.5mm。

四、实验步骤

（1）先称取 5g 专用无烟煤，再称 1g 实验煤样放入坩埚，质量应称准至 0.001g。

（2）用搅拌丝将坩埚内的混合物充分搅拌 2min。

搅拌方法是：坩埚作 45°左右倾斜，逆时针方向转动，转速为 15r/min，搅拌丝按同样倾角作顺时针方向转动，转速约 150r/min，搅拌时，搅拌丝的圆环接触坩埚壁与底相连接的圆弧部分。约经 1′45″后，一边继续搅拌，一边将坩埚与搅拌丝逐渐转到垂直位置，约 2min 时，搅拌结束，亦可用达到同样搅拌效果的机械装置进行搅拌。在搅拌时，应防止煤样外溅。

（3）搅拌后，将坩埚壁上煤粉用刷子轻轻扫下，用搅拌丝将混合物小心地拨平，并使沿坩埚壁的层面略低 1~2mm，以便压块将混合物压紧后，使煤样处于同一平面。

（4）用镊子夹压块于坩埚中央，然后将其置于压力器下，将压杆轻轻放下，静压 30s。

（5）加压结束后，压块仍留在混合物上，加上坩埚盖。注意从搅拌时开始，带有混合物的坩埚，应轻拿轻放，避免受到撞击与振动。

（6）将带盖的坩埚放置在坩埚架中，用带手柄的平铲或夹子托起坩埚架，放入预先升温到 850℃的马弗炉内的恒温区。要求 6min 内，炉温应恢复到 850℃，以后炉温应保持在(850±10)℃。从放入坩埚开始计时，焦化 15min 之后，将坩埚从马弗炉中取出，放置冷却到室温。若不立即进行转鼓试验，则将坩埚放入干燥器中。马弗炉温度测量点，应在两行坩埚中央。炉温应定期校正。

（7）从冷却后的坩埚中取出压块。当压块上附有焦屑时，应刷入坩埚内。称量焦渣总质量，然后将其放入转鼓内，进行转鼓实验（250r，5min），第转鼓实验后的焦渣用1mm圆孔筛进行筛分，再称量筛上物质量，然后将筛上物放入转鼓进行第二次转鼓实验，筛分、称量、按式（1-26）计算结果。

五、结果计算

专用无烟煤和试验煤样的比例为5∶1时，黏结指数G_{R1}按式（1-26）计算：

$$G_{R1} = 10 + \frac{30m_1 + 70m_2}{m} \tag{1-26}$$

如果计算结果$G_{R1}<18$，则需将煤样的配比改为3∶3，这时黏结指数G按式（1-27）计算：

$$G_{R1} = \frac{30m_1 + 70m_2}{5m} \tag{1-27}$$

式中　G_{R1}——黏结指数；

m——焦化处理后焦渣总质量，g；

m_1——第一次转鼓试验后，筛上物的质量，g

m_2——第二次转鼓试验后，筛上物的质量，g。

六、黏结指数测定的精密度

黏结指数测定的精密度见表1-25。

表1-25　黏结指数测定的精密度

黏结指数G_{R1}	重复性限	再现性临界差
≥18	3	1
<18	1	2

以重复试验结果的算术平均值，作为最终结果，报出结果取整数。

七、注意事项

黏结指数测定是一个规范性很强的方法，其试验结果随实验条件变化而变化，因此，只有严格遵守国家标准的各项规定，才能获得准确的结果。

（1）将煤样和无烟煤混合均匀是获得可靠结果的首要条件，如果没有混合均匀，以后的操作做得再好，误差还是很大的。因此，试验中应遵照国标搅拌煤样的方法，将煤样搅拌均匀。

（2）为了保证煤样的粒度，最好采用手工制样。如用密封式粉碎机破碎煤样，煤样粒度太细，达不到国家标准对煤样的要求，使得结果不准确。

（3）焦化温度和当煤样放入马弗炉应在6min内炉温应恢复到850℃，如没有达到规定，煤样必须重做。

（4）试样混合后严禁撞击或振动，焦化后所得的焦块也不得受到撞击，以免造成人为破碎而影响转鼓试验结果。

(5) 试样必须严格防止氧化，从制样至测定不得超过7d。

(6) 用搅拌丝搅拌煤样时，用力应力求均匀，防止煤样溅出坩埚。

八、思考题：

(1) 当测得 G 小于18时，为什么要做补充实验?

(2) 补充实验时，为什么要将专用无烟煤与试验无烟煤的比例由5∶1改为3∶3?

(3) 带有混合物的坩埚为什么要避免撞击与振动?

项目九 烟煤胶质层指数的测定

本实验是按照《烟煤胶质层指数测定方法》(GB/T 479—2000)进行烟煤胶质层指数的测定。

一、实验目的

(1) 掌握测定烟煤胶质层指数的原理、方法和具体操作步骤。

(2) 了解胶质层指数测定仪的构造及原理。

二、实验原理

按规定将煤样装入煤杯中，煤杯放在特制的电炉内以规定的升温速度进行单侧加热，煤样则相应形成半焦层、胶质层和未软化的煤样层三个等温层面。用探针测量出胶质体的最大厚度 Y，从试验的体积曲线测得最终收缩度 X。

三、实验仪器设备

(1) 双杯胶质层测定仪：有带平衡铊(图1-16)和不带平衡铊的(除无平衡铊外，其余构造同图1-16)两种类型。

(2) 程序控温仪：温度低于250℃时，升温速度约为8℃/min，250℃以上，升温速度为3℃/min。在350~600℃期间，显示温度与应达到的温度差值不超过5℃，其余时间内不应超过10℃。也可用电位差计(0.5级)和调压器来控温。

(3) 煤杯(见图1-17)：煤杯由45号钢制成，其规格如下：外径70mm；杯底内径59mm；从距杯底50mm处至杯口的内径60mm；从杯底到杯口的高度110mm。

煤杯使用部分的杯壁应当光滑，不应有条痕和缺凹，每使用50次后应检查一次使用部分的直径。检查时，沿其高度每隔10mm测量一点，共测6点，测得结果的平均数与平均直径(59.5mm)相差不得超过0.5mm，杯底与杯体之间的间隙也不应超过0.5mm。

杯底和压力盘的规格及其上的析气孔的布置方式如图1-18和图1-19。

(4) 探针：探针由钢针和铝制刻度尺组成(图1-20)。钢针直径为1mm，下端是钝头。刻度尺上刻度的单位为1mm。刻度线应平直清晰，线粗0.1~0.2mm。对于已装好煤样而尚未进行试验的煤杯，用探针测量其纸管底部位置时，指针应指在刻度尺的零点上。

(5) 加热炉：由上部砖垛(图1-21)、下部砖垛(图1-22)和电热元件组成。

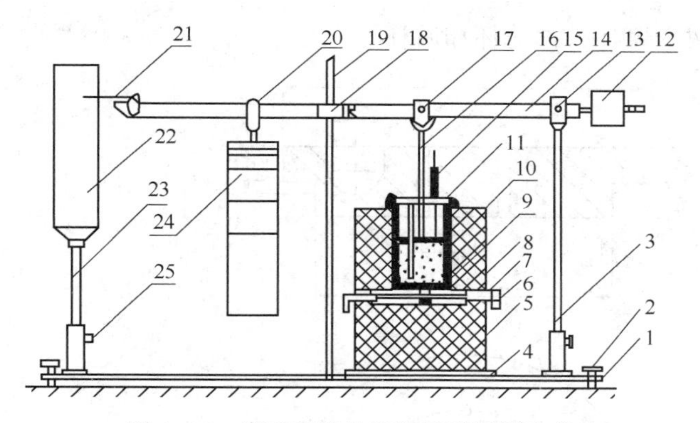

图 1-16　常平衡铊的双杯胶质层测定仪

1—底座；2—水平螺丝；3—立柱；4—石棉板；5—下部砖垛；6—按线夹；7—硅碳棒；8—上部砖垛；9—煤杯；10—热电偶铁管；11—压板；12—平衡铊；13、17—活轴；14—杠杆；15—探针；16—压力盘；18—方向控制板；19—方向柱；20—砖码挂钩；21—记录笔；22—记录转筒；23—记录转筒支柱；24—砝码；25—固定螺丝

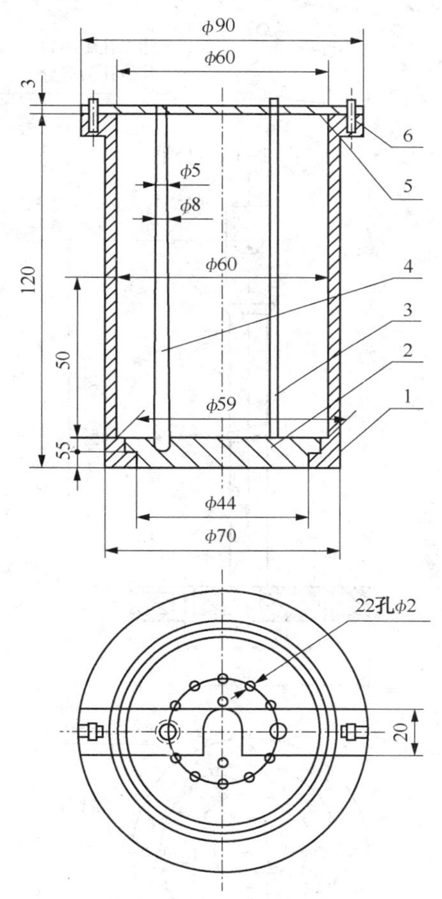

图 1-17　煤杯及其他附件

1—杯体；2—杯底；3—细钢棍；4—热电偶铁管；5—压板；6—螺丝

上、下部炉砖的物理化学性能应能保证对煤样的测定结果与用标准炉砖的测定结果一

致。炉砖可同时放两个煤杯，称前杯和后杯。

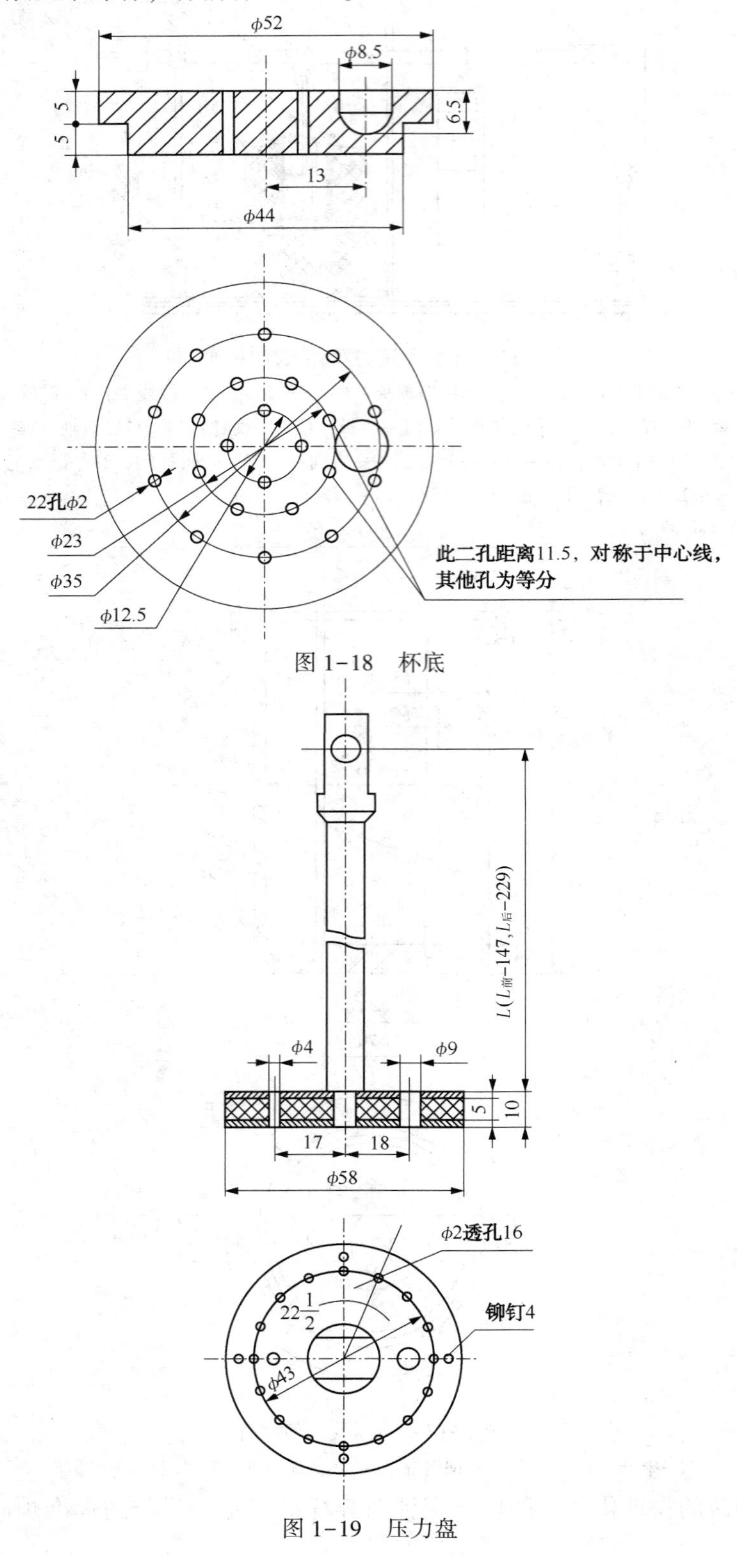

图 1-18　杯底

图 1-19　压力盘

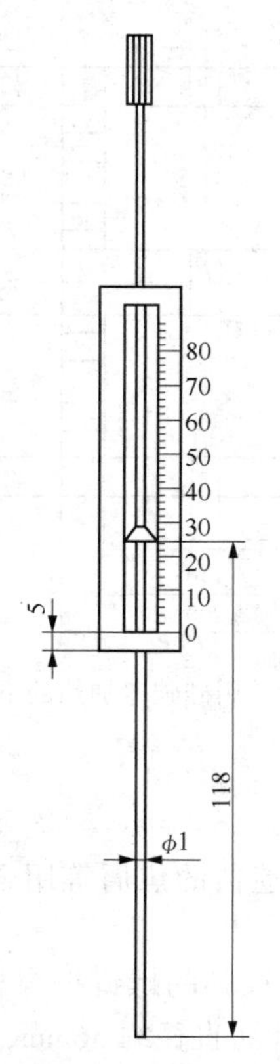

图 1-20　探针(测胶质层层面专用)

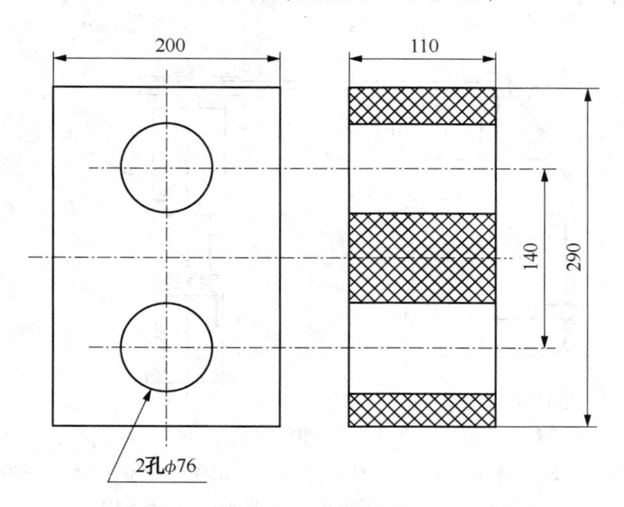

图 1-21　上部砖垛

（6）托盘天平：最大称量 500g，感量 0.5g。

（7）长方形小铲：宽 30mm、长 45mm 。

（8）记录转筒：其转速应以记录笔每 160min 能绘出长度为（160 ± 2）mm 的线段为准。每月应检查一次记录转筒转速，检查时应至少测量 80min 所绘出的线段的长度，并调整到合乎标准。

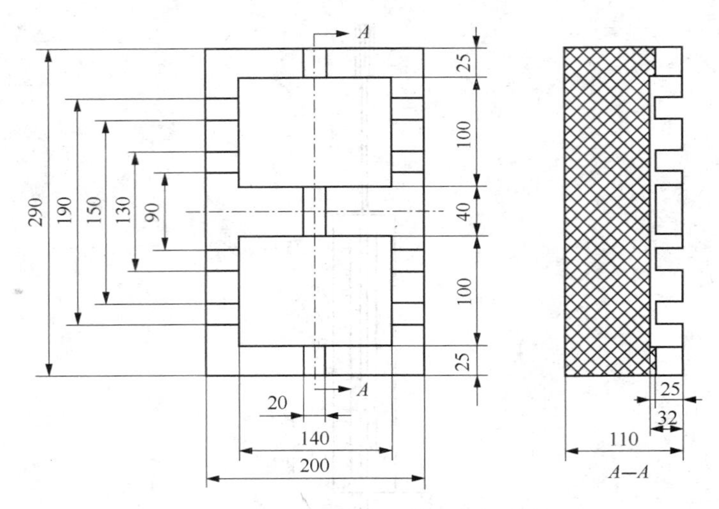

图 1-22　用硅碳棒加热的下部砖垛

四、试验准备

(1) 煤杯、热电偶管及压力盘上遗留的焦屑等用金刚砂布(1½号为宜)人工清除干净，也可用下列的机械方法清除。

用固定煤杯的特制“杯底”和固定煤杯的螺钉把煤杯固定在连接盘上。启动电动机带动煤杯转动，手持裹着金刚纱布的圆木棍(直径约 56mm，长 240mm)伸入煤杯中，并使之紧贴杯壁，将煤杯上的焦屑除去。图 1-23 所示为擦煤杯机。

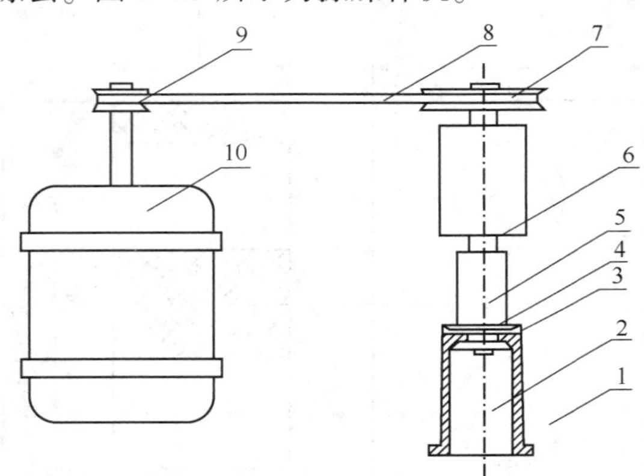

图 1-23　擦煤杯机

1—底座；2—煤杯；3—固定煤杯螺丝；4—固定煤杯的杯底；5—联接盘；6—轴承；7、9—皮带轮；8—皮带；10—电动机

杯底及压力盘上各析气孔应畅通，热电偶管内不应有异物。

(2) 纸管制作：在一根细钢棍上用香烟纸粘制成直径为 2.5~3mm、高度约为 60mm 的纸管。装煤杯时将钢棍插入纸管，纸管下端折约 2mm，纸管上端与钢棍贴紧，防止煤样进入纸管。

(3) 滤纸条：宽约 60mm，长 190~200mm。

（4）石棉圆垫：用厚度为0.5~1.0mm的石棉纸做两个直径为59mm的石棉圆垫。在上部圆垫上有供热电偶铁管穿过的圆孔和上述纸管穿过的小孔；在下部圆垫上对应压力盘上的探测孔处作一标记。

用下列方法切制石棉垫或手工制成。

将石棉纸裁成宽度63~65mm的窄条，从长缝中放入机内（切垫机示意图见图1-24），用力压手柄，使切刀压下，切割石棉纸，然后松开手柄，推出切好的石棉圆垫。

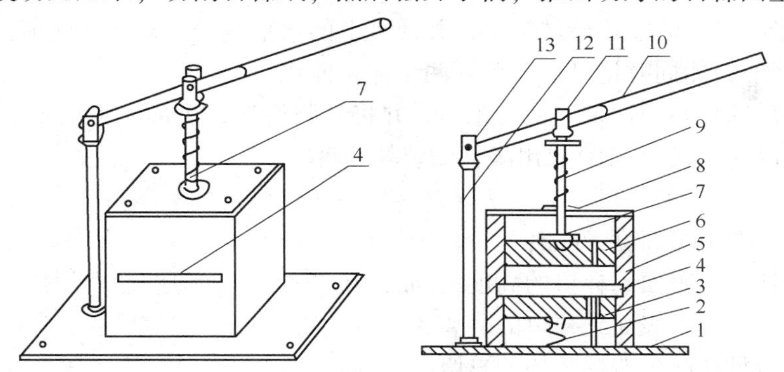

图1-24　切垫机示意图

1—底座；2，9—弹簧；3—下部切刀；4—石棉纸放入缝；5—切刀外壳；6—上部切刀；7—压杆；8—垫板；10—手柄；11，13—轴心；12—立柱

（5）体积曲线记录纸：用毫米方格纸作体积曲线记录纸，其高度与记录转筒的高度相同，其长度略大于转筒圆周。

（6）装煤杯：

① 将杯底放入煤杯使其下部凸出部分进入煤杯底部圆孔中，杯底上放置热电偶铁管的凹槽中心点与压力盘上放热电偶的孔洞中心点对准。

② 将石棉垫铺在杯底上，石棉垫上圆孔应对准杯底上的凹槽，在杯内下部沿壁围一条滤纸条。

③ 将热电偶铁管插入杯底凹槽，把带有香烟纸管的钢棍放在下部石棉圆垫的探测孔标志处，用压板把热电偶铁管和钢棍固定，并使它们都保持垂直状态。

④ 将全部试样倒在缩分板上，掺合均匀、摊成厚约10mm的方块。用直尺将方块划分为许多30mm×30mm左右的小块，用长方形小铲，按棋盘式取样法隔块分别取出两份试样，每份试样质量为（100 ± 0.5）g 。

⑤ 将每份试样用堆锥四分法分为四部分，分四次装入杯中。每装25g之后，用金属针将煤样摊平，但不得捣固。

⑥ 试样装完后，将压板暂时取下，把上部石棉圆垫小心地平铺在煤样上，并将露出的滤纸边缘折复于石棉圆垫之上，放入压力盘，再用压板固定热电偶铁管。将煤杯放入上部砖垛的炉孔中，把压力盘与杠杆连结起来，挂上砝码，调节杠杆到水平。

⑦ 如试样在实验中生成流动性很大的胶质体溢出压力盘，则应重新装样试验。重新装样的过程中，须在折复滤纸后，用压力盘压平，再用直径2~3mm的石棉绳在滤纸和石棉垫上方沿杯壁和热电偶铁管外壁围一圈，再放上压力盘，使石棉绳把压力盘与煤杯、压力盘与热电偶铁管之间的缝隙严密地堵起来。

⑧ 在整个装样过程中香烟纸管应保持垂直状态。当压力盘与杠杆连结好后，在杠杆上挂上砝码，把细钢棍小心地由纸管中抽出来(可轻轻旋转)，勿使纸管留在原有位置。如纸管被拔出，或煤粒进入了纸管(可用探针试出)，须重新装样。

(7) 用探针测量纸管底部时，将刻度尺放在压板上，检查指针是否指在刻度尺的零点，如不在零点，则有煤粒进入纸管内，应重新装样。

(8) 将热电偶置于热电偶铁管中，检查前杯和后杯热电偶连接是否正确。

(9) 把毫米方格纸装在记录转筒上，并使纸上的水平线始、末端彼此衔接起来。调节记录转筒的高低，使其能同时记录前、后杯两个体积曲线。

(10) 检查活轴轴心到记录笔尖的距离，并将其调整为600mm，将记录笔充好墨水。

(11) 加热以前按式(1-28)求出煤样的装填高度：

$$h = H - (a - b) \tag{1 - 28}$$

式中 h——煤样的装填高度，mm；

H——由杯底上表面到杯口的高度，mm；

a——由压力盘上表面到杯口的距离，mm；

b——压力盘和两个石棉圆垫的总厚度，mm。

a 值测量时，顺煤杯周围在四个不同地方共量四次，取平均值。H 值应每次装煤前实测，b 值可用卡尺实测。

(12) 同一煤样重复测定时装煤高度的允许差为1mm，超过允许差时应重新装样。报告结果时应将煤样的装填高度的平均值附注于 X 值之后。

五、实验步骤

(1) 当上述准备工作就绪后，打开程序控温仪开关，通电加热，并控制两煤杯杯底升温速度如下：250℃以前为8℃/min，并要求30min内升到250℃；250℃以后为3℃/min。每10min记录一次温度。在350~600℃期间，实际温度与应达到的温度的差不应超过5℃，在其余时间内不应超过10℃，否则，试验作废。

在试验中应按时记录“时间”和“温度”。“时间”从250℃起开始计算，以min为单位。

(2) 温度到达250℃时，调节记录笔尖使之接触到记录转筒上，固定其位置，并旋转记录转筒一周，划出一条“零点线”，再将笔尖对准起点，开始记录体积曲线。

(3) 对一般煤样，测量胶质层层面在体积曲线开始下降后几分钟开始，到温升至约650℃时停止。当试样的体积曲线呈“山型”或生成流动性很大的胶质体时，其胶质层层面的测定可适当地提前停止，一般可在胶质层最大厚度出现后再对上、下部层面各测2~4次即可停止，并立即用石棉绳或石棉绒把压力盘上探测孔严密地堵起来，以免胶质体溢出。

(4) 测量胶质层上部层面时，将探针刻度尺放在压板上，使探针通过压板和压力盘上的专用小孔小心地插入纸管中，轻轻往下探测，直到探针下端接触到胶质层层面(手感有了阻力为上部层面)。读取探针刻度毫米数(为层面到杯底的距离)，将读数填入记录表中“胶质层上部层面”栏内，并同时记录测量层面的时间。

(5) 测量胶质层下部层面时，用探针首先测出上部层面，然后轻轻穿透胶质体到半焦表面(手感阻力明显加大为下部层面)，将读数填入记录表中“胶质层下部层面”栏内，同时记录测量层面的时间。探针穿透胶质层和从胶质层中抽出时，均应小心缓慢从事。在抽出时还应轻轻转动，防止带出胶质体或使胶质层内积存的煤气突然逸出，以免破坏体积曲线形状和影响层面位置。

（6）根据转筒所记录的体积曲线的形状及胶质体的特性，来确定测量胶质层上、下部层面的频率。

① 当曲线呈“之”字型或波型时，在体积曲线上升到最高点时测量上部层面，在体积曲线下降到最低点时测量上部层面和下部层面（但下部层面的测量不应太频繁，约每 8~10min 测量一次）。如果曲线起伏非常频繁，可间隔一次或两次起伏，在体积曲线的最高点和最低点测量上部层面，并每隔 8~10min 在体积曲线的最低点测量一次下部层面。

② 当体积曲线呈山型、平滑下降型或微波型时，上部层面每 5min 测量一次，下部层面每 10min 测量一次。

③ 当体积曲线分阶段符合上述典型情况时，上、下部层面测量应分阶段按其特点依上述规定进行。

④ 当体积曲线呈平滑斜降型时（属结焦性不好的煤，Y 值一般在 7mm 以下），胶质层上、下部层面往往不明显，总是一穿即达杯底。遇此种情况时，可暂停 20~25min，使层面恢复，然后，以每 15min 不多于一次的频数测量上部和下部层面，并力求准确地探测出下部层面的位置。

⑤ 如果煤在实验时形成流动性很大的胶质体，下部层面的测定可稍晚开始，然后每隔 7~8min 测量一次，到 620℃也应堵孔。在测量这种煤的上、下部胶质层层面时，应特别注意，以免探针带出胶质体或胶质体溢出。

（7）当温度到达 730℃时，试验结束。此时调节记录笔使之离开转筒，关闭电源，卸下砝码，使仪器冷却。

（8）当胶质层测定结束后，必须等上部砖垛完全冷却，或更换上部砖垛方可进行下一次实验。

（9）在实验过程中，当煤气大量从杯底析出时，应不时地向电热元件吹风，使从杯底析出的煤气和炭黑烧掉，以免发生短路，烧坏硅碳棒、镍铬线或影响热电偶正常工作。

（10）如实验时煤的胶质体溢出到压力盘上，或在香烟纸管中的胶质层层面骤然高起，则试验应作废。

（11）推焦：仪器全部冷却至室温，将煤杯倒置在底座上的圆孔上，并把煤杯底对准丝杆中心，然后旋转丝杆，直至焦块被推出煤杯为止，尽可能保持焦块的完整。图 1-25 为推焦器的示意图。

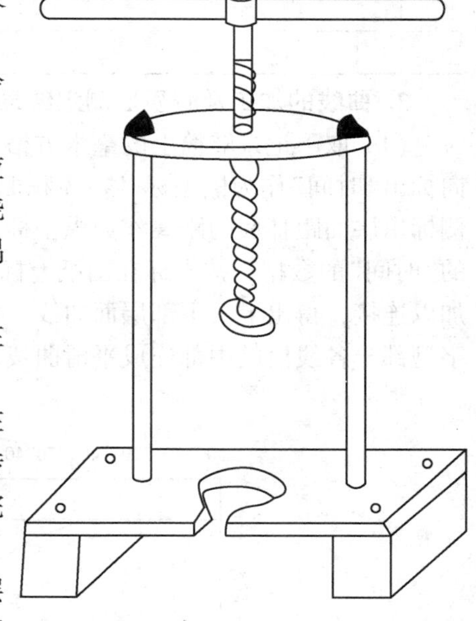

图 1-25 推焦器

一般可在体积曲线下降约 5mm 时开始测量胶质层上部层面；上部层面测值达 10mm 左右时，开始测量下部层面。

六、实验记录及结果表述

1. 实验记录

实验记录表见表 1-26。

表 1-26　实验原始记录表

<table>
<tr><td>煤样编号</td><td colspan="9"></td><td colspan="3" rowspan="3">装煤高度 h/mm</td><td>前</td><td colspan="5"></td></tr>
<tr><td>煤样来源</td><td></td><td colspan="3">收到日期</td><td colspan="5">年　月　日</td><td rowspan="2">后</td><td colspan="5" rowspan="2"></td></tr>
<tr><td>仪器号码</td><td></td><td colspan="3">煤杯号码</td><td colspan="5">前　后</td></tr>
<tr><td colspan="2">时间/min</td><td>0</td><td>10</td><td>20</td><td>30</td><td>40</td><td>50</td><td>60</td><td>70</td><td>80</td><td>90</td><td>100</td><td>110</td><td>120</td><td>130</td><td>140</td><td>150</td><td>160</td></tr>
<tr><td rowspan="2">温度/℃前</td><td>应到</td><td></td><td></td><td></td><td></td><td></td><td></td><td></td><td></td><td></td><td></td><td></td><td></td><td></td><td></td><td></td><td></td><td></td></tr>
<tr><td>实到</td><td></td><td></td><td></td><td></td><td></td><td></td><td></td><td></td><td></td><td></td><td></td><td></td><td></td><td></td><td></td><td></td><td></td></tr>
<tr><td rowspan="2">温度/℃后</td><td>应到</td><td></td><td></td><td></td><td></td><td></td><td></td><td></td><td></td><td></td><td></td><td></td><td></td><td></td><td></td><td></td><td></td><td></td></tr>
<tr><td>实到</td><td></td><td></td><td></td><td></td><td></td><td></td><td></td><td></td><td></td><td></td><td></td><td></td><td></td><td></td><td></td><td></td><td></td></tr>
<tr><td rowspan="2">时间/min 前</td><td colspan="8">胶质层层面距杯底的距离/mm</td><td colspan="2" rowspan="2">时间/min 后</td><td colspan="8">胶质层层面距杯底的距离/mm</td></tr>
<tr><td colspan="5">上部</td><td colspan="3">下部</td><td colspan="4">上部</td><td colspan="4">下部</td></tr>
<tr><td></td><td colspan="5"></td><td colspan="3"></td><td colspan="2"></td><td colspan="4"></td><td colspan="4"></td></tr>
<tr><td></td><td colspan="5"></td><td colspan="3"></td><td colspan="2"></td><td colspan="4"></td><td colspan="4"></td></tr>
<tr><td></td><td colspan="5"></td><td colspan="3"></td><td colspan="2"></td><td colspan="4"></td><td colspan="4"></td></tr>
<tr><td></td><td colspan="5"></td><td colspan="3"></td><td colspan="2"></td><td colspan="4"></td><td colspan="4"></td></tr>
<tr><td></td><td colspan="5"></td><td colspan="3"></td><td colspan="2"></td><td colspan="4"></td><td colspan="4"></td></tr>
<tr><td></td><td colspan="5"></td><td colspan="3"></td><td colspan="2"></td><td colspan="4"></td><td colspan="4"></td></tr>
<tr><td></td><td colspan="5"></td><td colspan="3"></td><td colspan="2"></td><td colspan="4"></td><td colspan="4"></td></tr>
</table>

2. 曲线的加工及胶质层测定结果的确定

（1）取下记录转筒上的毫米方格纸，在体积曲线上方水平方向标出温度，在下方水平方向标出“时间”作为横坐标。在体积曲线下方、温度和时间坐标之间留一适当位置，在其左侧标出层面距杯底的距离作为纵坐标。根据记录表上所记录的各个上、下部层面位置和相应的“时间”的数据，按坐标在图纸上标出“上部层面”和“下部层面”的各点，分别以平滑的线加以连接，得出上、下部层面曲线。如按上法连成的层面曲线呈“之”字型，则应通过“之”字型部分各线段的中部连成平滑曲线作为最终的层面曲线(如图 1-26)。

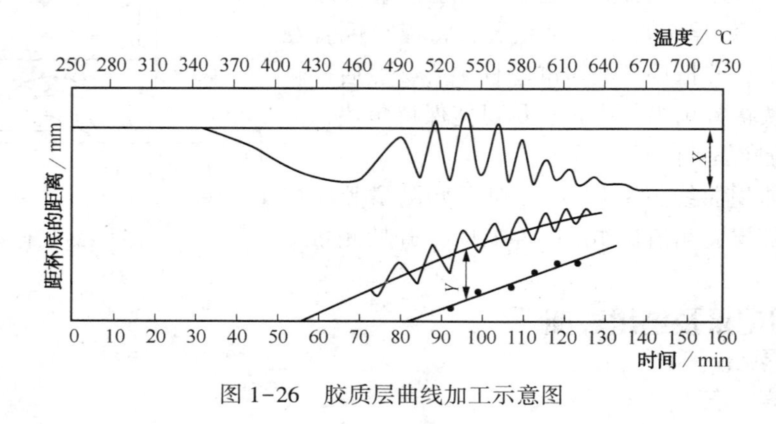

图 1-26　胶质层曲线加工示意图

(2) 取胶质层上、下部层面曲线之间沿纵坐标方向的最大距离(读准到 0.5mm)作为胶质层最大厚度 Y(如图 1-26)。

(3) 取 730℃时体积曲线与零点线间的距离(读准到 0.5mm)作为最终收缩度 X(如图1-26)。

(4) 将整理完毕的曲线图,标明试样的编号,贴在记录表上一并保存。

(5) 体积曲线类型用下列名称表示(如图 1-27):

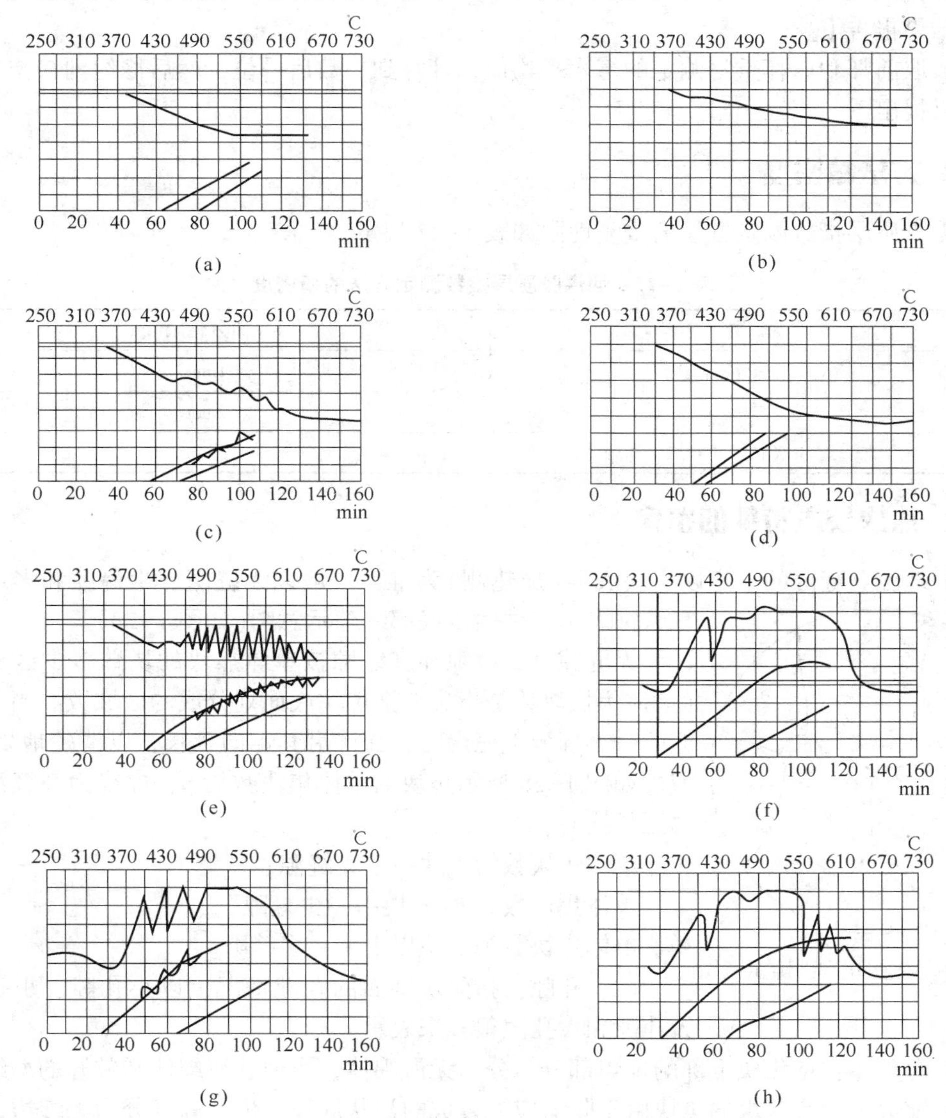

图 1-27 胶质层体积曲线类型图

平滑下降型,如图 1-27(a);
平滑斜降型,如图 1-27(b);
波型,如图 1-27(c);
微波型,如图 1-27(d);

"之"字型，如图 1-27(e)；

山型，如图 1-27(f)；

"之"山混合型，如图 1-27(g)和图 1-27(h)。

(6) 按规定的方法鉴定焦块的技术特征，并记入试验记录表中。

(7) 在报告 X 值时，应按相应的规定注明试样装填高度。如果测得的胶质层厚度为零，在报告 Y 值时应注明焦块的熔合状况。必要时，应将体积曲线及上、下部层面曲线的复制图附在结果报告上。

(8) 取前杯和后杯重复测定的算术平均值，计算到小数后一位，然后修约到 0.5，作为试验结果报出。

七、方法精密度

烟煤胶质层指数测定方法的重复性限如表 1-27 规定。

表 1-27 烟煤胶质层指数测定方法的精密度

参 数		重复性限
Y 值	≤20mm	1mm
	>20mm	2mm
X 值		3mm

八、焦块技术特征的鉴定

(1) 缝隙：缝隙的鉴定以焦块底面(加热侧)为准，一般以无缝隙、少缝隙和多缝隙三种特征表示，并附以底部缝隙示意图(如图 1-28)。

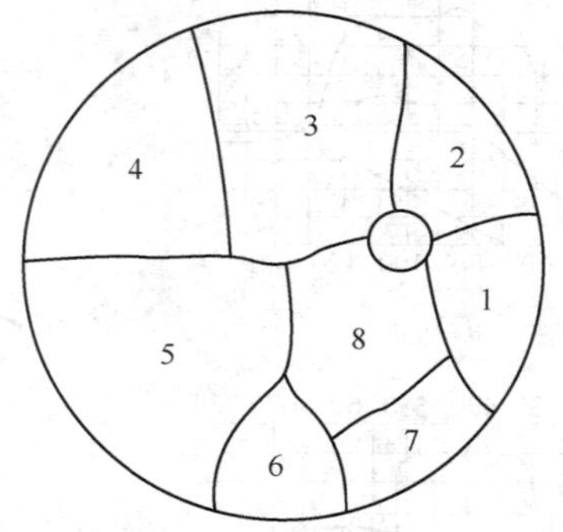

图 1-28 单体焦块和缝隙示意图

无缝隙、少缝隙和多缝隙按单体焦块的块数多少区分如下(单体焦块块数是指裂缝把焦块底面划分成的区域数。当一条裂缝的一小部分不完全时，允许沿其走向延长，以清楚地划出区域。如图 1-28 所示焦块的单体焦块数为 8，虚线为裂缝沿走向的延长线)。

单体焦块数为 1 块——无缝隙；

单体焦块数为 2~6 块——少缝隙；

单体焦块数为 6 块以上——多缝隙。

(2) 孔隙：指焦块剖面的孔隙情况，以小孔隙、小孔隙带大孔隙和大孔隙很多来表示。

(3) 海绵体：指焦块上部的蜂焦部分，分为无海绵体、小泡状海绵体和敞开的海绵体。

(4) 绽边：指有些煤的焦块由于收缩应力裂成的裙状周边，依其高度分为无绽边、低绽边(约占焦块全高 1/3 以下)、高绽边(约占焦块全高 2/3 以上)和中等绽边(介于高、低绽边之间)(图 1-29)。

海绵体和焦块绽边的情况应记录在表上，以剖面图表示。

(5) 色泽：以焦块断面接近杯底部分的颜色和光泽为准。焦色分黑色(不结焦或凝结的焦块)、深灰色、银灰色等。

（6）熔合情况：分为粉状（不结焦）、凝结、部分熔合、完全熔合等。

将焦块技术特征填入表1-28。

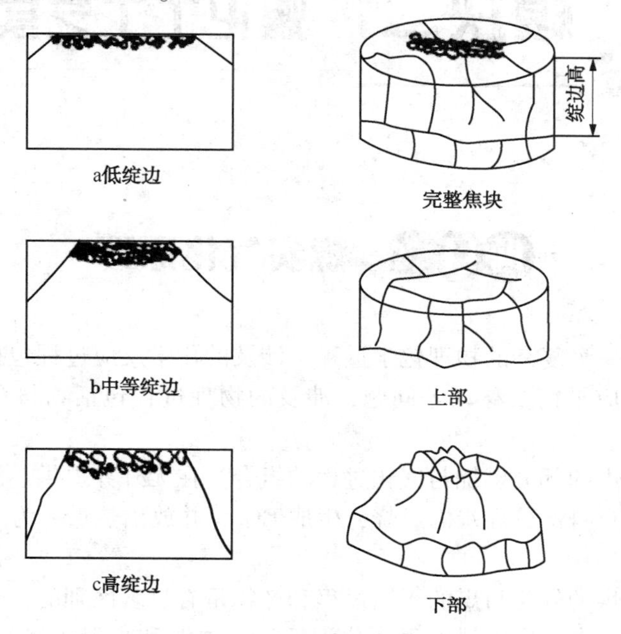

图1-29　焦块锭边示意图

表1-28　焦块技术特征

焦块技术特征	
1. 焦块缝隙（平面图）	
2. 海绵体绽边（剖面图）	
缝隙＿＿＿＿＿＿	色泽＿＿＿＿＿＿
孔隙＿＿＿＿＿＿	海绵体＿＿＿＿＿＿
绽边＿＿＿＿＿＿	融合状况＿＿＿＿＿＿
成焦率　前＿＿＿＿＿＿%	后＿＿＿＿＿＿%
胶质层厚度/Y＿＿＿＿＿＿mm	
体积曲线形状＿＿＿＿＿＿形	
附注	

九、思考题

（1）杯底及压力盘上各析气孔若有堵塞时，对本实验有何影响？

（2）为什么不同的煤样可以得到不同类型的体积曲线？

（3）胶质层最大厚度Y值与煤质有何关系？用它反映煤的黏结性有何优点和局限性？

（4）实验时如果探针带出胶质体或使胶质层内积存的煤气突然溢出，对测定结果将有何影响？

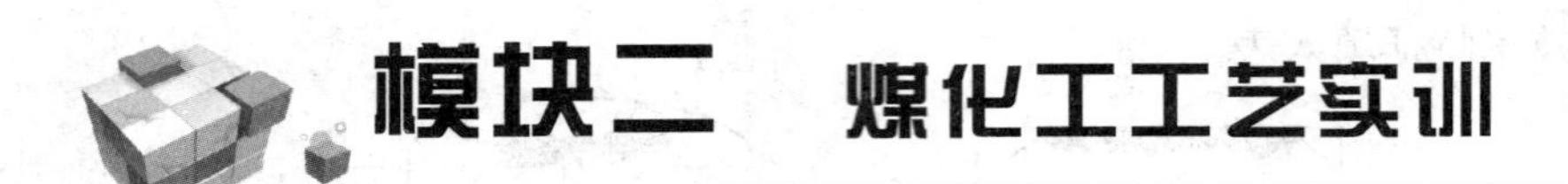

模块二 煤化工工艺实训

项目一 煤炭气化原理

煤的气化过程是一个复杂的物理化学过程。涉及的化学反应过程包括温度、压力、反应速度的影响和化学反应平衡及移动等问题，涉及的物理过程包括物料及气化剂的传质、传热、流体力学等问题。

煤的气化过程是煤的部分燃烧与气化过程的组合。在无外界提供热源的情况下，煤气化炉内的气化热源依靠自身部分煤炭的燃烧，生成 CO_2，并放出热量，为煤的气化过程提供必要的热力反应条件。

值得一提的是，煤的气化与煤的干馏过程和产物是有显著区别的，煤的干馏过程是煤炭在隔绝空气的条件下，在一定的温度下（分为低温、中温和高温干馏）进行的热加工过程，干馏的目的在于得到焦炭、焦油和其他若干化学产品，同时也得到一定数量的煤气(焦炉煤气)。而煤的气化过程是利用气化剂(氧气、空气或水蒸气)与高温煤层或煤粒接触并相互作用，使煤中的有机化合物在氧气不足的条件下进行不完全氧化，尽可能完全地转化成含氢、甲烷和 CO 等可燃物的混合气体。

一、煤气化的基本条件

(1) 气化原料和气化剂。气化原料一般为煤、焦炭。气化剂可选择空气、空气-蒸汽混合气、富氧空气-蒸汽、氧气-蒸气、蒸汽或 CO_2等。

(2) 发生气化的反应容器。即煤气化炉或煤气发生炉。气化原料和气化剂被连续送入反应器，在其内完成煤的气化反应，输出粗煤气，并排出煤炭气化后的残余灰渣。煤气发生炉的炉体外壳一般由钢板构成，内衬耐火层，装有加煤和排灰渣设备、调节空气(富氧气体)和水蒸气用量的装置、鼓风管道和煤气导出管等。

(3) 煤气发生炉内保持一定的温度。通过向炉内鼓入一定量的空气或氧气，使部分入炉原料燃烧放热，以此作为炉内反应的热源，使气化反应不间断地进行。根据气化工艺的不同，气化炉内的操作温度亦有很大不同。可分别运行在高温(1100~2000℃)、中温(950~1100℃)或较低的温度(900℃左右)区段。

(4) 维持一定的炉内压力。不同的气化工艺所要求的气化炉内的压力也不同，分为常压和加压气化炉，较高的运行压力有利于气化反应的进行和提高煤气的产量。

二、气化的几个重要过程

具体的气化过程所采用的炉型不同，操作条件不同，所使用的气化剂及燃料组成不同，但基本都包括几个主要的过程，即煤的干燥、热解、主要的化学反应。

1. 煤的干燥

煤的干燥过程受干燥温度、气流速度等因素的影响。气流中水分含量的高峰期处于床层温度为100℃左右，其水的产生速度和煤的颗粒大小无关。也就是说干燥过程主要是与水分的蒸发温度有关。煤的干燥过程，实质上是水分从微孔中蒸发的过程，理论上应在接近水的沸点下进行，但实际生产中，和具体的气化工艺过程及其操作条件又有很大的关系，例如，对于移动床气化而言，由于煤不断向高温区缓慢移动，且水分蒸发需要一定的时间，因此水分全部蒸发的温度稍大于100℃，当气化煤中水分含量较大时，干燥期间，煤料温度在一定时间内处于不变的100℃左右。而在其他的一些气化工艺过程当中，例如，气流床气化时，由于粉煤是直接被喷入高温区内，几乎是在2000℃左右的高温条件下被瞬间干燥。

一般地，增加气体流速，提高气体温度都可以增加干燥速度。煤中水分含量低、干燥温度高、气流速度大，则干燥时间短；反之，煤的干燥时间就长。

从能量消耗的角度来看，以机械形式和煤结合的外在水分，在蒸发时需要消耗的能量相对较少；而以吸附方式存在于煤微孔内的内在水分，蒸发时消耗的能量相对较多。

煤干燥过程的主要产物是水蒸气，以及被煤吸附的少量的一氧化碳和二氧化碳等。

2. 煤的热解

煤是复杂的有机物质，从煤的成因知道，煤是由高等植物(或低等植物)在一定的条件下，经过相当长的物理、化学、物理化学、生物及地质作用而形成的。其主体是含碳、氢、氧和硫等元素的极其复杂的化合物，并夹杂一部分无机化合物。当加热时，分子键的重排将使煤分解为挥发性的有机物和固定碳。挥发分实质上是由低相对分子质量的氢气、甲烷和一氧化碳等化合物至高相对分子质量的焦油和沥青的混合物构成。

一般来讲，热解反应的宏观形式为：

$$煤\xrightarrow{加热}煤气(CO_2，CO，CH_4，H_2O，H_2，NH_3，H_2S)+焦油(液体)+焦炭$$

煤炭气化过程中煤的热解与炼焦和煤液化过程中煤的热解行为有所区别，其主要区别在于：

(1) 在块状或大颗粒状煤存在的固定床气化过程中，热解温度较低，通常在600℃以下，属于低温干馏(低温热解)；

(2) 热解过程中，床层中煤粒间有较强烈的气流流动，不同于炼焦炉中自身生成物的缓慢流动，其对煤的升温速度及热解产物的二次热解反应影响较大；

(3) 在粉煤气化(流化床和气流床)工艺中，煤炭中水分的增发、煤热解以及煤粒与气化剂之间的化学反应几乎是同时并存，且在瞬间完成。

煤的加热分解除了和煤的品位有关系，还与煤的颗粒粒径、加热速度、分解温度、压力和周围气体介质有关系。

无烟煤中的氢和氧元素含量较低，加热分解仅放出少量的挥发分；烟煤加热时经历软化为类原生质的过程。在煤颗粒中心达到软化温度以前，开始分解出挥发物，同时其本身发生膨胀。

煤颗粒粒径小于50μm时，热解过程将为挥发形成的化学反应控制，热解与颗粒大小基本没有关系。当颗粒粒径大于100μm后，热解速度取决于挥发分从固定碳中的扩散逸出速度。

压力对热解有重要影响，随压力的升高，液体碳氢化合物相对减少，而气体碳氢化合物相对增加。

一般来说，在200℃以前，并不发生热解作用，只是放出吸附的气体，如水等。在大于200℃后，才开始发生煤的热分解，放出大量的水蒸气和二氧化碳，同时，有少量的硫化氢和有机硫化物放出。继续升高温度，达到400℃左右时煤开始剧烈热解，放出大量的甲烷和同系物、烯烃等，此时煤转变为塑性状态。温度达到500℃时，开始产生大量的焦油蒸气和氢气，此时塑性状态的煤因分解作用的进行而变硬。

煤的热解结果生成三类分子：小分子(气体)、中等分子(焦油)、大分子(半焦)。

就单纯热解作用的气态而言，煤气热值随煤中挥发分的增加而增加，随煤的变质程度的加深氢气含量增加而烃类和二氧化碳含量减少。煤中的氧含量增加时，煤气中二氧化碳和水含量增加。煤气的平均相对分子质量则随热解的温度升高而下降，即随温度的升高大分子变小，煤气数量增加。

随温度的升高，煤的干燥和气化产物的释放进程大致如下，

100~200℃　　放出水分及吸附的 CO_2；
200~300℃　　放出 CO_2、CO 和热分解水；
300~400℃　　放出焦油蒸气、CO 和气态碳氢化合物；
400~500℃　　焦油蒸气产生达到最多，CO 逸出减少直至终止；
500~600℃　　放出 H_2、CH_4和碳氢化合物；
600℃以上　　碳氢化合物分解为甲烷和氢。

这取决于不同煤种的不同煤化程度，由于各种煤的热稳定性差别较大，因此随温度的升高，挥发性气体释放的速率也不同，煤干燥与挥发后的产物是焦炭。

在煤气化过程中，对煤化程度浅的多水分褐煤，干燥与挥发阶段具有重要的作用，而对烟煤、半焦和无烟煤则意义不大，且除两段气化工艺以外，其他气化工艺中的此阶段也不是主要的。

3. 主要化学反应过程

煤炭气化过程中存在许多化学反应，既有煤和气化剂之间的反应，也有气化剂与生成物之间的反应，煤炭气化过程的两类主要反应即燃烧反应和还原反应是密切相关的，是煤炭气化过程的基本反应。

三、气化过程主要化学反应

一般认为，在煤的气化阶段中发生了下述反应：

1. 碳的氧化燃烧反应

煤中的部分碳和氢经氧化燃烧放热并生成 CO_2和水蒸气，由于处于缺氧环境下，该反应仅限于提供气化反应所必需的热量。

$$C+O_2 \longrightarrow CO_2+394.55kJ/mol$$

$$C+O_2 \longrightarrow CO+110.4kJ/mol$$

$$H_2+\frac{1}{2}O_2 \longrightarrow H_2O+21.8kJ/mol$$

2. 气化反应

这是气化炉中最重要的还原反应，发生于正在燃烧而未燃烧完的燃料中，碳与CO_2反应生成CO，在有水蒸气参与反应的条件下，碳还与水蒸气反应生成H_2和CO_2(即水煤气反应)，这些均为吸热化学反应。

$$CO_2+C \rightleftharpoons 2CO-173.1kJ/mol$$

$$C+H_2O \rightleftharpoons CO+H_2-131.0kJ/mol$$

在实际过程中，随着参加反应的水蒸气浓度增大，还可能发生如下水煤气平衡反应(也称为一氧化碳变换反应)。在有关工艺过程中，为了把一氧化碳全部或部分转变为氢气，往往在气化炉外利用这个反应。现今所有的合成氨厂和煤气厂制氢装置均设有变换工序，采用专有催化剂，使用专有技术名词“变换反应”。

$$C+2H_2O \longrightarrow CO_2+2H_2-88.9kJ/mol$$

3. 甲烷生成反应

当炉内反应温度在700~800℃时，还伴有以下的甲烷生成反应，对煤化程度浅的煤，还有部分甲烷产生自煤的大分子裂解反应。

$$C+2H_2 \xrightarrow{\text{催化剂}} CH_4+O_2$$

$$CO+3H_2 \xrightarrow{\text{催化剂}} CH_4+H_2O$$

$$CO_2+4H_2 \xrightarrow{\text{催化剂}} CH_4+2H_2O$$

$$2CO+2H_2 \xrightarrow{\text{催化剂}} CH_4+CO_2$$

$$2C+2H_2O \xrightarrow{\text{催化剂}} CH_4+CO_2$$

在煤的气化过程中，根据气化工艺的不同，上述各个基本反应过程可以在反应器空间中同时发生，或不同的反应过程限制在反应器的各个不同区域中进行，亦可以在分离的反应器中分别进行。根据以上反应产物，煤炭气化过程可用下式表示：

$$\text{煤} \xrightarrow{\text{高温、高压、气化剂}} C+CH_4+CO+CO_2+H_2+H_2O$$

4. 其他反应

因为煤中有杂质硫存在，气化过程中还可能同时发生以下反应：

$$S+O_2 \rightleftharpoons SO_2$$

$$SO_2+3H_2 \rightleftharpoons H_2S+2H_2O$$

$$SO_2+2CO \rightleftharpoons S+2CO_2$$

$$2H_2S+SO_2 \rightleftharpoons 3S+2H_2O$$

$$C+2S \rightleftharpoons CS_2$$

$$CO+S \rightleftharpoons COS$$

$$N_2+3H_2 \rightleftharpoons 2NH_3$$

$$N_2+H_2O+2CO \rightleftharpoons 2HCN+\frac{3}{2}O_2$$

$$N_2+xO_2 \rightleftharpoons 2NO_x$$

在以上反应生成物中生成许多硫及硫的化合物，它们的存在可能造成对设备的腐蚀和对环境的污染。前已述及，煤炭与不同气化剂反应可获得空气煤气、水煤气、混合煤气、半水煤气等，其反应后组成如表 2-1 所示。

表 2-1　工业煤气组成　　%

种类	气体组成(体积分数)						
	H_2	CO	CO_2	N_2	CH_4	O_2	H_2S
空气煤气	0.9	33.4	0.6	64.6	0.5		
水煤气	50.0	37.3	6.5	5.5	0.3	0.2	0.2
混合煤气	11.0	27.5	6.0	55	0.3	0.2	
半水煤气	37.0	33.3	6.6	22.4	0.3	0.2	0.2

四、气化过程的物理化学基础

煤的气化过程是一个热化学过程，影响其化学过程的因素很多，除了气化介质、燃料接触方式影响外，其工艺条件的影响也必须考虑。为了清楚地分析、选择工艺条件，现首先分析煤炭气化过程中的化学平衡及反应速度。

（一）气化反应的化学平衡

1. 化学平衡常数

在煤炭气化过程中，有相当多的反应是可逆过程。特别是在煤的二次气化中，几乎均为可逆反应。在一定条件下，当正反应速度与逆反应速度相等时，化学反应达到化学平衡。

$$mA + nB \rightleftharpoons pC + qD$$

$$V_{正} = K_{正}[P_A]^m[P_B]^n$$

$$V_{逆} = K_{逆}[P_C]^p[P_D]^q$$

$$K_{正}[P_A]^m[P_B]^n = K_{逆}[P_C]^p[P_D]^q$$

$$K_P = \frac{K_{正}}{K_{逆}} = \frac{[P_C]^p[P_D]^q}{[P_A]^a[P_B]^b}$$

2. 影响化学平衡的因素

化学平衡只有在一定的条件下才能保持，当条件改变时，平衡就破坏了，直到与新条件相适应，才能达到新的平衡，因平衡破坏而引起含量(摩尔分数)的变化过程，称为平衡的移动。平衡移动的根本原因是外界条件的改变，对正逆两反应速度产生了不同的影响。

吕·查德理 (LeChatelier)原理：处于平衡状态的体系，当外界条件[温度、压力及含量(摩尔分数)等]发生变化时，则平衡发生移动，其移动方向总是向着削弱或者抗拒外界条件改变的影响。

(1) 温度的影响：

温度是影响气化反应过程煤气产率和化学组成的决定性因素。温度对化学平衡的关系如式(2-1)：

$$\lg K_p = \frac{-\Delta H}{2.303RT} + C \qquad (2-1)$$

式中　R——气体常数，8.314kJ/(kmol·K)；

T——绝对温度，K；

ΔH——反应热效应，放热为负，吸热为正；

C——常数。

从式(2-1)可以看出，若ΔH为负值时，为放热反应，温度升高，K_p值减小，对于这类反应，一般来说降低反应温度有利于反应的进行。反之，若ΔH为正值时，即吸热反应，温度升高，K_p值增大，此时升高温度有利于反应的进行。

例如气化反应式其反应如下：

$$C + H_2O \rightleftharpoons H_2 + CO - 135.0kJ/mol$$

$$C + CO_2 \rightleftharpoons 2CO - 173.1kJ/mol$$

两反应过程均为吸热反应，在这两个反应进行过程中，升高温度，平衡向吸热方向移动，即升高温度对主反应有利。

C与CO_2反应生成CO，反应式：$CO_2+C \rightleftharpoons 2CO-173.1kJ/mol$，反应在不同温度下$CO_2$与CO的平衡组成如表2-2所示。

表2-2 在不同温度下的反应中CO_2与CO的平衡组成(体积分数) %

温度/℃	450	650	700	750	800	850	900	950	1000
CO_2	97.8	60.2	41.3	24.1	12.4	5.9	2.9	1.2	0.9
CO	2.2	39.8	58.7	75.9	87.6	94.1	97.1	98.8	99.1

从表2-2中可以看到，随着温度升高，其还原产物CO的含量增加。当温度升高到1000℃时，CO的平衡组成为99.1%。在前面提到的可逆反应中，有很多是放热反应，温度过高对反应不利，如：

$$CO + \frac{1}{2}O_2 \rightleftharpoons CO_2 + 2837kJ/mol$$

$$CO + 3H_2 \rightleftharpoons CH_4 + H_2O + 2193kJ/mol$$

如有1%的CO转化为甲烷，则气体的绝热温升为60~70℃。在合成气中CO的组成大约为30%左右，因此，反应过程中必须将反应热及时移走，使得反应在一定的温度范围内进行，以确保不发生由于温度过高而引起催化剂的烧结。

(2) 压力的影响：平衡常数K_p不仅是温度函数，而且随压力变化而变化。压力对于液相反应影响不大，而对于气相或气液相反应平衡的影响是比较显著的。根据化学平衡原理，升高压力平衡向气体体积减小的方向进行；反之，降低压力，平衡向气体体积增加方向进行。在煤炭气化的一次反应中，所有反应均为增大体积的反应，故增加压力，不利于反应进行。可由式(2-2)得出：

$$K_p = K_N \cdot P^{\Delta v} \tag{2-2}$$

式中 K_p——用压力表示的平衡常数；

K_N——用物质的量表示的平衡常数；

Δv——反应过程中气体物质分子数的增加(或体积的增加)。

理论产率决定于K_p，并随K_N的增加而增大。当反应体系的平衡压力P增加时，$P^{\Delta v}$的值由Δv决定。

如果$\Delta v<0$，增大压力P后，$P^{\Delta v}$减小。由于K_p是不变的，如果K_N保持原来的值不变，就不能维持平衡，所以当压力增高时，K_N必然增加，因此加压有利。即加压使平衡向体积减少或分子数减小的方向移动。

如果$\Delta v>0$，则正好相反，加压将使平衡向反应物方向移动，因此，加压对反应不利，这类反应适宜在常压甚至减压下进行。

如果 $\Delta v=0$，反应前后体积或分子数无变化，则压力对理论产率无影响。

图 2-1 为粗煤气组成与气化压力的关系图，从图中可见，压力对煤气中各气体组成的影响不同，随着压力的增加，粗煤气中甲烷和二氧化碳含量增加，而氢气和一氧化碳含量则减少。因此，压力越高，一氧化碳平衡浓度越低，煤气产率随之降低。

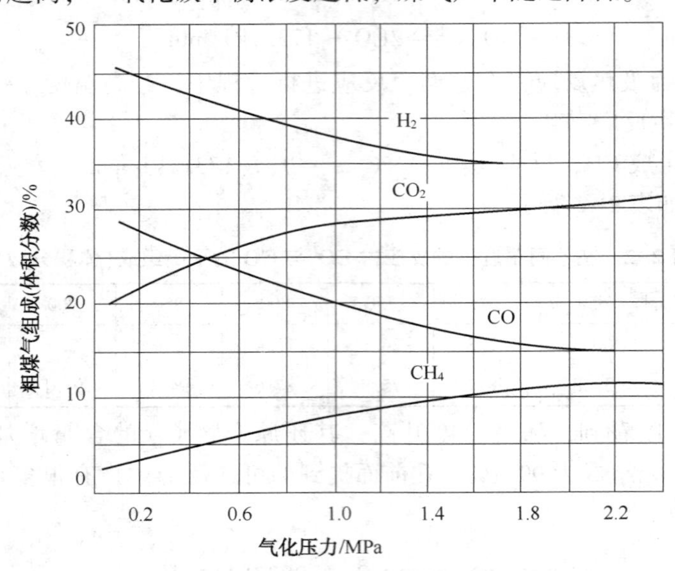

图 2-1　粗煤气组成与气体压力的关系图

由上述可知，在煤炭气化中，可根据生产产品的要求确定气化压力，当气化炉煤气主要用作化工原料时，可在低压下生产；当所生产气化煤气需要较高热值时，可采用加压气化。这是因为压力提高后，在气化炉内，在 H_2 气氛中，CH_4 产率随压力提高迅速增加，发生如下反应：

$$C+2H_2 \rightleftharpoons CH_4 \qquad \Delta H=84.3\text{kJ/mol}$$

$$CO+3H_2 \rightleftharpoons CH_4+H_2O \qquad \Delta H=219.31\text{kJ/mol}$$

$$CO_2+4H_2 \rightleftharpoons CH_4+2H_2O \qquad \Delta H=162.8\text{kJ/mol}$$

$$2CO+2H_2 \rightleftharpoons CO_2+CH_4 \qquad \Delta H=247.3\text{kJ/mol}$$

上述反应均为体积缩小的反应，加压有利于 CH_4 生成，而甲烷生成反应为放热反应，其反应热可作为水蒸气分解、二氧化碳等吸热反应热源，从而减少了碳燃烧中氧的消耗。也就是说，随着压力的增加，气化反应中氧气消耗量减少；同时，加压可阻止气化时上升气体中所带出物料的量，有效提高鼓风速度，增大其生产能力。

在常压气化炉和加压气化炉中，假定带出物的数量相等，则出炉煤气动压头相等，可近似得出，加压气化炉与常压气化炉生产能力之比如式(2-3)所示：

$$\frac{V_2}{V_1}=\sqrt{\frac{T_1P_2}{T_2P_1}} \tag{2-3}$$

对于常压气化炉，P_1 通常略高于大气压，当 $P_1=0.1078\text{MPa}$ 左右时，常压、加压炉的气化温度之比 $T_1/T_2=1.1\sim1.25$，则由式(2-3)可得：

$$V_2/V_1 = 3.19 \sim 3.41\sqrt{P_2}$$

例如，气化压力为2.5~3MPa的鲁奇加压气化炉，其生产能力将比常压下高5~6倍；又如鲁尔-100气化炉，当把压力从2.5MPa提高到9.5MPa时，粗煤气中甲烷含量从9%增至17%，气化效率从8%提高到85%，煤处理量增加一倍，氧耗量降低10%~30%。但是，从下列反应：

$$C+H_2O \rightleftharpoons H_2+CO \quad \Delta H=-135.0\text{kJ/mol}$$

可知，增加压力，平衡左移，不利于水蒸气分解，即降低了氢气生成量。故增加压力，水蒸气消耗量增多。图2-2为气化压力与蒸汽消耗量的关系。

（3）具体分析：

下面分别研究，在气化过程中具有重要意义的几类反应。

① 还原反应：

反应 $CO_2+C \rightleftharpoons 2CO-173.1\text{kJ/mol}$ 是高温下碳与氧作用时发生的许多反应中的一个。它是一个强吸热反应，当温度上升时，平衡常数 K_p 急剧增加，显然温度愈高，愈有利于这个反应进行。K_p 与温度的变化关系如图2-3所示。

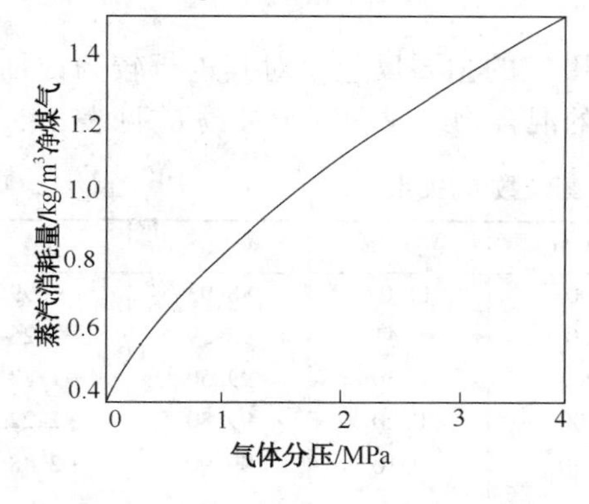

图2-2　气化压力与蒸汽消耗量的关系图

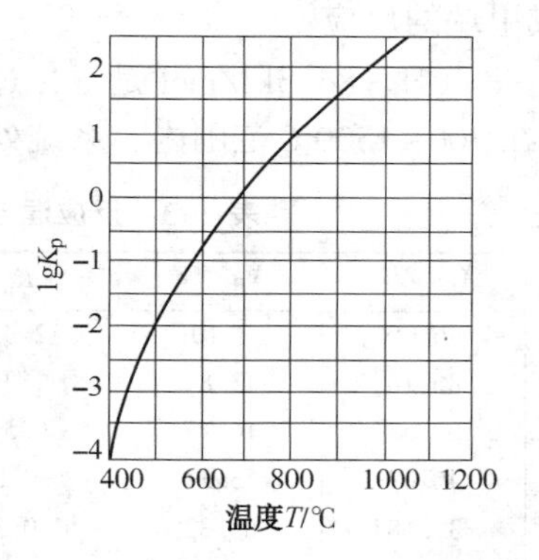

图2-3　$CO_2+C \rightleftharpoons 2CO-173.1\text{kJ/mol}$ 中 K_p-T 图

该反应中平衡混合物组成与压力的关系如图2-4所示。在一定温度下，反应的 K_p 与压力无关。但由于反应之后体积增加，所以在总压增加时，将会影响平衡点的移动，使反应向体积缩小的方向进行。

② 对气化有重要意义的碳与水蒸气反应。大量的研究表明，其初次反应是：

$$C+H_2O \rightleftharpoons H_2+CO-135.0\text{kJ/mol}$$

但在过量水蒸气的参与下，又继而发生了反应：

$$CO+H_2O \rightleftharpoons CO_2+H_2-38.4\text{kJ/mol}$$

把这两个反应组合在一起即得2个分子水蒸气与碳的反应：

$$CO+2H_2O \rightleftharpoons CO_2+2H_2-173.4\text{kJ/mol}$$

这两个水蒸气反应的平衡常数与温度的关系如图2-5所示。从图上可以看出，温度对于两个反应平衡常数的影响有所不同。在800℃以上，温度上升，则第一个反应的平衡常数要比第二个反应的平衡常数增加得快，所以，提高温度可以相对地提高一氧化碳含量而降低二氧化碳的含量。

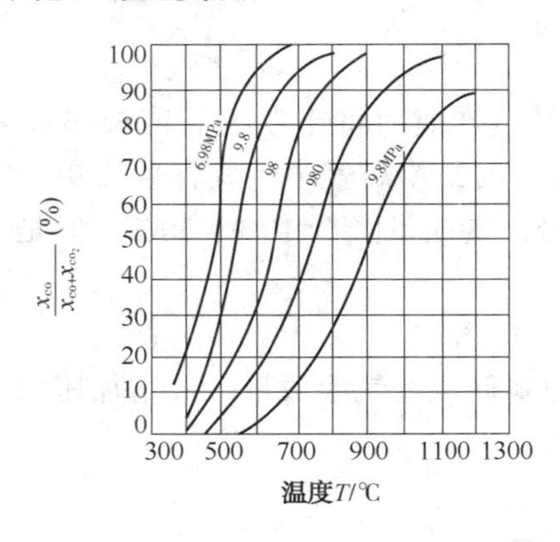

图 2-4 平衡组成与压力关系图

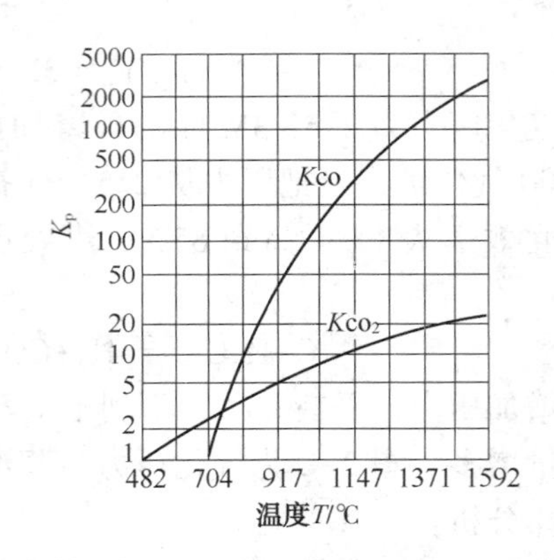

图 2-5 碳和水蒸气反应的平衡常数与温度的关系

然而 $K_c \dfrac{RT}{P}=\dfrac{X_{CO}X_{H_2}}{X_{H_2O}}$，因此，在温度不变的情况下，随压力增加，水蒸气含量增加，CO 和 H_2的含量减少。

③ 生成甲烷的反应：

$C+2H_2 \longrightarrow CH_4+84.3kJ/mol$ 是气化过程中生成甲烷的主要反应。对其进行较为详细的研究，得到在 300~1500℃范围内，系统处于平衡时的混合物组成和平衡常数 K_P见表 2-3。

表 2-3 反应混合物组成和平衡常数 K_P关系

温度/℃	X_{CH_4}/%	X_{H_2}/%	K_p	温度/℃	X_{CH_4}/%	X_{H_2}/%	K_p
300	96.90	3.10	2.33	700	11.07	88.93	-0.99
400	86.16	13.84	1.32	800	4.41	95.39	-1.26
500	62.53	16.47	0.57	1000	0.50	99.50	-1.83
550	46.69	53.31	-0.05	1100	0.20	99.80	-2.22
600	31.68	68.32	-0.32	1150	0.10	99.90	-2.48
650	19.03	80.97	-0.63				

由表 2-3 可以看出：提高温度，使反应平衡常数下降，在平衡状态下甲烷的含量降低。压力对甲烷化反应更有着特殊意义，见图 2-6。

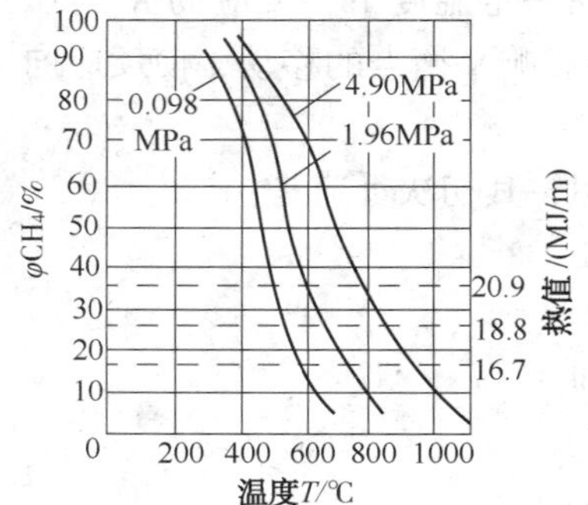

图 2-6 温度和压力对甲烷的影响

（二）煤炭气化的反应动力学

煤或煤焦的气化反应是非均相反应中的一种。非均相反应是指反应物系不处于同一相态之中，在反应物料之间存在着相界面。最常见的非均相反应是气相借助于催化剂作用而进行的气-固催化反应，而煤或煤焦的气化反应，属于气相组分直接与固体含碳物质作用的气-固非催化反应。

研究煤或煤焦气化反应动力学的基本任务是讨论气化反应进行的速度和反应机理，以解决气化反应的现实性问题。通过煤或煤焦气化反应动力学的研究，确定反应速度以及温度、压力、物质的量浓度、煤或煤焦中矿物质或外加催化剂等各种因素对反应速度的影响，从而可求得最适宜的反应条件，使反应按人们所希望的速度进行。

煤或煤焦的气化反应，通常必须经过如下七步：

(1) 反应气体从气相扩散到固体碳表面(外扩散)；

(2) 反应气体再通过颗粒的孔道进入小孔的内表面(内扩散)；

(3) 反应气体分子吸附在固体表面上，形成中间络合物；

(4) 吸附的中间络合物之间，或吸附的中间络合物和气相分子之间进行反应，这称为表面反应步骤；

(5) 吸附态的产物从固体表面脱附；

(6) 产物分子通过固体的内部孔道扩散出来(内扩散)；

(7) 产物分子从颗粒表面扩散到气相中(外扩散)。

以上七步骤可归纳为两类，(1)、(2)、(6)、(7)为扩散过程，其中又有外扩散和内扩散之分；而(3)、(4)、(5)为吸附、表面反应和脱附，其本质上都是化学过程，故合称表面反应过程。由于各步骤的阻力不同，反应过程的总速度将取决于阻力最大的步骤，即速度最慢的步骤，该步骤是速度控制步骤。因而，总反应速度可以由外扩散过程、内扩散过程或表面反应过程控制。如果反应总速度受化学反应速度限制，称为化学动力控制；如果受物理过程速度限制，则称为扩散控制。

温度是影响反应速率的重要因素。为了表达清楚，用图 2-7 加以说明。其上图表示气相和碳反应的反应速率的常用对数值随反应温度的倒数的变化关系；下图表示在相应情况下，反应物在气固界面和颗粒内部物质的量浓度分布状况，R 是颗粒半径，c_g是反应物气相物质的量浓度，δ 是滞流边界层厚度。

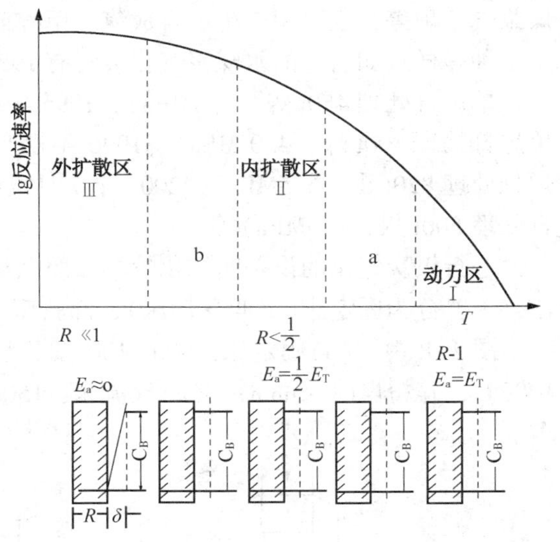

图 2-7　多孔碳反应速率随温度 T 变化的三区域图

由图 2-7 可见，理论上可把气-碳反应的反应速率随反应温度的变化划分成低温、中温、高温三个区域和二个过渡区。

(1) 低温区Ⅰ：此时因温度很低，反应速度很慢。表面反应过程是整个过程的控制步骤，称为动力区。反应剂物质的量浓度在整个碳颗粒内外近似相等，当然反应物在固体内部仍可能有一定的物质的量浓度梯度，但它是如此之小，以至于可以假定固体内部物质的量浓度近似为 x，实验测得的表观活化能 E_a 等于真正活化能 E_T。假设固体颗粒内表面所接触的反应物物质的量浓度都是 c_g时的反应速率为 r_0，而接触的反应剂只有图 2-7 中所示的各种情况时的实际反应速率为 r，若定义表面利用系数 $\eta=r/r_0$，则在化学动力区 $\eta=1$。

(2) 中温区Ⅱ：这时总过程的速率由表面反应和内扩散所控制，称内扩散区。气相反应剂在颗粒内部渗入深度远小于颗粒半径 R，化学反应在碳粒表面和深度为 ε 的薄层中进行。实验测得的表观活化能 $E_a=1/2E_T$，表面利用系数 η 小于 1/2 。

(3) 高温区Ⅲ：这时反应速度由外扩散控制，也即由反应剂或产物通过固体表面的滞流边界层的扩散控制，称外扩散区。因化学反应速率在高温下大大加快，故反应剂物质的量浓度在固体表面已接近为零，因此内表面利用系数 $\eta \ll 1$。表观活化能反映了高温变化对于过程速率的影响程度，扩散系数对温度的变化并不敏感。实验测得的表观活化能 $E_a \approx 0$。

（4）过渡区 a 和 b：在动力区和内扩散区之间有一过渡区 a；在内扩散区和外扩散区之间有一过渡区 b。在过渡区要确定总的过程速率必须同时考虑两类过程速率的影响。

此外，必须指出，不能固定不变地来看待反应系统的控制步骤，条件的改变可以导致各步相对阻力的改变，从而使控制步骤改变。了解固体含碳物质气化反应的分区和控制步骤分析方法，对于描述气化反应过程和设计实际反应条件都是非常重要的。

目前有很多学者都在进行这方面的研究，由于不同学者研究的条件和方法不同，得出的看法和动力学方程往往也不尽相同，故有待于进一步的研究与发展，在这里不再详细叙述。

项目二 固定床（移动床）气化装置

煤炭气化技术是煤化工产业化发展很重要的单元技术。煤炭气化技术在中国被广泛应用于化工、冶金、机械、建材等工业行业和生产城市煤气的企业，气化的核心设备气化炉大约有 9000 多台，其中以固定床气化炉为主。近 20 年来，中国引进的加压鲁奇炉、德士古、水煤浆气化炉等，主要用于生产合成氨、甲醇或城市煤气。中国先后从国外引进的煤炭气化技术多种多样。如引进的水煤浆气化装置有 1987 年投产的鲁南煤炭气化装置（二台炉、一开一备，单炉日处理 450t 煤，2. 8MPa），1995 年投产的吴泾煤炭气化装置（四台炉，三开一备，单炉日处理 500t 煤，4. 0 MPa）、1996 年投产的渭河煤炭气化装置（三台炉，二开一备，单炉日处理 820t 煤，6. 5MPa），2000 年 7 月投产的淮南煤炭气化装置（三台炉，无备用，单炉日处理 500t 煤，4. 0MPa）等。

进行煤炭气化的设备叫气化炉。按照燃料在气化炉内的运动状况来分类是比较通行的方法，一般分为固定床（又叫移动床）、沸腾床（又叫流化床）、气流床和熔融床等。

图 2-8 中，（a）固定床，800～1000℃，块煤（3～30mm 或 6～50mm）；（b）流化床，800～1000℃，碎粉煤（1～5mm）；（c）气流床，1500～2000℃，煤粉（小于 0. 1mm）。

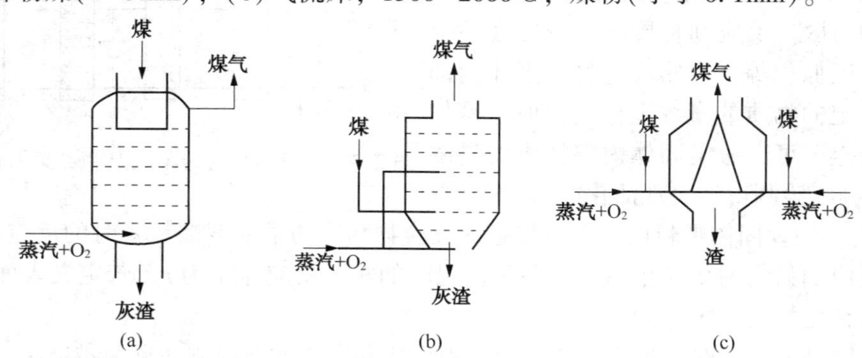

图 2-8　三种典型气化工艺过程

此外，气化炉在生产操作过程中，根据使用的压力不同，又分为常压气化炉和加压气化炉；根据不同的排渣方式，可以分为固态排渣气化炉和液态排渣气化炉。

不论采用何种类型的气化炉，生产哪种煤气，燃料以一定的粒度和气化剂直接接触进行物理和化学变化过程，将燃料中的可燃成分转变为煤气，同时产生的灰渣从炉内排除出去，这一点是不变的。然而采用不同的炉型，不同种类和组成的气化剂，在不同的气化压力下，生产的煤气的组成、热值以及各项经济指标是有很大差异的。气化炉的结构、炉内的气固相反应过程及其各项经济指标，三者之间是紧密联系的。

一、固定床气化工艺简介

（一）固定床气化的特点

固定床（移动床）是一种较老的气化装置。燃料主要有褐煤、长焰煤、烟煤、无烟煤、焦炭等，气化剂有空气、空气-水蒸气、氧气-水蒸气等，燃料由固定床上部的加煤装置加入，底部通入气化剂，燃料与气化剂逆向流动，反应后的灰渣由底部排出。固定床气化炉又分为常压和加压气化炉两种，在运行方式上有连续式和间歇式的区分。

固定床气化炉的主要特点有：

（1）在固定床气化炉中，气化剂与煤反向送入气化炉；

（2）煤为块状，一般不适合用末煤和粉煤；

（3）一般为固态干灰排渣，也有采用液态排渣方式的；

（4）煤的碳转化效率高，耗氧量低；

（5）气化炉出口的煤气温度较低，通常无需煤气冷却器；

（6）一般容量较小。

（二）固定床气化的过程原理

固定床气化炉内的气化过程原理如图 2-9 所示。

由图 2-9 可见，在固定床气化炉中的不同区域中，各个反应过程所对应的反应区域界面比较明显。当炉料装好进行气化时，以空气作为气化剂或以空气（氧气、富氧空气）与水蒸气作为气化剂时，炉内料层可分为六个层带，自上而下分别为：空层、干燥层、干馏层、还原层、氧化层、灰渣层，气化剂不同，发生的化学反应不同。由于各层带的气体组成不同，温度不同，固体物质的组成和结构不同，因此反应的生成物均有一定的区别。各层带在炉内的主要反应和作用都不同。

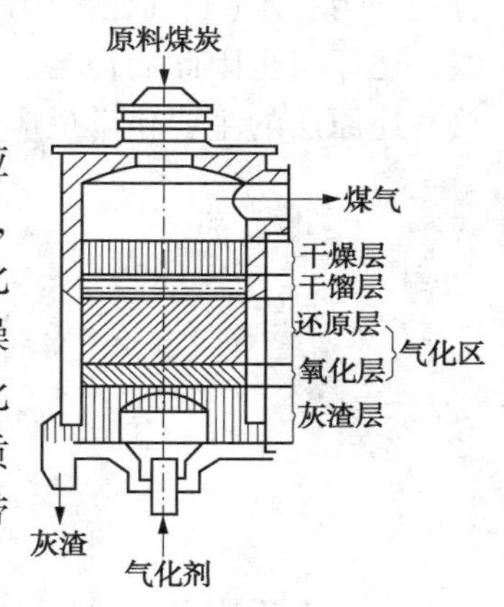

图 2-9　固定床气化的原理

1. 灰渣层

灰渣层中的灰是煤炭气化后的固体残渣，煤灰堆积在炉底的气体分布板上具有以下三个方面的作用。

（1）由于灰渣结构疏松并含有许多孔隙，对气化剂在炉内的均匀分布有一定的好处。

（2）煤灰的温度比刚入炉的气化剂温度高，可使气化剂预热。

（3）灰层上面的氧化层温度很高，有了灰层的保护，避免了和气体分布板的直接接触，故能起到保护分布板的作用。

灰渣层对整个气化操作的正常进行作用很大，要严格控制。根据煤灰分含量的多少和炉子的气化能力制定合适的清灰操作。灰渣层一般控制在 100~400mm 较为合适，视具体情况而定。如果人工清灰，要多次少清，即清灰的次数要多而每次清灰的数量要少，自动连续出灰效果要比人工清灰好。清灰太少，灰渣层加厚，氧化层和还原层相对减少，将影响气化反应的正常进行，增加炉内的阻力；清灰太多，灰渣层变薄，造成炉层波动，影响煤气质量和气化能力，容易出现灰渣熔化烧结，影响正常生产。

灰渣层温度较低，灰中的残碳较少，所以灰渣层中基本不发生化学反应。

2. 氧化层

也称燃烧层或火层，是煤炭气化的重要反应区域，从灰渣中升上来的预热气化剂与煤接触发生燃烧反应，产生的热量是维持气化炉正常操作的必要条件。氧化层带温度高，气化剂浓度最大，发生的化学反应剧烈，主要的反应为：

$$C+O_2 \longrightarrow CO_2$$

$$2C+O_2 \longrightarrow 2CO$$

$$2CO+O_2 \longrightarrow 2CO_2$$

以上三个反应都是放热反应，因而氧化层的温度是最高的。

考虑到灰分的熔点，氧化层的温度太高有烧结的危险，所以一般在不烧结的情况下，氧化层温度越高越好，温度低于灰分熔点的80~120℃为宜，约1200℃左右。氧化层厚度控制在150~300mm左右，要根据气化强度、燃料块度和反应性能来具体确定。

氧化层温度低可以适当降低鼓风温度，也可以适当增大风量来实现。

3. 还原层

在氧化层的上面是还原层，赤热的炭具有很强的夺取水蒸气和二氧化碳中的氧而与之化合的能力，水(当气化剂中用蒸汽时)或二氧化碳发生还原反应而生成相应的氧气和一氧化碳，还原层也因此而得名。还原反应是吸热反应，其热量来源于氧化层的燃烧反应所放出的热。还原层的主要化学反应如下：

$$C+CO_2 \rightleftharpoons 2CO$$

$$C+H_2O \rightleftharpoons H_2+CO$$

$$C+2H_2O \rightleftharpoons 2H_2+CO_2$$

$$C+2H_2 \rightleftharpoons CH_4$$

$$CO+3H_2 \rightleftharpoons CH_4+H_2O$$

$$2CO+2H_2 \rightleftharpoons CO_2+CH_4$$

$$CO_2+4H_2 \rightleftharpoons CH_4+2H_2O$$

由以上反应可以看出，反应物主要是碳、水蒸气、二氧化碳和二次反应产物中的氢气；生成物主要是一氧化碳、氢气、甲烷、二氧化碳、氨气(用空气作气化剂时)和未分解的水蒸气等。常压下气化主要的生成物是一氧化碳、二氧化碳、氢气和少量的甲烷，而加压气化时的甲烷和二氧化碳的含量较高。

还原层厚度一般控制在300~500mm左右。如果煤层太薄，还原反应进行不完全，煤气质量降低；煤层太厚，对气化过程也有不良影响，尤其是在气化黏结性强的烟煤时，容易造成气流分布不均，局部过热，甚至烧结和穿孔。

习惯上，把氧化层和还原层统称为气化层。气化层厚度与煤气出口温度有直接的关系，气化层薄出口温度高；气化层厚，出口温度低。因此，在实际操作中，以煤气出口温度控制气化层厚度，一般煤气出口温度控制在600℃左右。

4. 干馏层

干馏层位于还原层的上部，气体在还原层释放大量的热量，进入干馏层时温度已经不太高了，气化剂中的氧气已基本耗尽，煤在这个过程历经低温干馏，煤中的挥发分发生裂解，产生甲烷、烯烃和焦油等物质，它们受热成为气态而进入干燥层。

干馏区生成的煤气中因为含有较多的甲烷，因而煤气的热值高，可以提高煤气的热值，但也产生硫化氢和焦油等杂质。

5. 干燥层

干燥层位于干馏层的上面，上升的热煤气与刚入炉的燃料在这一层相遇并进行换热，燃料中的水分受热蒸发。一般地，利用劣质煤时，因其水分含量较大，该层高度较大，如果煤中水分含量较少，干燥段的高度就小。脱水过程大致分为以下三个阶段：

第一阶段(图 2-10 中Ⅰ)，如前所述，煤中的水分分外在水分和内在水分。干燥层的上部，上升的热煤气使煤受热，首先使煤表面的润湿水分即外在水分汽化，这时煤微孔内的吸附水即内在水分同时被加热。随燃料下移温度继续升高。

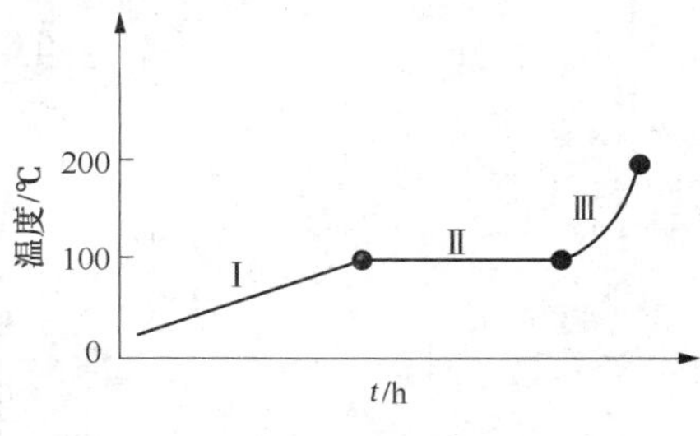

图 2-10　燃料升温曲线

第二阶段(图 2-10 中Ⅱ)，煤移动到干燥层的中部，煤表面的外在水分已基本蒸发干净，微孔中的内在水分保持较长时间，温度变化不大，继续汽化，直至水分全部蒸发干净，温度才继续上升，燃料被彻底干燥。

第三阶段(图 2-10 中Ⅲ)，燃料移动到干燥层的下部时，水分已全部汽化，此时不需要大量的汽化热，上升的热气流主要是来预热煤料，同时煤中吸附的一些气体如二氧化碳逸出。在干燥段的升温曲线如图 2-10 所示。

6. 空层

空层即燃料层的上部，炉体内的自由区，其主要作用是汇集煤气，并使炉内生成的还原层气体和干馏段生成的气体混合均匀。由于空层的自由截面积增大使得煤气的速度大大降低，气体夹带的颗粒返回床层，减小粉尘的带出量。控制空层高度一是要求在炉体横截面积上要下煤均匀，下煤量不能忽大忽小；二是按时清灰。

必须指出，上述各层的划分及高度，随燃料的性质和气化条件而异，且各层间没有明显的界限，往往是相互交错的。

二、常压发生炉煤气生产工艺

(一) 简介

常压固定床煤气化工艺以空气和水蒸气为气化剂，生产的煤气称为混合煤气(发生炉煤气)，用途主要作为工业用燃料气，亦可作为民用煤气的掺混气。具有投资费用低，建设周期短，电耗低，负荷调节方便等特点，是我国工业煤气生产的主要工艺方式，在机械、冶金、玻璃、纺织等行业中的大型煤气站普遍使用。但是，在国外已经很少采用。

该工艺多以烟煤为原料，入炉煤粒度 3～30mm(或 6～50mm)，单炉煤气产量 3000～5000m^3/h，煤气热值 5500～7000kJ/m^3。

（二）气化工艺流程

发生炉煤气的工艺流程一般分为热煤气和冷煤气两种流程。

1. 热煤气流程

饱和空气经与煤气炉的碳反应生成500℃左右的粗煤气经旋风除尘器除去带出物以后(煤粉粒、焦油等)，通过煤气管道直接送往用户。

这种流程简单(见图2-11)，煤气的显热得到利用，但煤气含焦油和煤粉量较多对后工序不利。

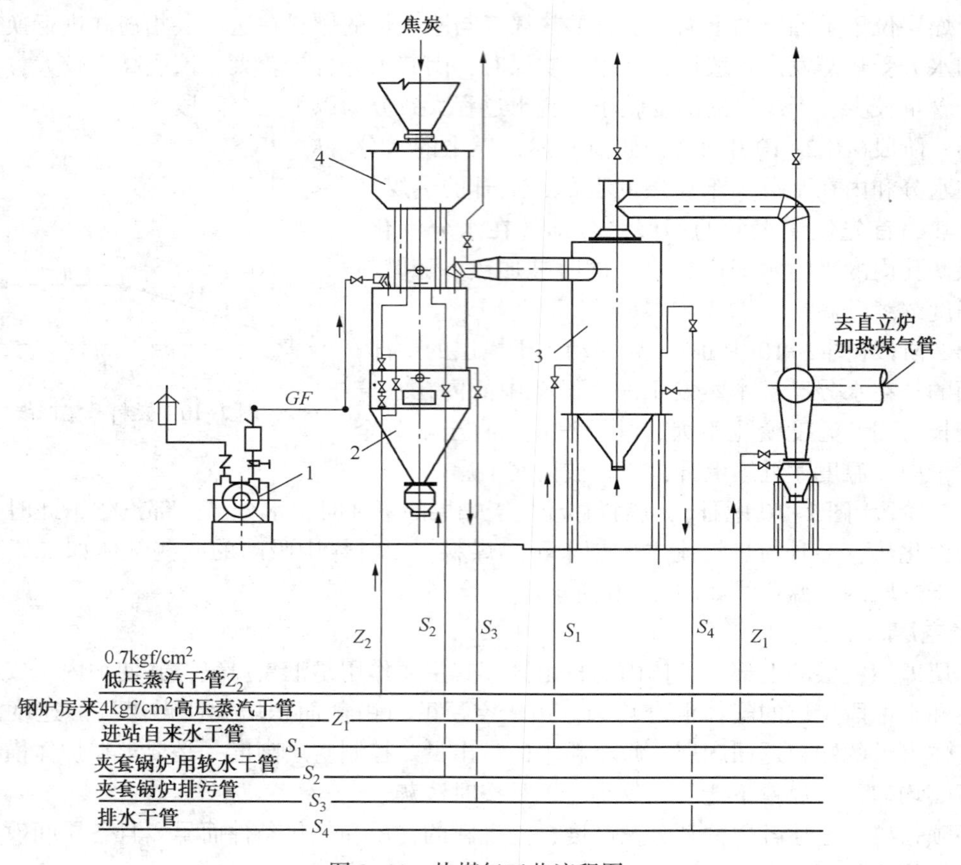

图2-11 热煤气工艺流程图

1—鼓风机；2—威尔曼-格鲁夏型煤气发生炉；3—旋风除尘器；4—中间煤斗

2. 冷煤气流程

冷煤气工艺流程又因原料不同而分为焦炭(无烟煤)冷煤气流程和烟煤冷煤气流程。主要区分在于煤气的除焦油不同。

(1) 焦炭（无烟煤)冷煤气流程：煤气发生炉生成的约500℃的粗煤气，出炉后进入双竖管，经循环水冷却至80℃后，进入煤气洗涤塔，与冷却塔顶部喷下的冷却水逆流接触换热，煤气被冷却到30~40℃，由洗涤塔上部导出，经气水分离器除去水分后再送至用户(见图2-12)。

(2) 烟煤冷煤气流程：煤气炉产生的粗煤气约500℃，进入双竖管顶部，在塔内与冷却水逆流和并流接触，粗气中的焦油和带出物经洗涤自塔底排出，粗气则被冷却至80℃左右，出塔后经隔离水封去电捕焦油器脱除所夹带的95%以上的焦油雾。再进入三级洗涤塔，在塔内与冷却水逆流换热，煤气被冷却至35℃左右，洗涤水自塔底排出。出洗涤塔的冷煤气经气水分离器分离水滴后经排送机送往用户(见图2-13)。

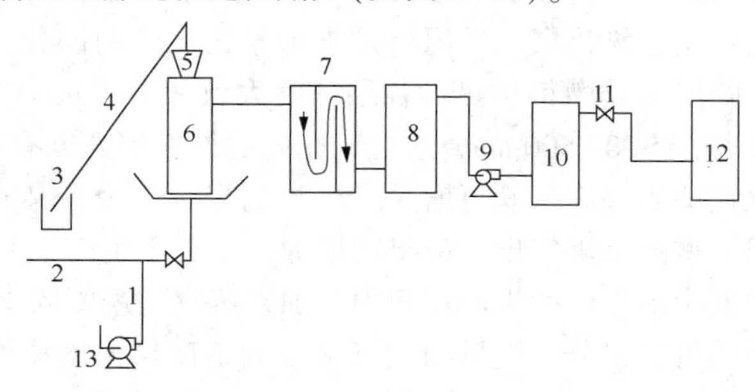

图2-12　焦炭(无烟煤)冷煤气流程

1—空气管；2—蒸汽管；3—原料坑；4—提升机；5—煤料储斗；6—发生炉；7—双竖管；8—洗涤器；9，13—排送机；10—除雾器；11—煤气主管；12—用户

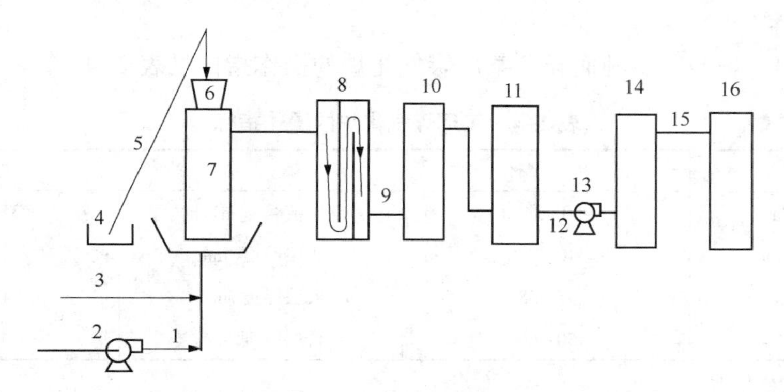

图2-13　烟煤冷煤气流程

1—空气管；2—送风机；3—蒸汽管；4—原料坑；5—提升机；6—煤料储斗；7—发生炉；8—双竖管；9—初净煤气总管；10—电除尘器；11—洗涤器；12—低压煤气总管；13—排送机；14—除雾器；15—高压煤气总管；16—用户

(三) 操作条件

1. 气化过程的工艺条件

对于既定的原料、设备和工艺流程，为了获得质量优良的煤气和足够高的气化强度，就必须选择最佳的气化条件。

(1) 燃料层温度。合适的燃料层温度对煤气质量、气化强度及气化热效率至关重要。发生炉煤气中的有效成分($CO+H_2$)的含量主要取决于碳的氧化与还原反应和水蒸气的分解反应。上面的两个反应均属吸热反应。而在煤气炉操作温度下，上述反应处于动力学控制区。所以提高炉温不仅有利于提高CO和H_2的平衡浓度，而且可以提高反应速度，增加气化强度，从而使气化炉的生产能力提高。但是燃料层的温度受到燃料煤(焦)的灰熔点的限制。也与煤的活性和炉体热损失有关。

(2) 燃料层的运移速度和料层高度。在固定床气化过程中，整个床层高度是相对稳定的。随着加料和排灰的进行，燃料以一定的速度向下移动。这个速度的选择主要依据气化炉的气化强度和燃料灰分含量。在气化强度较大或燃料灰分较高时，应加快料层的移动速度，反之亦然。

燃料层分为灰层、氧化层、还原层和干馏干燥层，其作用各不相同。灰层有预热气化剂和保护炉箅不至过热的作用，氧化层、还原层是进行气化反应的部分，直接影响煤气质量。干馏干燥层则既对煤气降温又对燃料预热。各层高度大致如下：灰层 100~300mm，氧化还原层约 500mm，干馏干燥层 300~500mm，总之，稍高的原料层高度有利于气化过程。

（3）鼓风量。鼓风量适当提高，既可增大发生炉的生产能力，又有利提高煤气的质量。若鼓风量过大则床层阻力增加，煤气出口带出物增加，不利于生产。

（4）饱和温度。在发生炉煤气的生产过程中，加入蒸汽是重要的操作和调节手段。蒸汽既参加反应增加煤气中的可燃组分，过量的蒸汽又是调节床层温度重要手段。正常操作中，水蒸气单耗在 0.4~0.6kg/kg(碳)之间，饱和温度 50~65℃之间，此时的蒸汽分解率约为 60%~70%。发生炉的负荷变化时，饱和温度应随之改变，气化强度变高，应调高饱和温度。反之，则调低饱和温度。

2. 操作条件

因工艺流程、炉型、煤种而异。某厂煤气化炉的操作指标见表 2-4。

表 2-4　某厂煤气化炉的操作指标

参　数	指　标	参　数	指　标
炉底压力/Pa	980~3430	空气流量/(m^3/h)	3500~4000
炉出口压力/Pa	340~780	灰层厚度/mm	150~300
饱和温度/℃	45~58	火层厚度/mm	150~250
炉出口温度/℃	450~600	料层厚度/mm	450~600

（四）煤气发生炉

为了使气化过程在炉内正常进行，保持各项气化指标的稳定，发生炉必须有合理的结构和正常的操作制度。发生炉的型式很多，通常可根据气化原料种类、加料方法、排渣方法及操作方式进行分类，根据当前存在的炉型着重介绍两种典型的机械化常压煤气发生炉。

1. 具有凸型炉箅的煤气发生炉

凸型炉箅的煤气发生炉中较普遍使用的有两种型式，即 3M21 型和 3M13 型。3M21 型发生炉主要用于气化贫煤、无烟煤和焦炭等不黏结性燃料，而 3M13 型发生炉主要用于弱黏结烟煤。这两种发生炉都是湿法排灰，即灰渣通过具有水封的旋转灰盘排出。这两种发生炉的机械化程度较高，性能可靠。但发生炉的构件基本上都是铸造件，所以制造较复杂。3M13 型煤气发生炉如图 2-14 所示。这是一种带搅拌装置的机械化煤气发生炉。设搅拌装置的目的是当气化弱黏结性烟煤时可用以搅动煤层，破坏煤的黏结性，并扒平煤层。上部加煤机构为双滚筒加料装置。搅动装置是由电动机通过蜗轮、蜗杆带动在煤层内转动，搅拌耙可根据需要在煤层内上下移动一定距离，搅拌杆内通循环水冷却，防止搅拌耙烧坏。

发生炉炉体包括耐火砖砌体和水夹套，水夹套产生蒸汽可作气化剂，在炉盖上设有汽封的探火孔，用以探视炉内作情况或通过“打钎”处理局部高温和破碎渣块。发生炉下部为炉箅及除灰装置，包括炉箅、灰盘、排灰刀及气化剂入口管。灰盘和炉箅固定在铸铁大齿轮上，由电动机通过蜗轮、蜗杆带动大齿轮转动，从而带动炉箅和灰盘转动。带有齿轮的灰盘坐落在滚珠上以减少转动时的摩擦力，排灰刀固定在灰盘边侧，灰盘转动时通过排灰刀将灰渣排出。

2. 魏尔曼-格鲁夏(Wellmna-Galusha)煤气发生炉

魏尔曼-格鲁夏煤气发生炉(见图2-15)有两种型式，一种是无搅拌装置的，用于气化无烟煤、焦炭等不黏结性燃料；另一种是有搅拌装置的，用于气化弱黏结性烟煤。不带搅拌装置的魏尔曼-格鲁夏煤气发生炉：该炉总体高17m，加煤部分分为二段，煤料由提升机送入炉子上面的受煤斗再进入煤箱，然后经煤箱下部四根煤料供给管加入炉内。在煤箱上部设有上阀门，在四根煤料供给管上各设有下阀门，下阀门经常打开，使煤箱中的煤连续不断地加入炉中。当下阀门开启时，关闭上阀门，以防煤气经煤箱逸出。只有当煤箱加煤时，先关闭四根煤料供给管上的下阀门，然后才能开启上阀门加料。当加料完毕后，关闭上阀门，接着开启下阀门，上、下阀门间有连锁装置。发生炉炉体较一般发生炉高(炉径3m时，总高

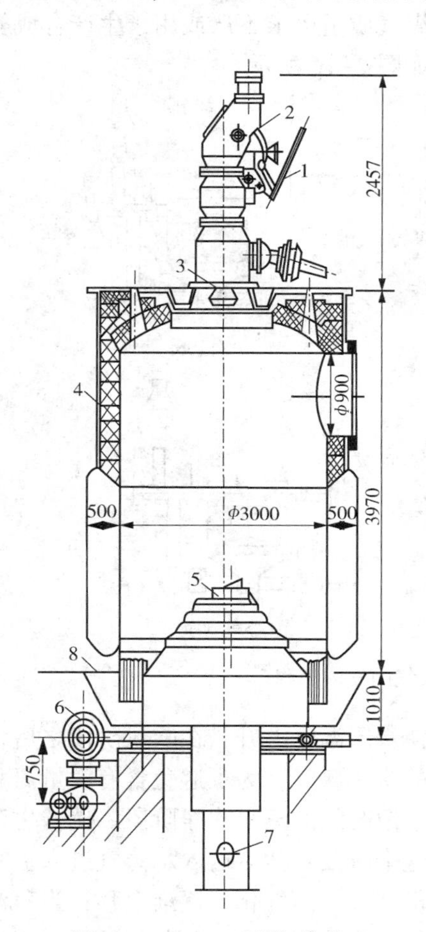

图2-14　3M-21型气化炉

1—传动装置；2—双钟罩加煤机；3—布料器；4—炉体；5—炉箅；6—炉盘转动；7—气化剂进口；8—水封盘

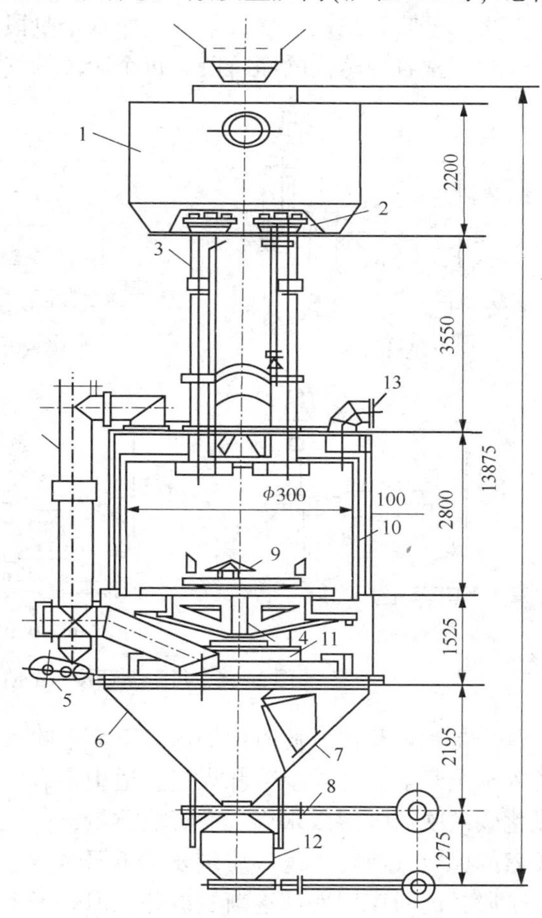

图2-15　W-G型煤气发生炉

1—中料仓；2—圆盘加料阀；3—料管；4—气化剂管；5—传动机构；6—灰斗；7—刮灰机；8—插板阀；9—炉箅；10—水套；11—支撑板；12—下灰斗；13—风管

17m，炉体高 3.6m，料层高度 2.7m)，煤在炉内停留时间较长，有利于气化进行完全。发生炉炉体为全夹套，鼓风空气经炉子项部夹套空间水面通过，使饱和了水蒸气的空气进入炉子底部灰箱经炉箅缝隙进入炉内，灰盘为三层偏心锥形炉箅，通过齿轮减速传动，炉渣通过炉箅间隙落入炉底灰箱内，定期排出。由于煤层厚，煤气出口压力高，故为干法排灰。魏尔曼-格鲁夏煤气发生炉生产能力较大，操作方便，整个发生炉中铸件很少，故制造方便。

三、水煤气生产工艺

水煤气是炽热的炭与水蒸气反应所生成的煤气，燃烧时火焰呈现蓝色，所以又称为蓝水煤气。

（一）制造水煤气的工作循环

在以空气和水蒸气为气化剂时，为了维持气化的连续进行，必须有积累热量的吹风阶段和制气阶段两大步骤。而实际生产中常包括一些辅助阶段，通常分为：吹风、蒸汽、吹净、一次上吹、下吹、二次上吹、空气吹净六个阶段。对于煤气质量要求不严或用于生产合成氨原料气时，常省掉蒸汽吹净阶段。每个阶段的气流方向如图 2-16 所示。

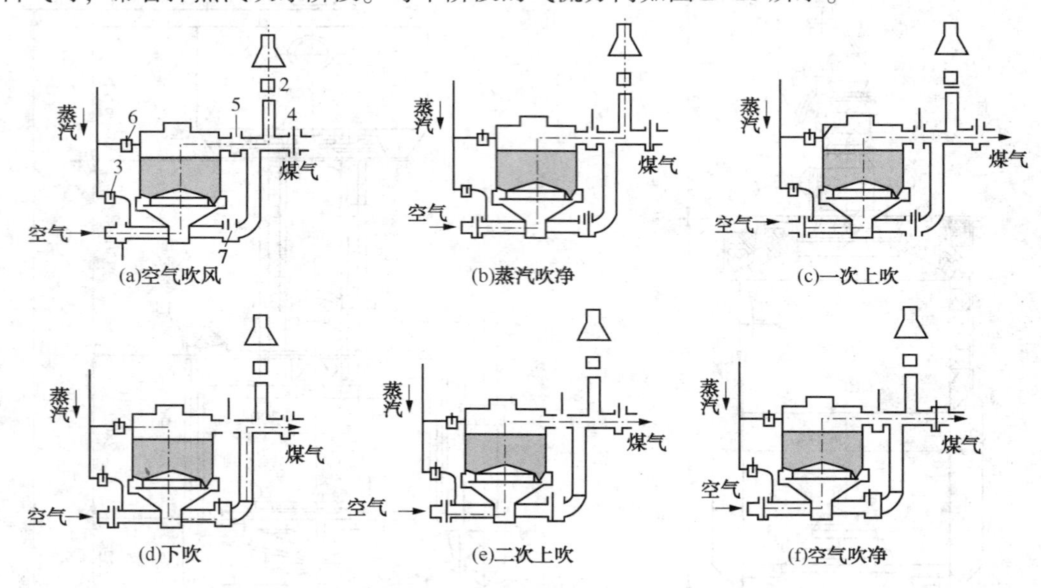

图 2-16　每个循环按六个阶段制水煤气的气体流程

首先是吹风阶段，此时向炉内自下而上吹入空气以使炭层温度上升；在吹风阶段之后将要送入水蒸气前，在炉上部和煤气管道中存有一些残余的吹风煤气，为了避免含有大量氮和二氧化碳的吹风气混入水煤气而影响质量，一般需要一个短时间的蒸汽吹净阶段。倘若生产合成氨的原料气或对水煤气质量要求不严时，可以不设这个阶段；然后送入水蒸气进入上吹制气阶段，此时床层底部逐渐被冷却，但炉子上部温度仍高，因而气化层逐渐上移；当蒸汽上吹了一个阶段后，改将水蒸气由煤气炉上部送入，进行下吹阶段；在下吹制气后，炉底有下行煤气，不可立即吹入空气，以免引起爆炸。为了安全起见，可以在下吹制气以后，再次进行上吹制气，称为二次上吹阶段；在二次上吹制气后，本应开始下一轮的循环，但因炉上部和煤气管道中仍有煤气，需由空气吹净阶段将这部分煤气送入煤气系统，再进行下一循环。

（二）半水煤气生产

在合成氨生产中为获得氢氮比为3∶1的合成气，可以用发生炉煤气和水煤气混合的方法，亦可在同一煤气炉中制取。在生产中采用在水煤气中加氮的办法获取合格原料气。该法有利于提高煤气炉的生产能力。

半水煤气生产通常分为五个阶段。

吹风阶段：来自鼓风机的加压空气自炉底送入，与炭层反应后生成的吹风气，经除尘及余热回收系统回收余热后经烟囱放空。

上吹制气阶段：蒸汽与加氮空气自炉底同时送入，与灼热炭层反应生成的煤气经除尘、废热锅炉、洗涤塔降温后由塔顶引出，送入气柜。加氮空气阀比上吹蒸汽阀早关3%~5%。

下吹制气阶段：为使气化层下移，蒸汽自炉顶送入。反应生成的煤气自炉底引出，经洗气箱和洗气塔降温除尘后送入气柜。加氮空气阀比蒸汽阀迟开3%~5%，早关3%~5%。

二次上吹：气体流程基本同上吹制气，但无加氮空气。目的在于置换炉下部和管道中残存的煤气，以防止爆炸。

吹净阶段：工艺流程同上吹制气。只是改用空气以回收系统中的煤气到气柜。

实践证明，间歇法制造半水煤气时，在维持煤气炉温度、料层高度和气体成分的前提下，采用高炉温、高风速、高炭层、短循环（称三高一短）的操作方法，有利于气化效率和气化强度的提高。

（1）高炉温。在燃料灰熔点允许的情况下，提高炉温，炭层中积蓄的热量多，炭层温度高，对蒸汽的分解反应有利，可以提高蒸汽的分解率，相应半水煤气的产量和质量提高。

（2）高风速。在保证炭层不被吹翻的条件下，提高煤气炉的鼓风速度，碳与氧气的反应速度加快，吹风时间缩短；同时高风速还使二氧化碳在炉内的停留时间缩短，二氧化碳还原为一氧化碳的量相应减少，提高了吹风效率。但风速也不能太高，否则，燃料随煤气的带出损失增加，严重时有可能在料层中出现风洞。

（3）高炭层。炭层高度的稳定是稳定煤炭气化操作过程的一个十分重要的因素，加煤、出灰速度的变化会引起炭层高度的波动，进而影响炉内工况，煤气组成发生变化。在稳定炭层高度的前提下，适当增加炭层高度，有利于煤气炉内燃料各层高度的相对稳定，燃料层储存的热量多，炉面和炉底的温度不会太高，相应出炉煤气的显热损失减小；高炭层也有利于维持较高的气化层，增加水蒸气和炭层的接触时间提高气体的分解率和出炉煤气的产量与质量；采用高炭层也是采用高风速的有利条件。但炭层太高，会增加气化炉的阻力，气化剂通过炭层的能量损耗增大，相应的动力消耗增加，因而要综合考虑高炭层带来的利弊。

（4）短循环。循环时间的长短，主要取决于燃料的化学活性，总的来讲，燃料活性好，循环时间短；燃料活性差，则循环时间长。

（三）工艺条件

（1）气化层温度。常用半水煤气中的CO_2含量高低来判断气化层温度的高低。一般控制CO_2含量在8%~12%，炉顶温度350~400℃，炉底温度200~250℃。

（2）吹风时间和入炉风量。提高风速可以减少CO的生成，增加炉内炭层蓄热。可缩短吹风时间，有利于提高煤气炉的生产能力。入炉空气量在0.95~1.05m^3/m^3（标）半水煤气（含加氮空气）。如系统吹风，则空气量在0.65~0.7 m^3/m^3（标）半水煤气。优质原料，蒸汽分解率高时取低值，反之取高值。

（3）上下吹制气时间和蒸汽用量。以不使煤气炉温度波动太大为原则。通常下吹蒸汽量约为上吹气量的1.1~1.5倍。下吹时间在实际生产中根据炉型决定。现在多数企业采用蒸汽流量稳压自调技术，按炉温控制供给蒸汽量，以提高蒸汽分解率。

（4）炭层高度。高炭层有利于炉内燃料分区高度相对稳定，使燃料层储存较多的热量，而炉面和炉底温度不至太高，有利于维持较高的气化层温度，也会延长气化剂与原料的接触时间；有利于提高蒸汽分解率和煤气中有效气体含量。但过高则使阻力增加，可能导致局部过热，引起煤气炉结疤。

（5）循环时间。较短的循环时间可以减少气化层的温度波动，有利于提高蒸汽分解率和煤气质量。循环时间根据燃料的化学活性而定。气化活性高的燃料循环时间可以较短，反之，则较长，一般以120~150s为宜。

（6）生产强度。生产强度应当适度，过分强调设备出力，增大生产强度，对生产操作和节能降耗不利。在实际生产中，应提倡经济运行，适当地减少吹风时间，相应地减少上、下吹蒸汽用量，虽然煤气炉的生产能力有所下降，但原料煤和蒸汽消耗可以大幅度降低。

（四）几种常用流程

间歇法气化工艺由煤气发生炉、煤气除尘降温、余热回收以及原料储存设备所构成。同时流程中还有必要的自控装置。典型的工艺流程有以下几种：

（1）回收吹风气和水煤气显热的工艺流程，见图2-17。此流程设废热锅炉回收水煤气和吹风气显热产生蒸汽。采用ϕ1980mm和ϕ2260mm的水煤气炉均为此流程。

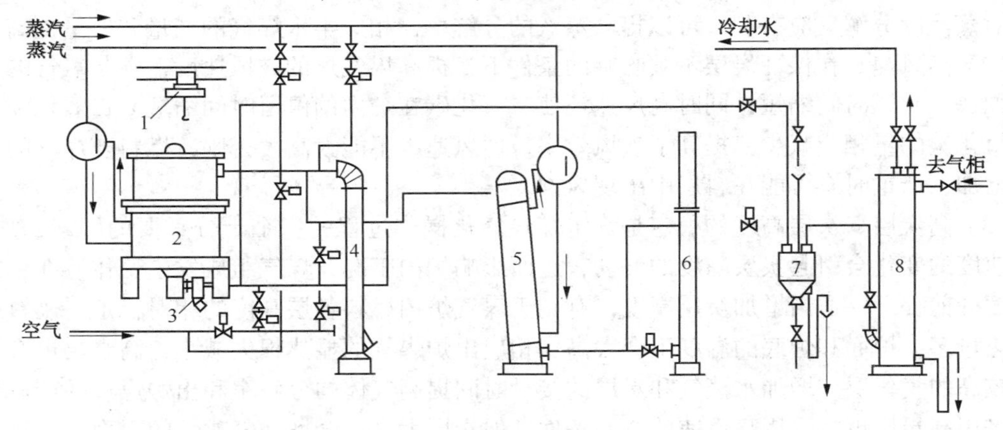

图2-17　回收吹风气和水煤气显热水煤气工艺流程图

1—电动葫芦；2—水煤气炉；3—排灰箱；4—集尘器；5—废热锅炉；6—烟囱；7—洗气箱；8—洗涤塔

（2）回收水煤气显热以及吹风气潜热、显热的水煤气工艺流程，见图2-18。该流程除设有废热锅炉外，增设了燃烧室以回收吹风气的潜热。

（3）制取半水煤气的工艺流程见，图2-19。

其流程和制取水煤气流程大致相同。对于ϕ3000mm以下的煤气炉，流程中没有燃烧室，只回收吹风气和煤气的显热。此流程在氮肥行业特别是在小氮肥行业有许多变化。如在废热锅炉前增设蒸汽过热器，利用吹风气和煤气的显热提高入炉蒸汽的温度，成为过热蒸汽，以提高蒸汽分解率，并可延长制气时间。

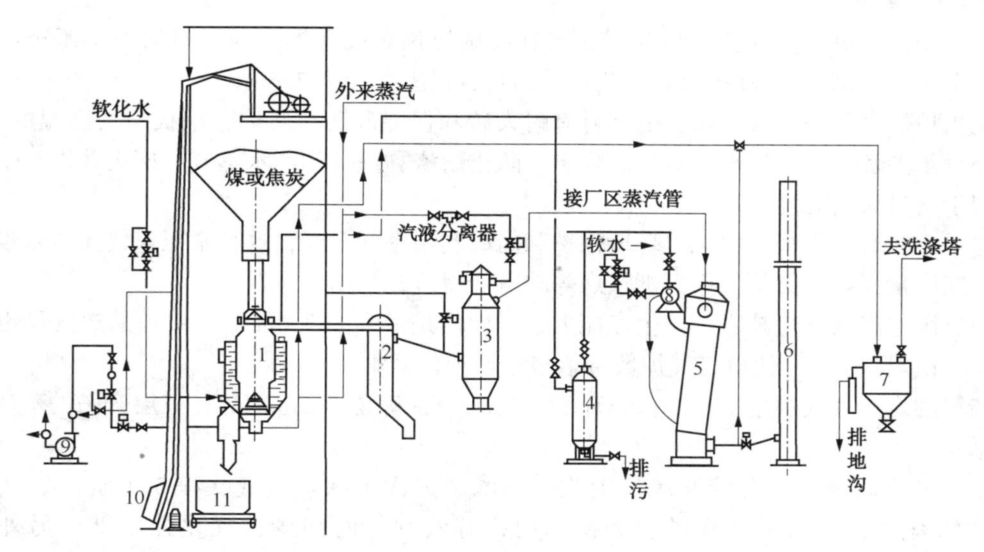

图 2-18　回收水煤气显热以及吹风气潜热、显热的水煤气工艺流程图

1—水煤气发生炉；2—集尘器；3—燃烧室；4—蒸汽罐；5—废热锅炉；6—烟囱；7—洗气箱；8—废热锅炉汽包；9—鼓风机；10—加焦车；11—排灰车

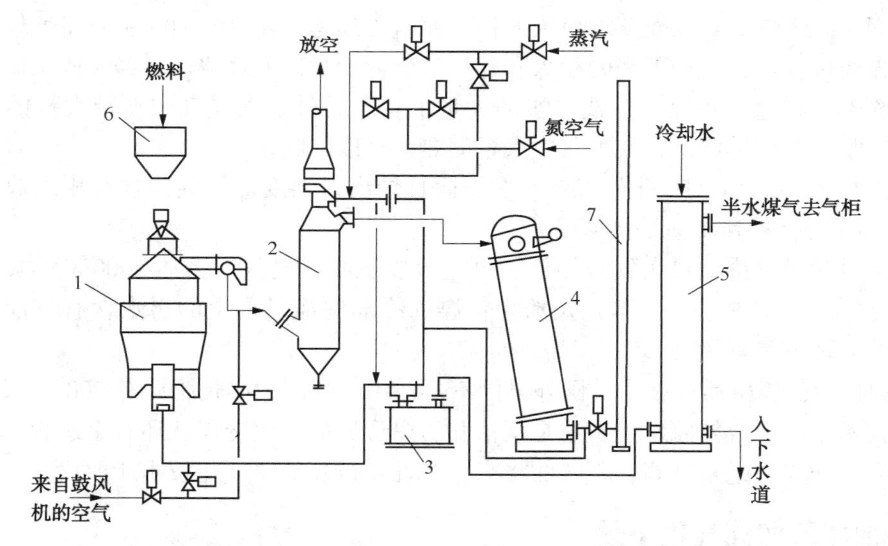

图 2-19　固定层煤气炉（U. G. I 型）制半水煤气的工艺流程

1—煤气炉；2—燃烧室；3—水封槽（洗气箱）；4—废热锅炉；5—洗气塔；6—原料仓；7—烟囱

(五) 水煤气发生炉(UGI 型)

水煤气发生炉和混合煤气发生炉的构造基本相同，一般用于制造水煤气或作为合成氨原料气的加氮半水煤气，代表性的炉型当推 UGI 型水煤气发生炉。

固定床气化炉常压 UGI 炉以块状无烟煤或焦炭为原料，以空气和水蒸气为气化剂，在常压下生产合成原料气或燃料气。世界上第一台气化炉是德国于 1882 年设计的规模为 200t/d 的煤气发生炉，1913 年在德国 OPPAU 建设第一套用炭制半水煤气的常压固定床造气炉，能力为 300t/d，这种炉于后来演变成 UGI 炉。该技术是 20 世纪 30 年代开发成功的，设备容易制造、操作简单、投资少，50年代以来在我国以焦炭或无烟煤为原料的中小氮肥厂广泛采用，全国目前仍有3000多台煤气化炉在运行，最大炉径为3.6m。

发生炉炉壳采用钢板焊制，上部衬有耐火砖和保温硅砖，使炉壳钢板免受高温的损害。下部外设水夹套锅炉，用来对氧化层降温，防止熔渣黏壁并副产水蒸气。探火孔设在水套两侧，用于测量火层温度。

但是，在日益重视规模化、环境保护和能源利用率的今天，这种常压煤气化技术设备能力低、三废量大以及必须使用无烟块煤等缺点变得日益突出。

(1) 固定床煤气化技术单炉生产能力小。即使是最大的3.6m炉，单炉的产气量也只有12000m^3/h(标)左右，使得煤气炉数量增多布局十分困难。

(2) 固定床煤气炉生产现场操作环境恶劣。一层潮湿，二层闷热，三层升腾的蒸汽让人难以忍受。

(3) 一个制气循环分为吹风、上吹、下吹、二次上吹、空气吹净5个阶段。气化过程中大约有1/3时间用于吹风和倒换阀门，有效制气时间少，气化强度低。另外，需要经常维持气化区的适当位置，加上阀门开启频繁，部件容易损坏，因而操作与管理比较繁琐。

(4) 来自洗气箱和洗气塔的大量含氰废水和吹风气，给河流和天空造成了严重的威胁。

(5) 固定床煤气炉对煤质要求极为严格，原料必须是粒度25~80mm的无烟块煤，入炉煤必须首先经过筛选，筛选下来的粉煤和碎煤只能低价卖出或烧锅炉；经过固定床煤气炉烧过的渣中含碳量高达22%以上，造成炭的大量浪费。另外，吹风气中夹带大量的粉尘容易造成热量回收装置结垢堵灰，使得其中大量的热量难以回收。

(6) 出炉煤气中$CO+H_2$只有70%左右，而且炉出口温度低，气体含有相当数量的煤焦油，给气体净化带来困难。

(7) 大量吹风气排空对大气有污染，每吨合成氨吹风气放空多达5000m^3，放空气体中含CO、CO_2、H_2、H_2S、SO_2、NO_2及粉尘；煤气冷却洗涤塔排出的污水含有焦油、酚类及氰化物，造成环境严重污染。

UGI炉目前已属落后的技术，国外早已不再采用。我国中小化肥厂有900余家，多数厂仍采用该技术生产合成氨原料气。这是国情和历史形成的，改变现状还有个过程，但随着能源政策和环境的要求越来越高，不久的将来，会逐步被新的煤气化技术所取代。

四、加压移动床气化工艺

常压移动床气化炉生产的煤气热值较低，煤气中一氧化碳的含量较高，气化强度和生产能力有限，煤气不宜远距离输送，同时不能满足城市煤气的质量要求，为解决上述问题，故研究发展了加压气化技术。

目前，在工业应用中较为成熟的技术为鲁奇碎煤加压气化工艺，其碎煤加压气化炉是由德国鲁奇公司所开发，称为鲁奇加压气化炉，简称鲁奇炉。

(一) 加压气化的实际过程

鲁奇加压气化炉内生产工况如图2-20所示。

在实际的加压气化过程中，原料煤从气化炉的上部加入，在炉内从上至下依次经过干燥、干馏、半焦气化、残焦燃烧、灰渣排出等物理化学过程。

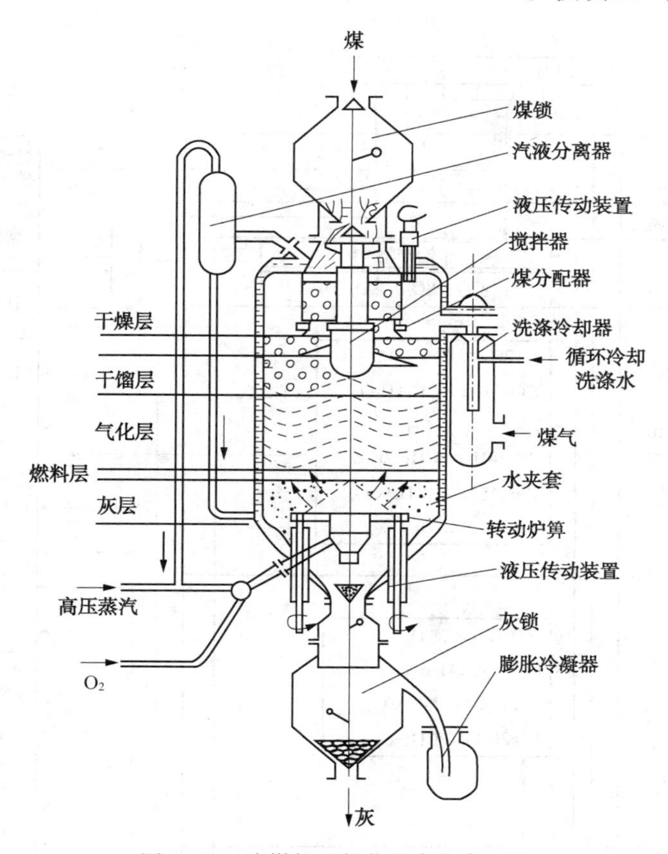

图 2-20　碎煤加压气化炉内生产工况

鲁奇炉内有可转动的煤分布器和灰盘，气化介质氧气和水蒸气由转动炉箅的条状孔隙处进入炉内，灰渣由灰盘连续排入灰斗，以与加煤方向相反的顺序排出。块煤加入气化炉顶部的煤锁，在进入气化炉之前增压。一个旋转的煤分布器确保煤在反应器的整个截面上均布，煤缓慢下移到气化炉。气化产生的灰渣由旋转炉箅排出并在灰斗中减压，蒸汽和氧气被向上吹，气化过程产生的煤气在 650~700℃时离开气化炉。该气化炉也由水夹套围绕，水夹套产生的水蒸气可用于工艺过程中。鲁奇炉使用的原料仍是块煤，且产生焦油。

鲁奇加压气化过程中的反应与产物如图 2-21 所示。

（二）加压气化工艺

煤气的用途不同，其工艺流程差别很大。但基本上包括三个主要的部分；煤的气化、粗煤气的净化、煤气组成的调整处理。

气化炉出来的煤气称粗煤气，净化后的煤气称为净煤气。煤气净化的目的是清除有害杂质，回收其中一些有价值的副产品，回收粗煤气中的显热。

粗煤气中的杂质主要有固体粉尘及水蒸气、重质油组分、轻质油组分、各种含氧有机化合物(主要是酚类)、含氮化合物如氨和微量的一氧化氮、各种含硫化合物(主要是硫化氢)。煤气中的二氧化碳等。

自 20 世纪 70 年代以来，一些发达国家，如美国、德国就开始研究整体煤炭气化联合循环发电系统。世界上最早的德国 IGCC 示范厂采用的就是鲁奇固态排渣气化炉。

这里主要介绍有废热回收系统的煤气生产工艺流程、整体煤炭气化联合发电工艺流程。

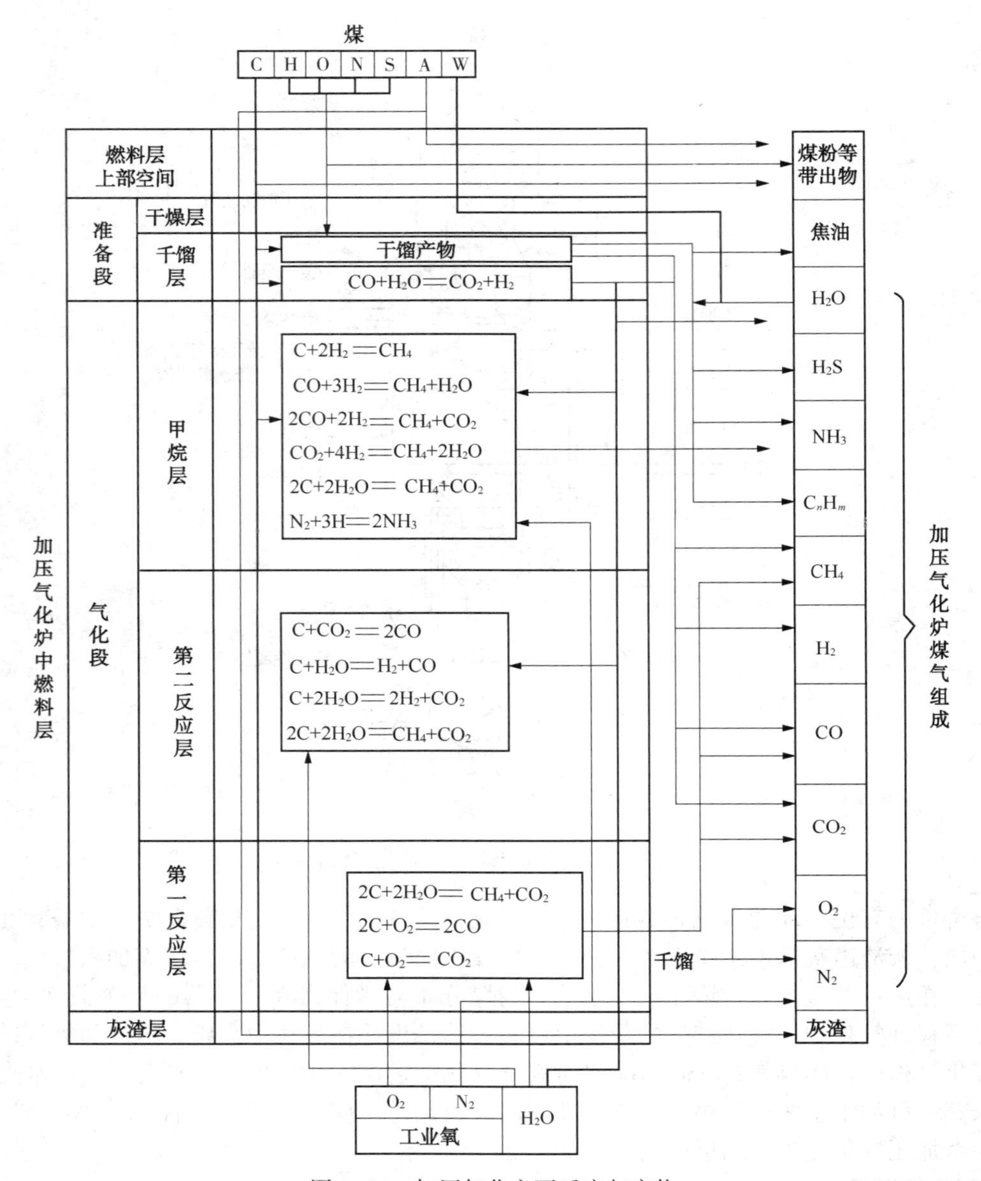

图 2-21 加压气化主要反应与产物

1. 有废热回收系统的流程

采用大型加压气化炉生产时，煤气携带出的显热较大。煤气显热的回收对能量的综合利用有极其重要的意义。工艺流程如图 2-22 所示。

原料煤经过破碎筛分后，粒度为 4~50mm 的煤加入上部的储煤斗，然后定期加入煤箱，煤箱中的煤不断加入炉内进行气化。反应完的灰渣经过转动炉箅借刮刀连续排入灰斗。从气化炉上侧方引出的粗煤气，温度高达 400~600℃（由煤种和生产负荷来定），经过喷冷器喷淋冷却，除去煤气中的部分焦油和煤尘，温度降至 200~210℃左右，煤气被水饱和，湿含量增加，露点提高。

粗煤气的余热通过废热锅炉回收废热后，温度降到 180℃左右。温度降得太低，会出现

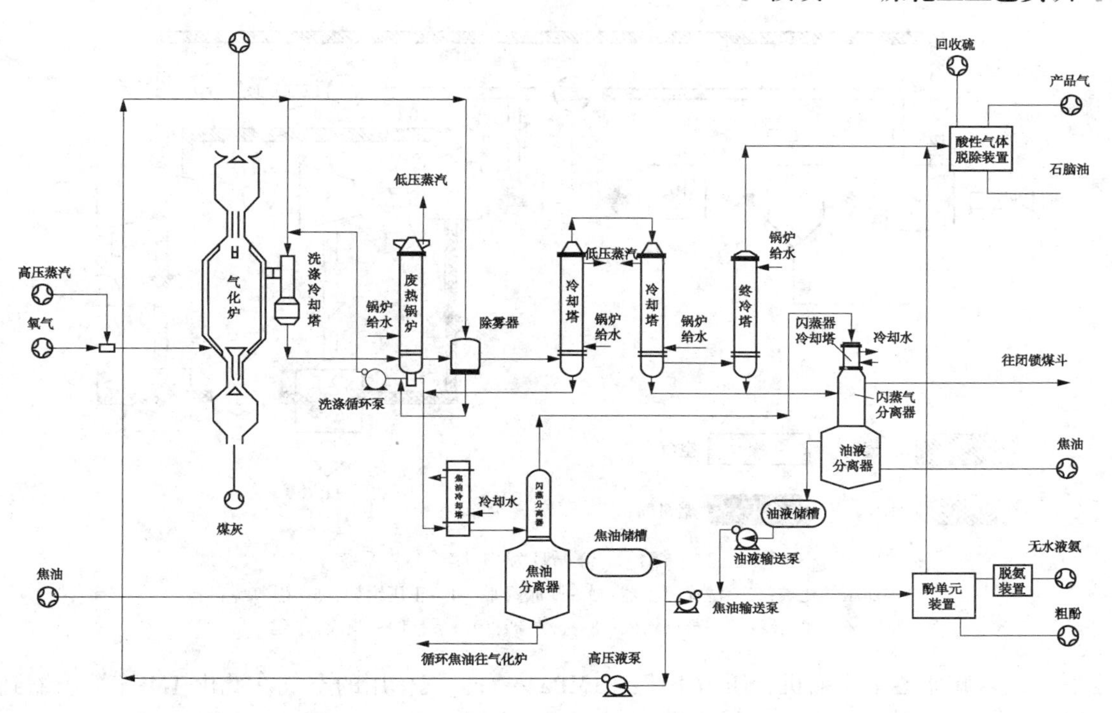

图 2-22　有废热回收的制气工艺流程

焦油凝析，黏附在管壁上影响传热并给清扫工作增加难度。废热锅炉生产的低压蒸汽，并入厂内的低压蒸汽总管，用来给一些设备加热和保温。

喷冷器洗涤下来的焦油水溶液由煤气管道进入废热锅炉的底部，初步分离油水。一部分油水由锅炉底部出来送入处理工段加工，酚水由循环泵加压送回喷冷器循环使用。

由锅炉顶部出来的粗煤气送下一工序继续处理。

煤从煤箱加入炉膛前需先进行加压，一般采用生成的煤气加压，而在向煤箱内加煤时，就应将煤箱内存在的压力煤气放出，使煤箱处于常压状态下。这一部分煤箱气送入低压储气柜，经过压缩和洗涤后作燃料使用。

2. 整体煤炭气化联合循环发电流程(IGCC)

整体煤炭气化联合循环发电系统，是将煤的气化技术和高效的联合循环发电相结合的先进动力系统。该系统包括两大部分，第一部分是煤的气化、煤气的净化部分，第二部分是燃气与蒸汽联合循环发电部分。第一部分的主要设备有气化炉、空分装置、煤气净化设备(包括硫的回收装置)。第二部分的主要设备有燃气轮机发电系统、蒸汽轮机发电系统、废热回收锅炉等。煤在一定压力下气化，所产的清洁煤气经过燃烧，来驱动燃气轮机，又产生蒸汽来驱动蒸汽轮机联合发电，如图 2-23 所示。

该流程是以五台鲁奇加压气化炉供气的实验性流程，经过德国律伦(Luenen)电厂试验，发电效率可达 36.5%左右，而普通火力发电厂采用锅炉-汽轮机-发电机系统的效率仅为34%左右，而且污染严重，燃烧后的烟气脱硫系统装置庞大、运行费用高。

将空气和水蒸气作为气化剂送入鲁奇炉内，在 2MPa 的压力下气化，气化炉出口粗煤气的温度约 550℃左右，发热值为 6700kJ/m^{3}左右。煤气经洗涤除尘器除去其中的部分焦油蒸汽和固体颗粒，同时煤气的温度降到 160℃，并被水蒸气所饱和。煤气进一步经文丘里管除

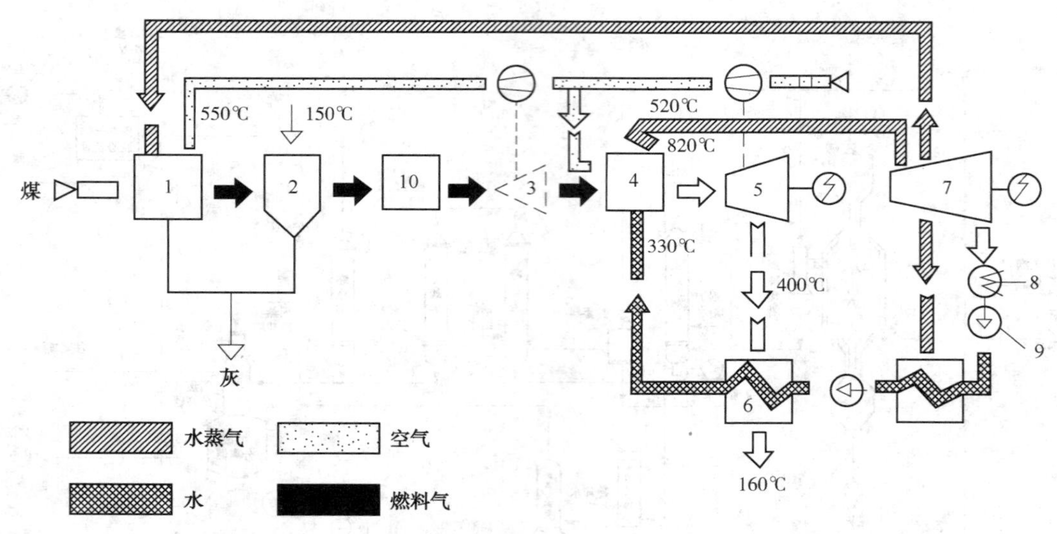

图 2-23 律伦联合循环发电生产工艺系统

1—加压气化炉；2—洗涤除尘器；3—膨胀透平；4—正压锅炉；5—燃气轮机；
6—加热器；7—蒸汽轮机；8—冷凝器；9—泵；10—脱硫(未建)

尘后，进入膨胀透平压缩机，压力下降到 1MPa 左右，气化用的空气在此由 1MPa 被压缩到 2MPa 后送入气化炉。

从透平压缩机来的煤气在正压锅炉中与空气透平压缩机一段来的空气燃烧，生产 520℃、13MPa 的高压水蒸气。煤气燃烧后产生 820℃左右的高压烟气，进入燃气轮机中膨胀。产生的动力用于驱动压缩机一段。多余的能量发电，从燃气轮机出来的烟气温度约 400℃，压力为常压，通过加热器用于加热锅炉上水，水温被提高到 330℃左右，排出的烟气温度约 160℃。

正压锅炉所产的高温高压水蒸气带动蒸汽轮机发电机组发电，从蒸汽轮机抽出一部分蒸汽(压力约 2.5MPa)供加压气化炉用。

IGCC 技术既有高发电效率，又有极好的环保性能，是一种有发展前景的洁净煤利用技术。在目前的技术水平下，发电效率最高可达 45%左右。污染物的排放量仅为常规电站的 1/10 左右，二氧化硫的排放在 25mg/m^3左右，氮氧化物的排放只有常规电站的 15%~20%，而水的耗量只有常规电站的 1/2~1/3，利于环境保护。

项目三 煤气化、脱硫、变换实训

一、装置流程及设备

(一) 装置流程说明

蒸汽发生器产生的水蒸气从固定床反应器底部进入，与煤球在反应器中进行气化反应，气化的条件为上段温度 800℃、中段和下段温度 950℃，生成的粗合成气为 CO_2、H_2、CO、CH_4及水蒸气等混合物，煤中的未转化组分与煤灰形成灰渣，大部分灰渣冷却后，落入灰收集器的底部，粗合成气从固定床反应器顶部流出，依次进入一级、二级旋风分离器，分离出焦油和粉尘分别进入焦油收集器和粉尘收集器，净化后的合成气经过冷凝器冷凝、气液分离后，进入吸收塔的底部，与来自碱液罐的碱液逆流直接接触，洗涤合成气中的硫化氢气体。合成气在吸收塔顶部出来进入气液分离器除去夹带在气体中的雾沫后，进入精脱硫塔和脱氧塔进一步净化，净化的煤气通过抽气泵抽入气柜。

当气柜储存一定量的合成气后，可进入合成气的变换工段。净合成气与来自水罐经加热产生的水蒸气一同进入预热器预热后，进入两个串联的高温变换器中，在180~300℃下进行变换反应，变换后的气体经过气液分离器，进入下一工序。煤气化、脱硫、变换的装置流程图见图2-24，装置面板布置图见图2-25，DCS界面见图2-26~图2-28。

（二）装置主要设备

（1）煤气化主要设备：移动床气化炉；蒸汽发生器；N_2预热器；灰收集瓶；煤焦油收集罐；旋风分离器；粉尘收集罐；冷凝器；气液分离器；脱焦油罐等。

（2）煤气脱硫系统主要设备：吸收塔；气液分离器；精脱硫器；净氧器；稀碱液储存器；加液泵；抽气泵；气包等。

（3）CO的变换系统主要设备：固定床反应器；预热器；冷凝器；气液分离器；水储罐；电子泵等。

设备列表见表2-5。

表2-5　煤气化、脱硫、变换的设备列表

序号	位号	名　称	序号	位号	名　称
1	R101	蒸汽发生器	16	P202	加液泵
2	R102AB	加热炉	17	V201	气液分离器
3	W101	煤粉计量瓶	18	V202	吸收剂储罐
4	R103	移动床反应器	19	R201	精脱硫器
5	M101	排料器	20	R202	净氧器
6	V101	灰分收集器	21	P203	抽气泵
7	C101	一级旋分分离器	22	V301	水罐
8	C102	二级旋分分离器	23	P301	加水泵
9	V102	焦油收集器	24	E301A	预热器
10	V103	粉尘收集器	25	E301B	预热器
11	E101	冷凝器	26	R301A	高温变换器
12	V104	气液分离器	27	R301B	低温变换器
13	V105	脱焦油灌	28	E302	冷凝器
14	T201	吸收塔	29	V302	气液分离器
15	P201	循环泵			

（三）主要设备技术指标

主要设备技术指标见表2-6。

表2-6　煤气化、脱硫、变换的主要设备技术指标

名称	技术指标说明
固定床反应器	内径：50mm，长1.2m，反应器外部有加热炉，分为三段加热，每段3kW，总功率为9kW
空气预热器	内径：280mm，长450m，加热功率3kW
水蒸汽发生器	加热功率6kW，最大蒸发量8kg/h
吸收塔	内径：50mm，塔高1.2m，内装4×6mm玻璃螺旋填料
湿式气柜	$1m^3$容量

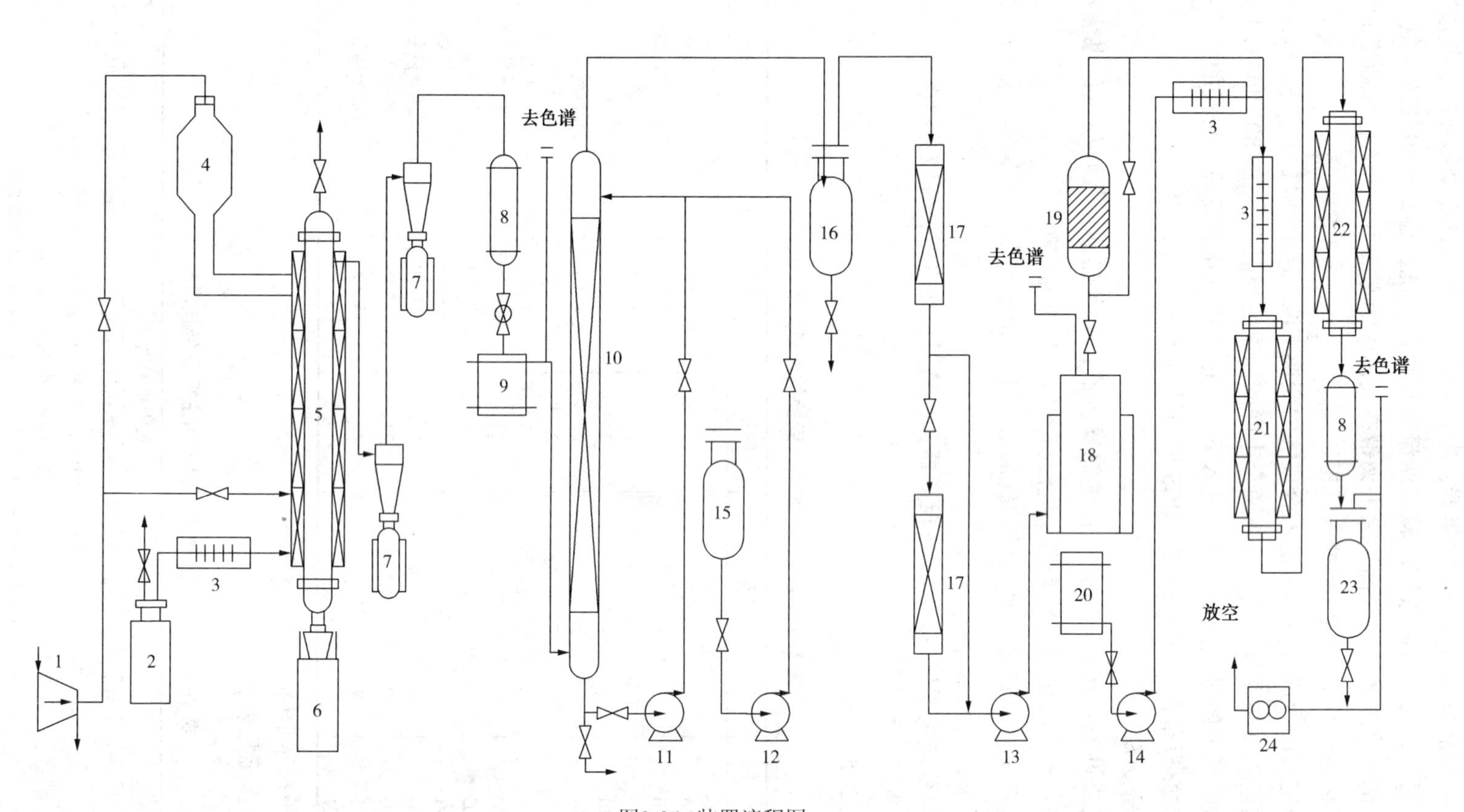

图2-24 装置流程图

1—压缩机；2—蒸汽发生器；3—加热炉；4—加料计量器；5—移动床；6—灰分接收器；7—旋风分离器；8—冷凝器；9—焦油槽；10—吸收塔；11—循环泵；12—吸收液泵；13—抽气泵；14—水泵；15—吸收液储罐；16—缓冲罐；17—固定床脱硫塔；18—气包；19—脱氧槽；20—水罐；21—高温变换器；22—低温变换器；23—分离器；24—流量计

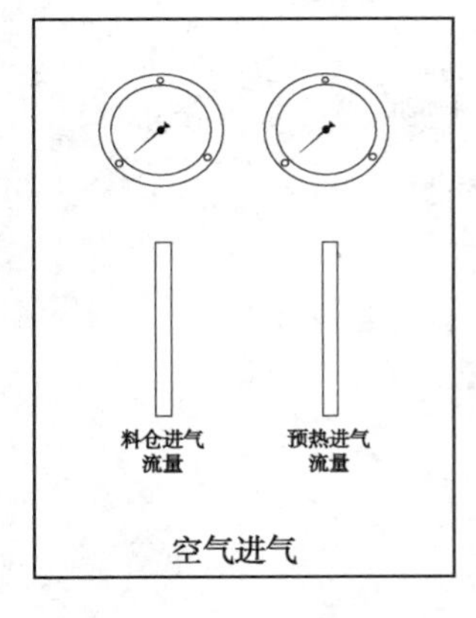

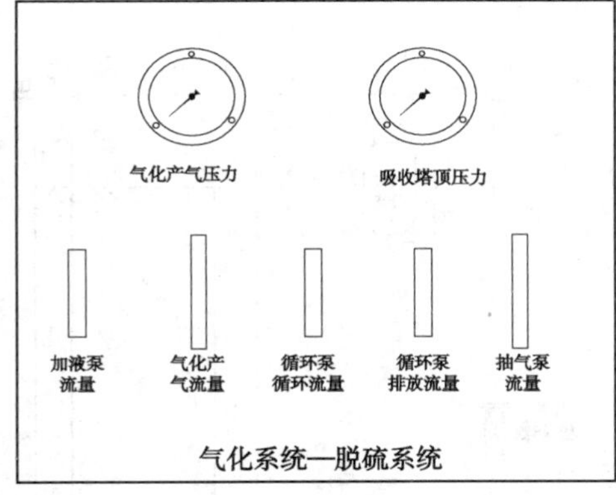

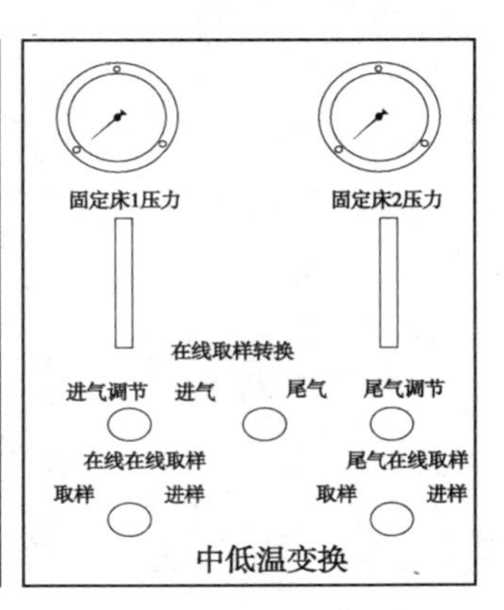

图 2-25　面板布置图

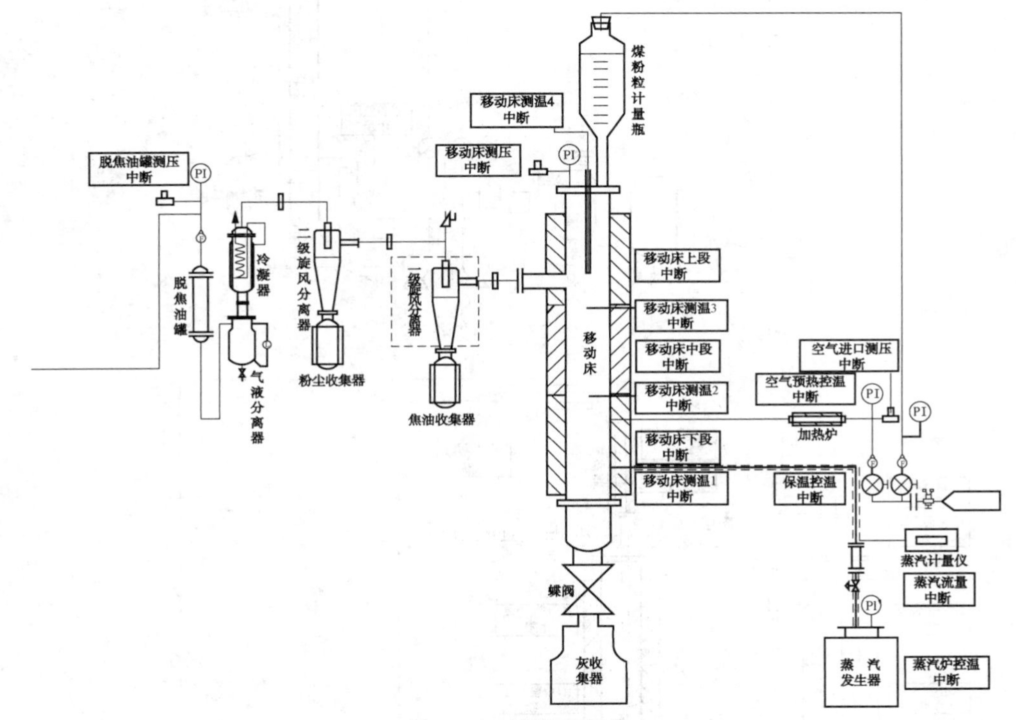

图 2-26　固定床气化

(四) 工艺主要操作参数

工艺主要操作参数见表 2-7。

表 2-7　煤炭气化、脱硫、变换的操作参数

名称	单位	正常值	名称	单位	正常值
通入空气压力	MPa	0.16	空气预热温度	℃	200
蒸汽发生器压力	MPa	0.4	保温温度	℃	100
通入蒸汽流量	L/h	0.5	蒸汽发生炉温度	℃	108
通入氮气流量	L/min	5	循环泵流量	mL/min	200
气化炉上段温度	℃	800	高温变换器温度	℃	350~500
气化炉中段温度	℃	950	低温变换器温度	℃	220~320
气化炉下段温度	℃	950			

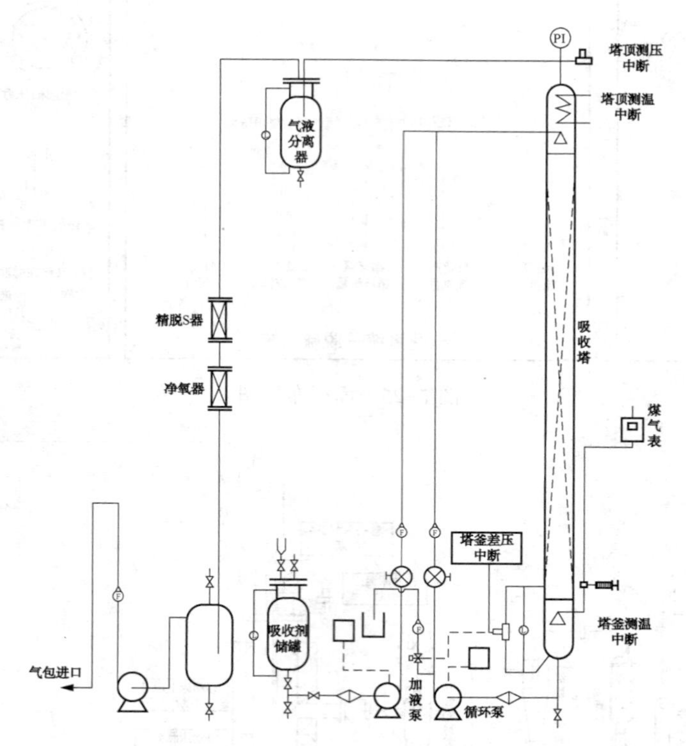

图 2-27　吸收塔

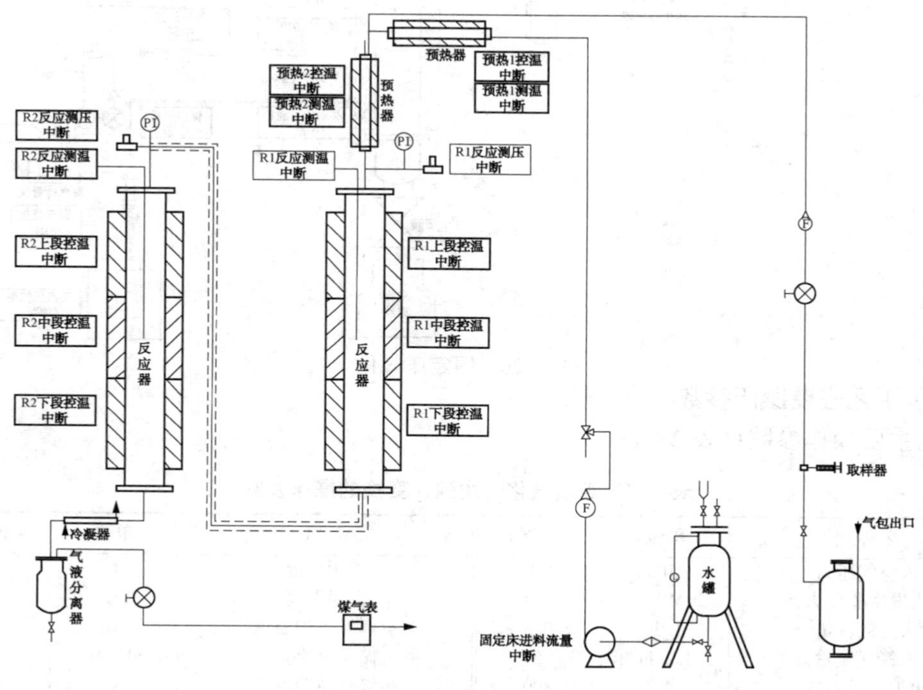

图 2-28　合成气变换

二、操作规程

1. 开车前准备

（1）煤球制备：先将煤块通过粉碎机，使之粉碎为120目左右的煤粉（要求达到实验用量），做成煤粒后，添加黏结剂和固硫剂，成分组成为12%淀粉、1.5% K_2CO_3、1.5% $CaCO_3$、85%煤粉，先将淀粉用热水打成糊状，然后加入如上比例的配料及煤粉，和成面团后用成丸机成丸，再由烘箱烘干即成煤球（粉碎机和成丸机的使用请参阅该机说明书）。

（2）蒸汽发生器R101水液位在80%左右。

（3）吸收剂罐中V202加入低浓度氨水或低浓度碱溶液。

（4）水罐V301水液位在60%左右。

（5）确认吸收塔底部、黑水出口阀关闭。

（6）确保冷凝直流水阀打开，接通冷凝水。

（7）色谱分析准备：因本套煤气化设备分析的主要成分是一氧化碳和二氧化碳及氮气和氢气，色谱柱是气体分析专用，绝对不能测试液体，此柱失活较快，所以在使用一段时间后要将柱温加到200℃活化色谱柱3~4h，以保证气体的分析结果准确。

（8）设备试漏：用氮气打压到0.1MPa左右，用肥皂水涂抹各管道接口，看是否有漏气点，如有漏气接点，及时处理（注意试漏前玻璃容器接点处用无孔垫安装）。

（9）移动床气化炉安全系统空试两遍，确认正确无误。

（10）实验室应保持良好通风。

（11）变换反应器催化剂的填装和更换。

2. 开车操作规程

（1）加料：将做好的煤球加入到W101煤粉粒计量瓶中，煤粒将随之下降，到达M101煤粒排料器（开始会有一些煤粒掉到V101灰收集瓶中），待煤粒加到计量瓶上口时停止加料，盖上计量瓶上口旋塞盖。

（2）向R101蒸气发生器中加入水，水位由液位计观察，要求加到液位计快满为止。向V202吸收剂罐中加入低浓度氨水或低浓度碱溶液。

（3）根据流程图检查流程，所有气体流过的地方要求是通路，检查电路及传感器是否有断路或脱落的地方。

（4）开始接通总电源，当使用空气和水蒸气作为气化剂时，调节氮气进气量为30L/min，打开各段加热开关，设置初始加热温度，气化炉上段设为500℃，气化炉中段和下段设为850℃（温度可根据实际使用的煤球组成决定）；当使用氮气和水蒸气作为气化剂时，调节氮气进气量为5L/min，打开各段加热开关，设置初始加热温度，气化炉上段设为800℃，气化炉中段和下段设为950℃，空气预热设置为200℃，保温设为100℃，蒸汽发生器设置为90℃；先将进入P203抽气泵的入口软管断开放到窗外。

（5）煤气炉加热后一定要开启冷却水。

（6）尾气吸收系统主要是吸收产生的气体中的一部分酸和焦油。开启尾气吸收系统，先将一定量的吸收液通过P202齿轮泵加入到T201吸收塔中，在不断加入液体的同时，可以看到吸收塔的釜压差传感器读数增加，设置好排料压差，打开吸收塔P201循环泵，调节变频器使之流量为200mL/min。

(7) 待煤气化炉测温达到设置温度时，调整蒸气控温到108℃(具体温度以实际使用情况为准)，使水蒸气马上进入煤球床层发生反应。同时进行气体组成测定，由R202脱氧剂后的取样口取样，如有一氧化碳产生，立即打开P203抽气泵，同时接通抽气泵入口软管，使产生的煤气进入到气包中保存，当测定煤气中没有一氧化碳了，立即关掉抽气泵电源开关，把入口软管放到窗外，这时说明煤球已燃烧充分，通过M101排料器排掉一部分燃烧后的煤灰粒，新煤球又到达了燃烧位置，如此循环操作，最终收集满后可以进行下一变换反应。

(8) 在制造煤气时要时刻观察水蒸气水位的变化、旋风分离器产生的废料、气液分离器的水位、吸收液的水位，水位低时一定要加水，蒸汽发生炉的水位不能低于发生器的加热棒，收集器内的水要及时外排。做好实验数据的记录。

(9) 当气包中有一定量煤气时，变换反应就可以开始了，先使R301A和R301B固定床升温，温度可控制在180~300℃之间，待温度到达预定温度时开启气源阀门，调节进气流量和进水流量，进气流量可控制在3~5L之间，进水流量可控制在20~40mL之间，测量入口的气体含量，再测定出口的气体含量。

3. 停车操作规程

(1) 关闭蒸汽发生器出口阀。

(2) 关闭气化系统和蒸汽发生系统的加热装置。

(3) 气化炉和蒸汽发生器的降温。

(4) 卸载气化炉中的固体参杂和灰分。

(5) 用氮气吹扫置换气化系统。

4. 正常生产的操作与控制

(1) 检测控制点的工艺参数，包括流量、温度、压力、压差、液位、电流、分析项目等在正常范围内，发现问题及时调整。

(2) 检测合成气中甲烷含量、气化炉压差及其他气体成分的变化以判断气化炉的生产状况及炉温变化，及时作出调整。

(3) 对粗渣和细渣中的含碳量进行分析，判断碳转化率的高低。

(4) 注意观察吸收塔、旋风分离器、蒸汽发生器的液位变化。

(5) 要掌握气化炉壁温高点位置和变化趋势情况，防止壁温误指示，发现异常及时处理。

三、装置操作的注意事项

(1) 升温与温度控制：温度控制仪的参数较多，不能任意改变，因此在控制方法上必须详细阅读控温仪表说明书后才能进行。升温时要将仪表参数Oph控制在40~50，此时加热仪以40%~50%的强度进行，电流值不大，以后可根据需要提高或降低该值。以防止过度加热，而热量不能及时传给反应器则造成炉丝烧毁。控温仪表的使用应仔细阅读AI人工智能工业调节器的使用说明书，没有阅读该使用说明书的，不能随意改动仪表的参数，否则仪表不能正常进行温度控制。

注意：反应器温度控制是靠插在加热炉内的热电偶感知其温度后传送给仪表去执行的，它紧靠加热炉丝，其值要比反应器内高，反应器的测温热偶是插在反应器的催化剂床层内，故给定值必须微微高些(指吸热反应)。预热器的热电偶直接插在预热器内，用此温度控温，温度不要太高，对液体进料来说能使它气化即可。也可不安装预热器而直接将物料进入反应器顶部，因为反应器有很长的加热段，起预热作用。值得注意的是在操作中给定电流不能过大，过大会造成加热炉丝的热量来不及传给反应器，因过热而烧毁炉丝。

（2）当改变流速时床内温度是要改变的，故调节温度一定要在固定的流速下进行。升温操作一定要有耐心，不能忽高忽低乱改乱动。

（3）不使用时，应将相关装置放在干燥通风的地方。

（4）预热炉和反应炉如果再次使用，一定在低电流下通电加热一段时间以除去加热炉保温材料吸附的水分。

（5）每次试验后一定要将气液分离器的液体放净。

（6）要经常检查除油装置及脱硫、脱氧装置内的填装物，如发现已经失活要及时更换。

（7）要随时检查各个储液罐内的水位，如发现液体过少要及时补充。

（8）由于本实验设备产物为 CO 和 H_2，所以实验现场一定要确保通风良好，并且严禁使用明火。

（9）在实验设备开启过程中，实验现场一定要有专人负责，无人时实验设备禁止开启。

（10）在使用实验设备的各个仪表之前一定要详细阅读使用说明书，禁止无关人员开启本设备。

四、常见事故及处理方法

（1）开启电源开关指示灯不亮，并且没有交流接触器吸合声，则保险坏或电源线没有接好。

（2）开启仪表各开关时指示灯不亮，并且没有继电器吸合声，则分保险坏或接线有脱落的地方。

（3）开启电源开关有强烈的交流震动声，则是接触器接触不良，应反复按动开关可消除。

（4）控温仪表、显示仪表出现四位数字，则告知热电偶有断路现象。

（5）反应系统压力突然下降，则有大泄漏点，应停车检查。

（6）电路时通时断，有接触不良的地方。

（7）压力增高，尾气流量减少，系统有堵塞的地方，应停车检查。

（8）转子流量计没有示数，说明管路有堵塞的地方，应停车检查。

（9）当摇动移动床放料阀时，如果不下料，应轻轻震动移动床的外壁；如果仍然不下料，应当停车，待温度降为常温后，检查放料阀内的搅动棒是否脱落，如脱落，将其重新装好即可。

（10）如果发现吸收塔塔釜液位下降速度过快，则有可能吸收塔出现液泛现象，此时应停止循环泵及加液泵，加大产气量，当发现塔釜内液位上升时，即证明吸收塔内液泛现象已解决，可重新开启循环泵及加液泵，并将产气量调节到初始值。

（11）如果发现循环泵或加液泵不进液时，应检查泵头前的过滤器，查看过滤器内部的丝网是否堵塞，将丝网清理干净重新装回到过滤器内即可。

（12）如若发现移动床测温热偶温度远远高于所给定的控制温度时，可能移动床内部的煤颗粒已经燃烧，此时可摇动移动床底部的放料阀，将已经充分燃烧的煤颗粒排除即可。

五、思考题

（1）煤球制备时添加碳酸钙的目的是什么？
（2）煤气化、脱硫、变换的原理是什么？
（3）煤气化温度和气化剂用量对煤气化产物有何影响？
（4）煤气化、转换产物如何分析？
（5）转换过程为什么先通入水蒸气数分钟后再通合成气？

项目四 色谱法检测合成气

合成气分析项目包括 CO_2、CO、O_2、H_2、CH_4及 N_2的分析，色谱法采用气相色谱分析仪进行分析，以 TDX-01 碳分子筛填充柱为检测柱，用热导检测器在线监测，色谱柱长度为 2m。检测结果直接通过色谱工作站获得。

一、注射器取样进样分析

（1）氮气测定：色谱安装 5A 分子筛柱，用氢气作载气，柱温、检测器、汽化器温度均为室温，TCD 电流为 100mA，柱前压设定在 0.1MPa，进气量为40~60mL。

（2）一氧化碳和二氧化碳测定：色谱安装 TDX-01 碳分子筛柱，用氢气作载气，柱温、检测器、汽化器温度均为 100℃，TCD 电流为 100mA，柱前压设定在 0.1MPa，进气量为40~60mL。

（3）变换反应进出口气体测定：色谱安装 TDX-01 碳分子筛柱，用氢气作载气，柱温、检测器、汽化器温度均为 100℃，TCD 电流为 100mA，柱前压设定在 0.1MPa，进气量为 40~60mL。

二、六通阀取样进样分析

（1）六通阀进行在线取样分析时，要先将六通阀与色谱连接好。

（2）取样时，将六通阀转到取样位置，维持 1s 左右，再将六通阀转回到进样位置，同时启动色谱工作站即可。

三、气象色谱分析合成气实例

（1）当同时通入空气和水蒸气，气化炉内温度 930℃，色谱分析条件：色谱柱为 TDX-01 碳分子筛填充柱，柱长 2m，柱前压 0.1MPa，柱箱、气化室、检测器均为 100℃，TCD 电流调节为 100mA，进样量为 40mL 时，色谱分析见图 2-29 和表 2-8。

表 2-8 色谱分析表

序号	保留时间/min	名称	峰面积占比/%	峰面积/(mV·min)
1	0.596	氮气	94.22	227262
2	0.993	一氧化碳	5.78	13937
总计			100	241199

（2）当同时通入空气和水蒸气，气化炉内温度 990℃，色谱分析条件：色谱柱为 TDX-

01 碳分子筛填充柱，柱长 2m，柱前压 0.1MPa，柱箱、气化室、检测器均为 100℃，TCD 电流调节为 100mA，进样量为 40mL 时，色谱分析见图 2-30 和表 2-9。

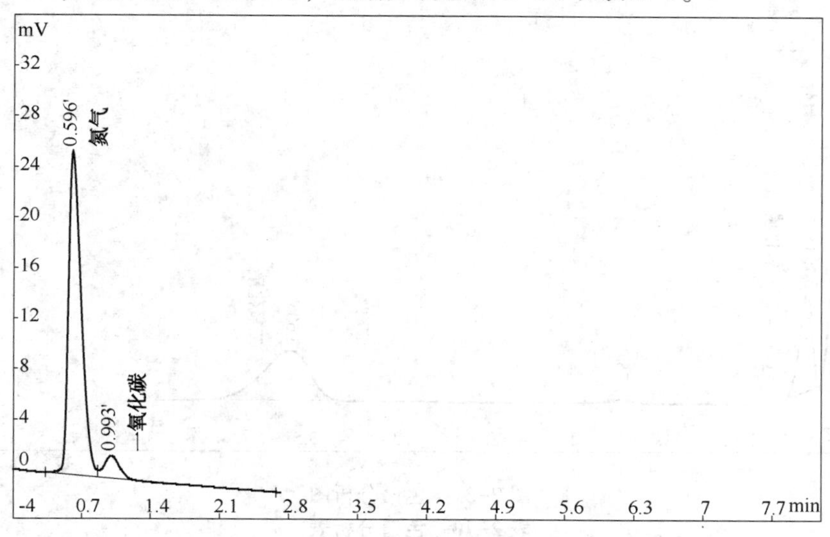

图 2-29 色谱分析图

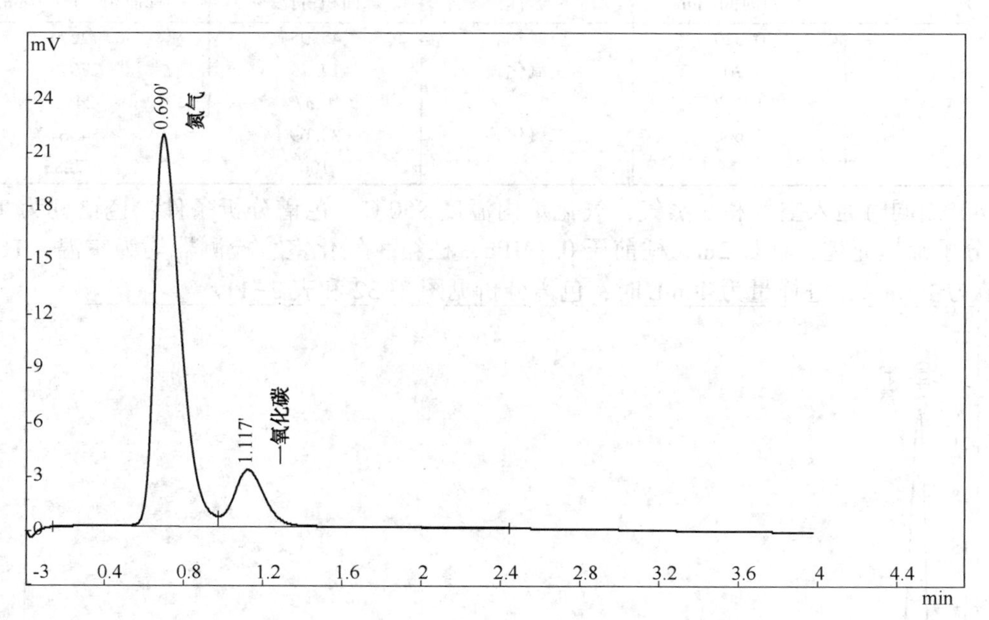

图 2-30 色谱分析图

表 2-9 色谱分析表

序号	保留时间/min	名称	峰面积占比/%	峰面积/(mV·min)
1	0.690	氮气	84.26	203087
2	1.117	一氧化碳	15.74	37949
总计			100	241036

(3) 当通入氮气和水蒸气时，气化炉内温度 920℃，色谱分析条件：色谱柱为 TDX-01 碳分子筛填充柱，柱长 2m，柱前压 0.1MPa，柱箱、汽化室、检测器均为 100℃，TCD 电流

调节为 100mA，进样量为 40mL 时，色谱分析见图 2-31 和表 2-10。

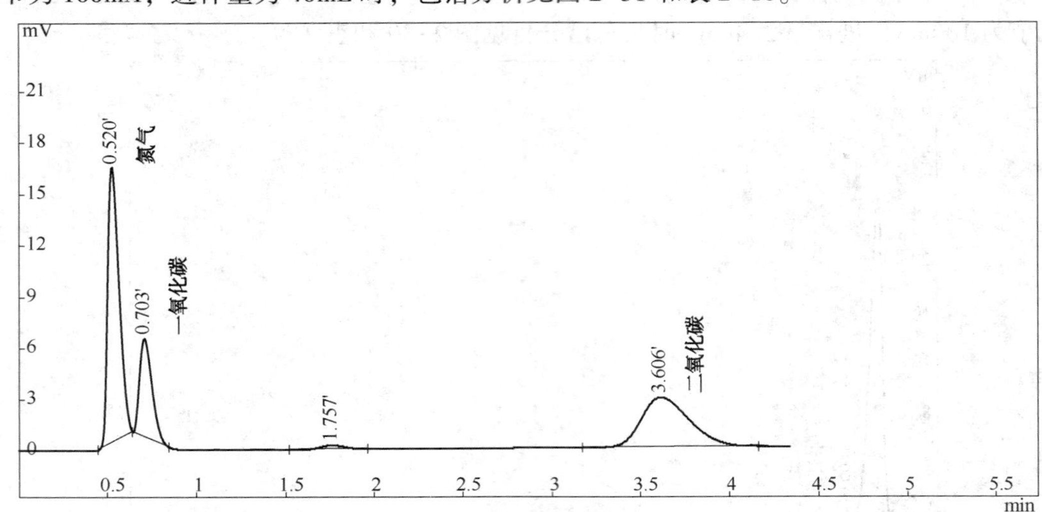

图 2-31　色谱分析图

表 2-10　色谱分析表

序号	保留时间/min	名称	峰面积占比/%	峰面积/(mV · min)
1	0.520	氮气	45.95	72274
2	0.703	一氧化碳	17.79	27973
3	1.757		1.57	2472
4	3.606	二氧化碳	34.69	54567
总计			100	157286

（4）当同时通入空气和水蒸气，气化炉内温度 850℃，色谱分析条件：色谱柱为 TDX-015A 分子筛填充柱，柱长 2m，柱前压 0.1MPa，柱箱、气化室、检测器均为室温，TCD 电流调节为 100mA，进样量为 40mL 时，色谱分析见图 2-32 和表 2-11。

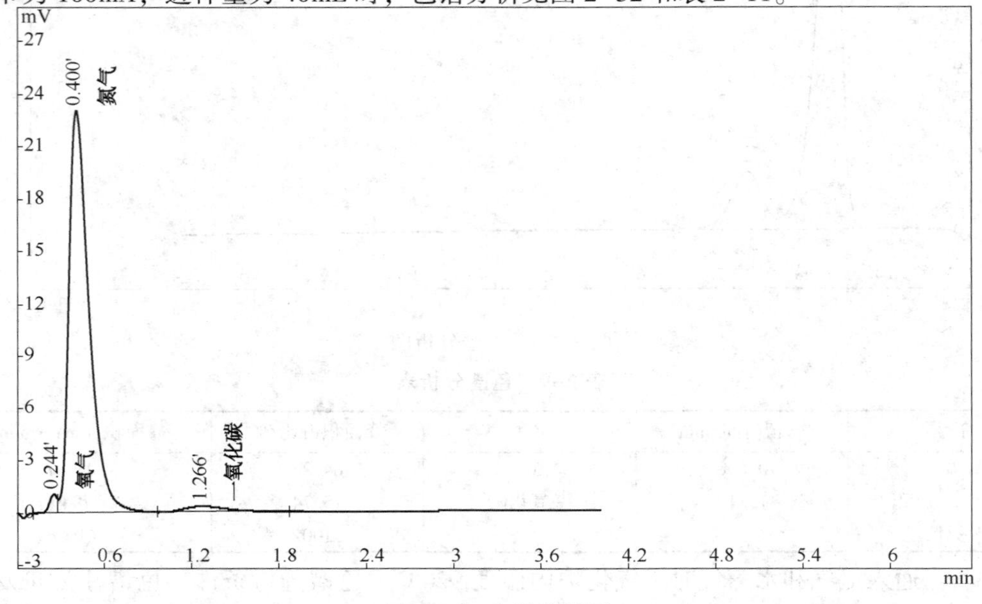

图 2-32　色谱分析图

表 2-11　色谱分析表

序号	保留时间/min	名称	峰面积占比/%	峰面积/(mV·min)
1	0.244	氧气	1.83	4264
2	0.400	氮气	94.73	220983
3	1.266	一氧化碳	3.44	8014
总计			100	233261

四、注意事项

(1) 进样时，为得到重复性好的分析结果，要保证每次都能进样的压力相同。仔细观察定量管出口水封处冒出的气泡，当停止向定量管供气时，水封处冒出的气泡会逐渐变少直至没有，要掌握好开始分析的瞬间的气泡状态，使分析结果有较好的重复性。

(2) 调用分析方法后，为得到准确的结果，需等到基线平稳后才可进样分析。一般要求：在开机调出方法后，仪器需要稳定 1h 才可进样分析。

(3) 分析过程，不要调用其他方法，不要从工作站上及仪器键盘上更改方法参数。一次分析完成后，要调用其他方法进行分析时，仪器需要 1h 的稳定时间。

(4) 关机后，为了延长仪器使用寿命，要等各部件温度降至 100℃ 以下时才可关闭主机与气体。

项目五　奥式气体分析法检测合成气

合成气分析项目包括 CO_2、CO、O_2、H_2、CH_4 及 N_2 的分析，应用奥式气体分析法，其中 CO_2、CO、O_2 三种气体用吸收法测定，H_2、CH_4 用爆燃法测定，总体积减去上述各气体含量认为是 N_2 含量。

一、原理

用 KOH 溶液吸收 CO_2，焦性没食子酸钾溶液吸收 O_2，氨性氯化亚铜溶液吸收 CO，用爆炸法测定 H_2、CH_4，余下的气体则为 N_2+Ar。根据吸收缩减体积和爆炸后缩减体积及爆炸后生成 CO_2 的体积计算各组分的体积分数。

$$CO_2 + 2KOH = K_2CO_3 + H_2O$$

$$2C_6H_3(OK)_3 + 1/2O_2 = (OK)_2C_6H_2-C_6H_2(OK)_2 + H_2O$$

$$Cu_2Cl_2 + 2CO + 4NH_3 + 2H_2O = 2NH_4Cl + 2Cu + (NH_4)_2C_2O_4$$

$$2H_2 + O_2 = 2H_2O$$

$$CH_4 + 2O_2 = CO_2 + 2H_2O$$

CH_4 燃烧时 1 体积 CH_4 和 2 体积的氧气反应生成 1 体积的 CO_2，因此气体体积的缩减等于 2 倍的 CH_4 体积；H_2 爆炸时，有 3 体积的气体消失，其中 2 体积是氢气，即氢气占缩减体积的 2/3，所以体积缩减的总量为氢气体积的 3/2。

二、试剂

(1) KOH 溶液：300g/L。

（2）NaOH 溶液：300g/L。

（3）焦性没食子酸钾溶液：250g/L。

称取 250g 焦性没食子酸，溶液于 750mL 热水中，摇匀。使用时将此溶液与氢氧化钾溶液按 1：1 比例混合，即为焦性没食子酸钾溶液。本吸收剂性能为 1mL 溶液可吸收 15mL 氧气。

（4）硫酸溶液：1+9。

（5）硫酸溶液；1+19。

（6）氨性氯化亚铜溶液。

称取 50gNH_4Cl 溶于 480mL 水，加入 200g 氯化亚铜，用 520mL 氨水（$\rho = 0.91g/mL$）溶解。

三、仪器

（1）改良奥氏气体分析仪；

（2）取样球胆。

四、操作程序

（一）仪器安装

将奥氏仪的全部玻璃部分洗涤干净，旋塞涂好真空脂。按如图 2-33 所示的各部件中加入相应的溶液："3"中加入 1+19 硫酸溶液；"4"中加入 300g/L NaOH（或 KOH）溶液；"5"中加入焦性没食子酸钾溶液；"6"和"7"中加入氨性氯化亚铜溶液；"8"中加入 1+9 硫酸溶液；"9"中加入 1+19 硫酸溶液。并在"5"、"6"、"7"的承受部内加 5mL 液体石蜡油使吸收液与空气隔绝。

按图 2-33 所示安装好仪器。

（二）气密性检查

1. 减压检查法

于量管中吸取约 10mL 空气，使量管与梳形管相通，而梳形管与大气隔绝。将水准瓶置于最低处，使管内形成尽量大的负压，如果 3min 后量管内液面保持稳定，表明气密性好。如果液面下降，则表示存在漏点，应分别检查，将漏点修好。

2. 加压检查法

于量管中吸取约 80mL 空气，操作方法同如上，差异在于将水准瓶置于量管上部尽量高处，使管内形成正压，如果 3min 后量管内的液面及各吸收瓶液面均保持稳定，表示仪器气密性好。否则表示有漏点，需处理。

（三）量管上部由"0"至活塞间体积的标定

用量管准确量取 10.0mL 空气（无 CO_2）压入 KOH（NaOH）吸收瓶中，然后再准确吸取同样的空气 5.0mL，再把贮于 KOH 吸收瓶中的 10.0mL 空气抽回量管中，读取气体的体积，超过 15.0mL 的部分气体体积数即为量管由"0"至活塞的体积数。

（四）测定

（1）操作水准瓶用量管吸取气体试样置换 2~3 次后，吸取气样 100.0mL，打开 KOH（或 NaOH）溶液吸收瓶活塞，使其与量管相通。操作水准瓶，使气体试样在吸收瓶与量管间往

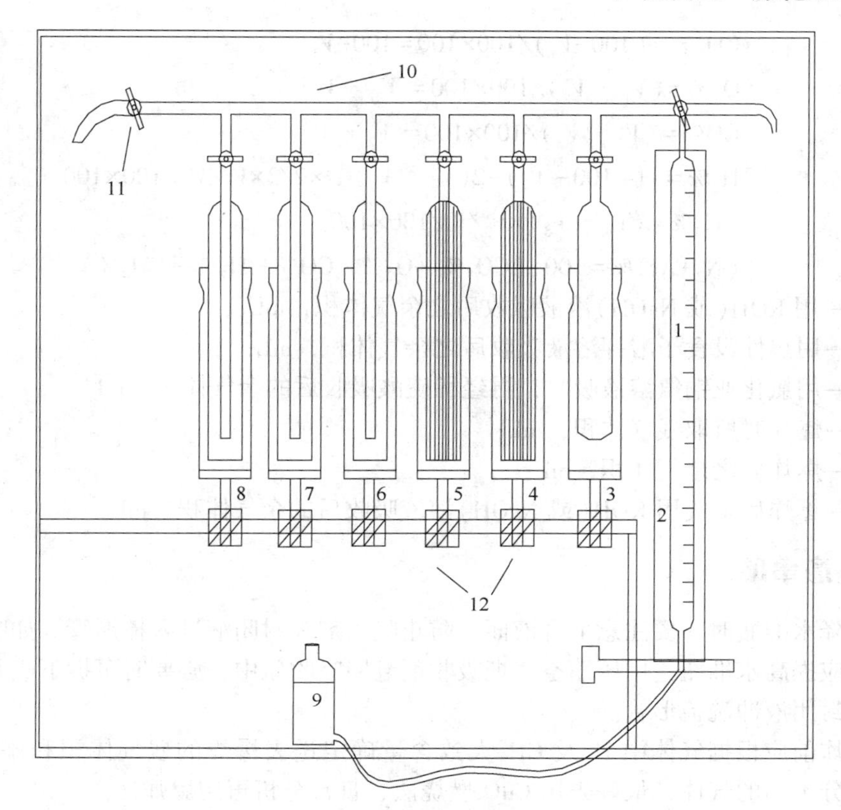

图 2-33　奥式气体分析仪

1—气量管；2—气量管外套；3—爆炸瓶；4、5—接触式吸收器；6~8—鼓泡式吸收器；9—水准瓶；10—梳形管；11—旋塞；12—可调高低的托架

返吸收 6~7 次，直至吸收后余气体积(V_1)恒定为止。

(2) 打开焦性没食子酸钾溶液吸收瓶活塞，将吸收 CO_2后的余气压入，同上操作，直至吸收后之余气体积(V_2)恒定为止。

(3) 先打开旧的一瓶氯化亚铜氨溶液吸收瓶活塞，将吸收 O_2后之余气压入，同上操作，吸收 6~7 次后，再用新的一瓶氯化亚铜氨溶液吸收余气体积恒定。最后用装有 1+9H_2SO_4 溶液的吸收瓶吸收余气中带出的氨后，读取余气体积(V_3)。

(4) 将吸收了 CO_2、O_2、CO 后的残气压入 1+9 H_2SO_4溶液吸收瓶中储存。取 V(mL)残气和一定量空气混合均匀，使总体积为 100.0mL。打开爆炸瓶活塞，将混合气体压入爆炸瓶内，关闭活塞，引爆。待瓶内液面稳定后，打开活塞，将气体抽回量管中，读取爆炸后的余气体积(V_4)。

(5) 打开 KOH(或 NaOH)溶液吸收瓶活塞，再将量管中爆炸后之余气压入吸收生成的 CO_2，直至吸收后的余气体体积恒定，读取其体积(V_5)。

五、计算结果

半水煤气中 CO_2、O_2、CO、H_2、CH_4、N_2+Ar 的含量以体积分数表示，分别按下式计算：

$$CO_2\% = (100-V_1)/100\times100 = 100-V_1$$

$$O_2\% = (V_1 - V_2)/100\times100 = V_1 - V_2$$

$$CO\% = (V_2 - V_3)/100\times100 = V_2 - V_3$$

$$H_2\% = \{[(100- V_4)-2(V_4 - V_5)]\times2/3\times V_3/V\}/100\times100$$

$$CH_4\% = (V_4 - V_5)\times V_3/V/100\times100$$

$$(N_2+Ar)\% = 100-(CO_2\% + O_2\% + CO\% + H_2\% + CH_4\%)$$

式中 V_1——用 KOH(或 NaOH)溶液吸收后之余气体积，mL；

V_2——用焦性没食子酸钾溶液吸收后之余气体积，mL；

V_3——用氯化亚铜氨溶液吸收，再经稀硫酸吸收后的余气体积，mL；

V——爆炸时所取残气体积，mL；

V_4——爆炸后之余气体积，mL；

V_5——爆炸后余气用 KOH(或 NaOH)溶液吸收后的余气体积，mL。

六、注意事项

(1) 升降水准瓶时，要注意上升液面，防止吸收剂和封闭液进入梳形管。如吸收剂进入梳形管中，应提高水准瓶，用压缩空气把吸收剂赶回吸收瓶中，必要时可拆下吸收瓶。利用水准瓶中的封闭液冲洗梳形管。

(2) 爆炸前应根据气体中 H_2 及 CH_4 大致含量确定送去爆炸的残气体积和添加空气量。初次测定成分不明的气体，最好先用 CuO 燃烧法，日常分析再用爆炸法。

(3) 取样应有人监护，置换气和最后的余气应排除室外。

(4) 吸收顺序不能颠倒。

七、思考题

(1) 煤气的成分分析的原理是什么?

(2) 如何控制测定半水煤气成分的测定条件?

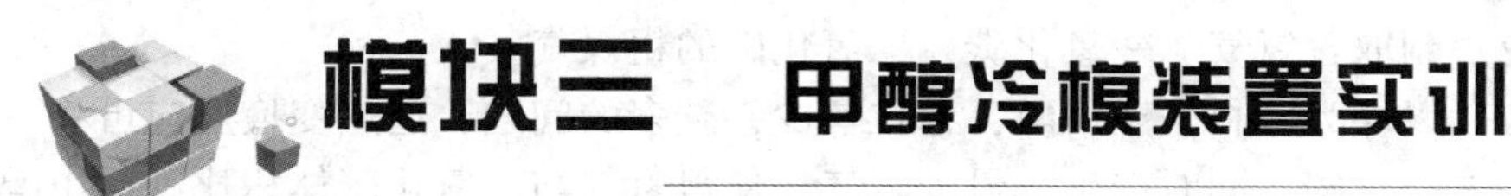

项目一 甲醇冷模装置概述

甲醇在有机合成工业中，是仅次于烯烃和芳烃的重要基础有机原料。随着技术的发展和能源结构的改变，甲醇又开辟了许多新的用途。甲醇是较好的人工合成蛋白的原料，蛋白转化率较高，发酵速度快，无毒性，价格便宜。甲醇用途广泛，是基础的有机化工原料和优质燃料。主要应用于精细化工、塑料等领域，用来制造甲醛、醋酸、氯甲烷、甲氨、硫酸二甲酯等多种有机产品，也是农药、医药的重要原料之一。甲醇在深加工后可作为一种新型清洁燃料，也可加入汽油掺烧。甲醇是容易输送的清洁燃料，可以单独或与汽油混合作为汽车燃料，用它作为汽油添加剂可起到节约芳烃，提高辛烷值的作用，汽车制造也将成为耗用甲醇的巨大部门，甲醇的消费已超过其传统用途，潜在的耗用量远远超过其化工用途，渗透到国民经济的各个部门。特别是随着能源结构的改变，甲醇有未来主要燃料的候补燃料之称，需用量十分巨大。

我国目前甲醇的产量还较低，但近年来发展速度较快，甲醇的生产规模有了突飞猛进的发展。从我国能源结构出发，由煤制甲醇的技术已经成熟，近几年由煤制甲醇的工艺已经全面工业化生产，将来在我国甲醇有希望替代石油燃料和石油化工的原料，蕴藏着潜在的巨大市场。

为了更好地应用理论、实践教学和服务于企业，由学院和企业联合设计、制造了煤制甲醇综合生产实训装置，本装置采用的是目前甲醇生产企业中应用广泛的一种经典工艺，按1∶20比例制造，占地800m^2，包括DCS控制中心，空分、气化、净化、合成、精馏等车间，使学生在教学实训过程中，既增加了动手能力，又亲身感受了未来工作的环境，作为化工类、化工机械类、化工自动化类等专业的教学、操作培训用教学装置，具有非常重要的意义。

一、煤制甲醇生产方法简介

甲醇合成反应如下：

$$CO+2H_2 \rightleftharpoons CH_3OH$$

$$CO_2+3H_2 \rightleftharpoons CH_3OH+H_2O$$

为了生产甲醇，首先要提供合格的一氧化碳和氢的原料气，其中二氧化碳含量不能超过5%。不管用什么原料制得的一氧化碳和氢原料气都含有硫的化合物杂质，这些杂质都是甲醇合成催化剂的毒物。所以，在合成之前，需把这些杂质彻底除去。此外甲醇合成还需要提供高温高压的反应条件。这样，甲醇合成的生产过程需按以下顺序和步骤组织进行。

（1）空分：将空气中的氧气、氮气分离出来，供气化和后续工段使用。

（2）造气：一般将水煤浆送气化炉，同时在气化炉中送入空分来的氧气，这样煤与氧气发生气化反应，制取含氢气、一氧化碳、二氧化碳的粗煤气。

（3）变换：以煤为原料生产甲醇，存在氢少，碳多的问题，通过变换反应可将一部分一氧化碳变换为二氧化碳，同时产生大量的氢气。使得氢气与一氧化碳体积比满足甲醇合成所需的 2∶1 的比例。变换反应方程式：

$$CO+H_2O \rightleftharpoons CO_2+H_2$$

（4）净化：含二氧化碳、一氧化碳、氢气以及硫化物的粗煤气经湿法脱硫、干法脱硫，NHD 脱碳后，脱除原料气中的二氧化碳和硫化物后，作为甲醇合成的原料气。

（5）甲醇的合成：净化后的氢气、一氧化碳以 2∶1 的比例混合后压缩至合成压力，再进入甲醇合成塔中，在一定的温度、压力和催化剂的作用下进行甲醇的合成。

（6）甲醇的精制：粗甲醇通过精馏塔精馏生产精甲醇。

煤制甲醇生产工艺流程如图 3-1 所示。

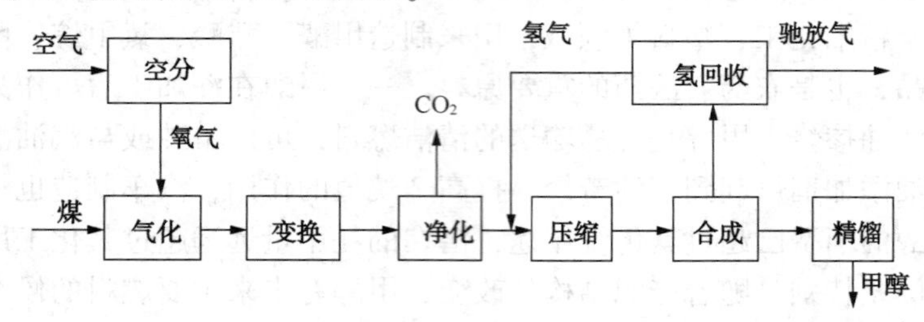

图 3-1　煤制甲醇生产工艺示意图

二、本装置的生产过程

以下概括介绍甲醇装置的生产过程，各生产过程的工艺原理、流程等将分别在以后各项目中介绍。

1. 空分

从空气中分离出氧气、氮气，为气化过程使用。空气中主要成分见表 3-1。

表 3-1　空气中主要成分

名称	O_2	N_2	CO_2	CH_4等	Ar
体积分数/%	20.85	78.09	0.03	0.07	0.932

2. 造气

本装置以煤为原料，采用美国 GE 公司的水煤浆加压气化技术，在气化炉中，在压力 4.0MPa、温度 1400℃左右条件下部分氧化制取粗原料气，经激冷、洗涤除去炭黑后送往一氧化碳变换工序和净化工序。

典型的气体成分见表 3-2。

表 3-2　典型的气体成分

名称	H_2	CO	CO_2	CH_4	N_2+Ar	H_2S+COS
设计值/%	34.51	41.90	22.87	0.07	0.42	0.23

3. 变换

变换反应的目的是获得更多的氢。

本装置变换采用耐硫宽温变换的生产方法。在变换工序一部分一氧化碳与气化气激冷产生的饱和蒸汽，在耐硫变换宽温催化剂的作用下，反应生成二氧化碳和氢气，经过变换后，气体的组成大致如表 3-3 所示。

表 3-3　变换后的气体组成

组成	H_2	CO	CO_2	H_2S+COS	CH_4	N_2	Ar
体积分数/%	50.90	6.37	42.18	0.20	0.05	0.22	0.10

4. 湿法脱硫、干法脱硫

H_2S 和 CO_2都是酸性气体，既可与碱性物质作用，也可溶于某种液体而除去。工业上脱除 H_2S、CO_2的方法根据所用吸收剂不同而分为两类：一是化学吸收法，以氨水、碳酸钠等碱性溶液为吸收剂，可在不太高的压力下使气体中硫化物剩下几十到几百 μg/g；另一种是物理吸收法，以水、有机溶剂(甲醇)为吸收剂，由于溶解度与气体分压成正比，此法特别适宜在高压低温下吸收大量 CO_2和硫化物。

本装置选用碳酸钠水溶液作为溶剂在常温下湿法脱除硫化物，使用氢氧化铁、活性炭在常温下干法脱除硫化物。

5. NHD 脱碳

脱碳的目的是减少 CO_2 含量，调整为 3%~5%。

变换气经过脱硫、脱碳后的气体组成见表 3-4。

表 3-4　变换气经过脱硫、脱碳后的气体组成

组　成	H_2	CO	CO_2	CH_4	N_2	Ar	H_2S+COS
体积分数/%	66.96	29.03	3.40	0.08	0.37	0.16	0.20

6. 甲醇合成

甲醇合成气经压缩、脱硫后进入甲醇合成塔，在铜锌系甲醇合成催化剂的作用下合成甲醇，甲醇合成属强放热反应，反应热用于生产 2.5MPa(表)中压蒸汽，反应后的气体经冷凝分离，气相一部分回合成气压缩机循环使用，另一部分作为变压吸附装置的原料，液相(粗甲醇)送甲醇精馏系统。

7. 甲醇精馏

其目的就是对合成装置来的粗甲醇进行精制，将甲醇中的杂质进行脱除，以生产符合标准的优等级精甲醇产品。

三、本装置的生产特点

本装置采用的是目前甲醇工业企业中应用广泛的一种经典工艺，从生产工艺上来看，它具有以下特点：

(1) 从原料气制取开始，直到产品甲醇，总流程中仅有 CO 变换、甲醇的合成采用催化剂，其他过程，如造气属于非催化的气化激冷流程。净化全部采用低温下物理操作。

(2) 从造气开始就采用了更高的压力(4.0MPa)，可以提高气化强度，节省压缩功耗。

同时对甲醇洗的物理吸收十分有利。

(3) 造气属于非催化的气化激冷流程，从气化工序出来的工艺气本身带有足够的 CO 变换所需的水蒸气，在变换工序不需再添加蒸汽或冷凝液，大大简化了流程。

(4) 装置不因一台气化炉停车而引起全厂停车，当某系列停车时，另一个系列在一小时内能使负荷达到 60%稳定运行。

(5) 甲醇合成采用列管式合成塔，系统阻力小，触媒颗粒小，活性高。

四、本装置功能

1. 主要用途

(1) 使学生掌握煤制甲醇经典化工项目的工艺流程，对各个工段主要设备的结构及性能、反应机理有深刻的了解；

(2) 使学生理解、掌握化工过程的基本操作技能，提高学生对典型化工过程的开停车、正常操作及事故处理的能力，加深学生对化工过程基本原理的理解；

(3) 使学生掌握仿真软件的应用和操作方法；

(4) 使学生掌握最优的开车方案，并学习对生产操作进行优化研究。

2. 实现多种技能的培训

(1) 化工工艺技能培训：

① 煤气化部分；

② 填料塔传质吸收部分；

③ 压缩机运行部分；

④ 主要化工合成部分。

(2) 化工操作(系统操作员)技能培训：

① 装置的开停车操作；

② 单元装置的正常操作及异常现象的分析；

③ 系统装置的正常操作及异常现象的分析；

④ 典型事故的案例分析；

⑤ 生产控制的优化管理。

(3) 化工机械技能培训：

① 传质设备的作用与主要结构形式；

② 传热设备的作用与主要结构形式；

③ 气体压缩机的工作原理与主要结构形式；

④ 化工泵的工作原理与主要结构形式。

(4) 化工仪表及自动化技能培训：

① 自动控制基本概念方面：

a. 掌握自动控制系统的组成，了解各种组成部分的作用及相互影响和关系；

b. 理解自动控制系统中常用的各种术语，掌握方块图的意义及画法；

c. 熟悉管路及控制系统上常用符号的意义；

d. 了解控制系统的几种分类形式，掌握系统的动态与静态；

e. 掌握闭环控制系统在阶跃干扰作用下，过渡过程中的几种基本形式及过渡过程的品质指标的含义。

② 检测仪表与传感器方面：

a. 掌握仪表精度的意义及与测量误差的关系；

b. 了解仪表的性能指标；

c. 初步掌握各种压力测量仪表的基本原理及压力表的选用方法；

d. 了解各种流量计的测量原理，如涡轮流量计和转子流量计；

e. 了解各种液位测量方法，初步掌握液位测量中零点迁移的意义及计算方法；

f. 掌握复杂控制系统控制方案的制定、投运、PID 参数整定技能；

g. 了解自动检测仪表的选型和安装方法；

h. 了解恶劣环境下仪表的安装维护方法。

③ 自动控制显示仪表方面：

a. 掌握 PLC 可编程控制器的功能和特点；

b. 掌握 DCS 现场控制站及操作站的软件及硬件组成；

c. 掌握现场总线的特点及基本设备；

d. 掌握单回路温度、压力、液位、流量控制方案制定、投运、PID 参数整定；

e. 掌握复杂控制系统(串级、比值等)控制方案的制定、投运、PID 参数整定技能；

f. 了解综合控制方案制定；

g. 了解高级控制方案与算法的实现；

h. 理解联锁控制、报警功能的控制方案的实现。

④ 执行机构方面：

a. 掌握控制阀的流量特性意义，了解串级管道中阻力比 s 和并联中管道中分流比 x 对流量特性的影响；

b. 掌握气动薄膜控制阀的基本结构、主要类型及使用场合；

c. 掌握气动执行机构的气开、气关形式及选择原则；

d. 掌握电气转换器及电-气阀门定位器的用途及工作原理；

e. 掌握电动执行器的基本原理及结构；

f. 各类调节阀的安装、调校、投运。

⑤ 仪表系统故障处理方面：

a. 锻炼仪表检修人员事故处理过程中的协调能力；

b. 系统设置故障点，锻炼仪表检修人员判断处理故障能力。

项目二 安全生产

一、工业卫生和劳动保护

甲醇冷模实训基地的老师和学生进入实训基地，必须佩戴合适的安全帽、防护手套等防护用品，无关人员不得进入实训基地。

（一）劳动设备操作安全注意事项

（1）正常启动泵前，要先观察泵的运转方向是否正确，具体方法是：通电并很快断电，利用泵转速缓慢降低的过程，观察泵运转方向是否正确；若运转方向错误，立即调整泵的接线。

（2）确认工艺管线，工艺条件正常。

（3）启动泵后，要观察泵的工艺参数是否正常。观察有无过大噪声，振动及松动的螺栓。

（4）电机运转时，不可用身体的任何部位接触转动件。

（二）静设备操作安全注意事项

（1）操作及取样过程中注意防止静电产生。

（2）容器应严格按规定的装料系数装料。

（三）安全技术

（1）进行实训之前，必须了解室内总电源开关与分电源开关的位置，以便出现用电事故时及时切断电源；在启动仪表柜电源前，必须清楚每个开关的作用。

（2）设备配有压力、温度等测量仪表，能时时对相关设备进行集中监视，一旦出现异常情况，能及时发现并作适当处理。

（3）不能使用有缺陷的梯子，登梯前必须确保梯子支撑稳固，面向梯子上下梯子，并双手扶梯，一人登梯时要有同伴监护。

（四）职业卫生

1. 噪声对人体的危害

噪声对人体的危害是多方面的，噪声可以使人耳聋，引起高血压、心脏病、神经官能症等疾病。噪声还污染环境，影响人们的正常生活，降低劳动生产率。

2. 工业企业噪声的卫生标准

工业企业生产车间和作业场所的工作点的噪声标准为85dB(分贝)。现有工业企业经努力暂时达不到标准时，可适当放宽，但不能超过90dB。

3. 噪声的防扩

噪声的防扩方法很多，而且不断改进，主要有三个方面，即控制声源、控制噪声传播、加强个人防护。当然，降低噪声的根本途径是对声源采取隔声、减震和消除噪声的措施。

（五）行为规范

（1）严禁烟火、不准吸烟；

（2）保持实训环境的整洁；

（3）不准从高处乱扔杂物；

（4）不准随意坐在灭火器箱、地板和教室外的凳子上；

（5）非紧急情况下不得随意使用消防器材(训练除外)；

（6）不得靠在实训装置上；

（7）在实训基地、教室里不得打骂和嬉闹；

（8）清洁用具使用后，按规定整齐放置。

二、化工生产禁令

（一）生产区内14个不准

（1）加强明火管理，防火、防爆区内不准吸烟，车辆进入应戴阻火器；

(2) 生产区内，不准未成年人进入；

(3) 上班时间，不准睡觉、干私活、离岗和干与生产无关的事；

(4) 在班前班中，不准喝酒；

(5) 不准使用汽油等挥发性强的可燃液体擦洗设备、用具和衣物；

(6) 不按规定穿戴劳动保护用品(包括工作服、工作帽、工作鞋等)，不准进入生产岗位；

(7) 安全装置不齐全的设备、工具不准使用；

(8) 不是自己分管的设备、工具不准动用；

(9) 检修设备时安全措施不落实，不准开始检修；

(10) 停机检修后的设备，未经彻底检查不准启动；

(11) 未办理高空作业证、不戴安全带、脚手架跳板不牢，不准登高作业；

(12) 石棉瓦、轻薄塑料瓦上不固定好跳板，不准作业；

(13) 未安装触电保护器的移动式电动工具，不准使用；

(14) 未取得安全作业证的职工，不准独立作业；特殊工种职工，未经取证，不准作业。

(二) 进入容器、设备的八个必须

(1) 必须申请办证，并得到批准；

(2) 必须进行安全隔绝；

(3) 必须切断动力电，并使用安全灯具；

(4) 必须进行转换、通风；

(5) 必须按时间要求，进行安全分析；

(6) 必须佩戴规定的防护用品；

(7) 必须有人在器外监护，并坚守岗位；

(8) 必须有抢救后备措施。

(三) 动火作业六大禁令

(1) 动火证未经批准，禁止动火；

(2) 不与生产系统可靠隔绝，禁止动火；

(3) 不进行清洗、置换不合格、禁止动火；

(4) 不消除周围易燃物，禁止动火；

(5) 不按时作动火分析，禁止动火；

(6) 没有消防措施，无人监护，禁止动火。

(四) 操作工六严格

(1) 严格执行交接班制；

(2) 严格进行巡回检查；

(3) 严格控制工艺指标；

(4) 严格执行操作法(票)；

(5) 严格遵守劳动纪律；

(6) 严格执行安全规定。

(五) 机动车辆七大禁令

(1) 严禁无证、无令(调度令)开车；

（2）严禁酒后开车；

（3）严禁超速行驶和空档溜车；

（4）严禁带病行车；

（5）严禁人货混载行车；

（6）严禁超标装载行车；

（7）严禁无阻火器车辆进入禁火区域。

三、消防知识

（一）消防基本知识

（1）燃烧：是指可燃物与氧或氧化剂作用发生的释放热量的化学反应，通常伴有火焰和发烟现象。

（2）燃烧发生必备的三个条件：可燃物、助燃剂和火源三个条件，并且三个要同时具备，去掉一个条件，火灾即可扑灭。

（3）可燃物：凡是能与空气中的氧或氧化剂起化学反应的物质统称为可燃物。按其物理状态可分为气体可燃物（如氢气、CO 等），液体可燃物（如酒精、汽油、香蕉水等）和固体可燃物（如木材、布料、塑料、纸板等）三类。

（4）助燃剂：凡是能帮助和支持可燃物燃烧的物质统称为助燃剂（如空气、氧气等）。

（5）着火源：凡是能够引起可燃物与助燃剂发生燃烧反应的能量来源（常见的是热量）称为着火源。

（6）爆炸：是指在极短的时间和有限的空间内，可燃物或爆炸物品与氧化剂发生剧烈化学反应，同时产生大量的热和气体，并以很大的压力向四周扩散的现象。

（7）危险化学品：具有易燃、易爆、有毒、有害等特性，会对人员、设施、环境造成伤害或损害的化学品。

（8）危险化学品一般分为：爆炸品、易燃气体、毒性气体、易燃液体、易于自然的物质、遇水放出易燃气体的物质、氧化性物质、有机过氧化物、毒性物质。

（二）常见火灾

（1）电气类火灾是怎么发生的？

① 电线失修；② 电线绝缘层受损、芯线裸露；③ 超负荷用电；④ 短路。

（2）液化气体火灾是怎样发生的？

气体在储存、搬运或使用过程中发生泄漏，遇到明火后发生燃烧导致火灾。

（3）危险化学品火灾怎样发生的？

危险化学品在储存、搬运或使用过程中发生泄漏，遇到明火或受热、撞击、摩擦，导致这些物品发生剧烈的化学反应，放出大量的热而造成火灾。

（4）生活用火引发的火灾是怎样产生的？

① 吸烟；② 照明；③驱蚊；④小孩玩火；⑤燃放烟花爆竹；⑥使用易燃品。

（三）常见火灾的扑救方法

1. 火灾扑救的基本方法

（1）窒息减灭法：用湿棉被、沙等覆盖在燃烧物表面，使燃烧物缺氧而灭火。

（2）冷却减灭法：将水或灭火剂直接喷洒在燃烧物上面，使燃烧物的温度下降，从而终止燃烧。

（3）隔离减灭法：将燃烧物体与邻近的可燃物隔离，从而终止燃烧。

（4）抑制法：将灭火剂喷在燃烧物体上，使灭火剂参与燃烧反应，达到抑制火灾的目的。

2. 火灾扑救的注意事项

（1）为保证灭火人员安全，发生火灾后，应首先切断电源。然后才可以使用灭火剂灭火。

（2）密闭条件好的小面积室内火灾，应先关闭门窗以阻止新鲜空气的进入，紧闭并淋湿水，以阻止火势蔓延。

（3）对受到火势威胁的易燃易爆物品等，应做好防护措施，如关闭阀门等，并及时撤离在场人员。

（四）常见火灾预防

1. 预防火灾的基本措施

要预防火灾，就要消除燃烧的条件，其基本措施是：

（1）管制可燃物；

（2）隔绝助燃物；

（3）消除着火源；

（4）加强教育，强化防火防灾的意识。

2. 电气类火灾的预防

（1）严禁非专业电工安装、修理电器；

（2）选择适宜的电线，保护好电线绝缘层，发现电线老化要及时更换；

（3）严禁超负荷运载；

（4）接头必须牢固、避免接触不良；

（5）禁止用铜丝代替保险丝；

（6）定期检查，加强管理。

3. 化学品库火灾的预防

（1）化学品库的容器、管道要保持良好状态，严防跑、冒、滴、漏；

（2）化学品库存放场所，严禁一切明火；

（3）分类储存，性质相抵触、灭火方法不一样的危险化学品绝对不可以混放；

（4）从严管理、加强监督；

（5）严禁烟火。

（五）灭火器的范围及使用方法

1. MFT 型推车灭火器

（1）适用于扑救由石油类产品、可燃气体、易燃液体、电气设备等引发的火灾。

（2）使用时取下喷枪，伸展胶管，按逆时针方向转动手枪至开启位置，双手紧握软管，用力紧压开关头，对准火焰根部，喷射推进。

2. 干粉灭火器

（1）适用于扑救由液体、气体、电器、固体引发的火灾，能够抑制燃烧的连锁反应。

（2）使用时先将保险锁拔掉，然后一手握紧喷头，一手下压开启开关压把，对准火焰根部，喷射推进。

四、三废处理

（一）甲醇生产对环境的污染

1. 废气

（1）甲醇膨胀槽出来的膨胀气，其中含有较多的一氧化碳和有机毒物。

（2）精馏时预塔顶排放出的不凝气体。

（3）其他如精馏塔顶还有少量含醇不凝性气体等。

（4）锅炉排放烟气，烟气中含粉尘。

（5）备煤系统中的煤的输送、破碎、筛分、干燥等过程中产生的粉尘。

2. 废水

（1）甲醇分离器排放的油水，各输送泵填料的漏液。

（2）甲醇生产中对水源污染最严重的是精馏塔底排放的残液。

（3）气化工段气液分离出来的含煤水。

3. 废渣

废渣主要来自气化炉炉底排渣及锅炉排渣，气化炉二级旋风分离器排灰。

（二）处理方法

1. 废气处理

甲醇精馏系统各塔排放的不凝性气体送去燃料气系统作燃料；甲醇膨胀槽排放的膨胀气也送去燃料气系统；气提塔（T2001）排放的解析气送去气化系统火炬燃烧；脱硫工段的酸性气体去硫回收系统；锅炉烟道气经高效旋风分离除去烟尘85%，后送至备煤系统回转干燥机，利用锅炉烟道气余热加热原料回收余热、湿式除尘器二次除尘后，引风机送至烟囱排入大气；原料煤破碎、筛分产生的粉尘，经布袋除尘后排入大气。

2. 废水处理

以有机物为主要污染物的废水，只要毒性没达到严重抑制作用，一般都可以用生物法处理，一般认为生物方法是去除废水中有机物最经济最有效的方法，特别对于BOD浓度高的有机废水更适宜。生物处理法，即厌氧与好氧联合生物处理法，此法是近年来开发成功的、以深度处理高浓度有机污水的生化水处理工艺，其典型的工艺流程如图3-2所示：

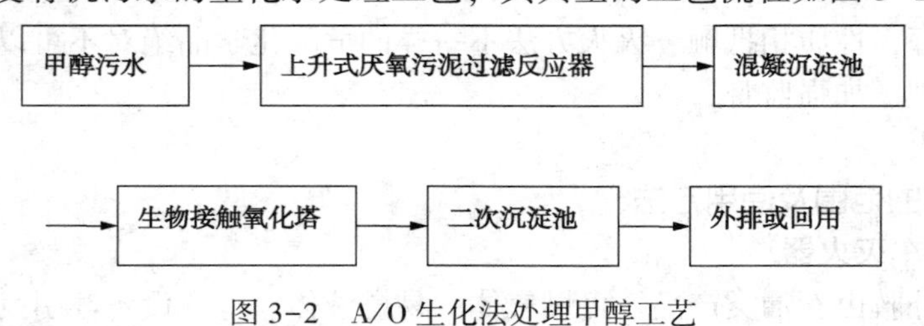

图3-2　A/O生化法处理甲醇工艺

A/O法处理甲醇废水的优点主要表现在：该法既发挥了厌氧生化能处理高浓度有机污水的优点，又避免了生物接触氧化法抗负荷冲击力弱的缺点，能够较为彻底地消解废水中的主要污染物甲醇，基本上不需要更深程度的处理措施。

3. 废渣处理

气化炉炉渣及锅炉渣，经过高温煅烧，含残炭很少，用于基建回填、铺路是很好的材料。

五、安全卫生防护措施

1. 车间有毒气体最高允许浓度(见表3-5)及保证不超标的措施

表3-5　车间有毒气体最高允许浓度

物质	一氧化碳	氨	硫化氢	甲醇	氧化氮	二氧化硫
最高允许浓度/(mg/m^3)	30	30	10	50	5	10

防止超标的措施：

(1) 消除跑冒滴漏，按无泄漏工厂标准进行设备和管道的管理，使泄漏率降到2‰以下，力争达到0.5‰以下。

(2) 加强车间通风。

(3) 按照有关安全技术规程的规定，定点、定期进行尘毒检测，有条件应设置毒物自动分析报警装置，及时发现及时消除。

2. 一氧化碳中毒的症状、急救及预防措施

一氧化碳中毒是侵入血液中的一氧化碳与血红蛋白结合，使血液失去携氧的能力，结果令全身组织陷入缺氧的状态。表现为：轻度中毒头痛、心悸、恶心、呕吐、全身乏力、昏厥等症状体征，重者昏迷、抽搐，甚至死亡。

急救方法如下：

(1) 迅速将中毒者撤离毒区，静卧在通风良好的地方，注意保暖。

(2) 解开中毒者的衣领、裤带及一切不利于呼吸的物件，面部朝上，保证呼吸道畅通。

(3) 对中毒较重者，应迅速报告医务人员给予吸氧，如呼吸停止要立即施行心脏挤压术。

预防措施：在生产场所中，应加强自然通风，防止输送管道和阀门漏气，有条件时，可用CO自动报警器。生产车间，应严格遵守操作规程，并宣传普及预防知识。进入CO浓度较高的环境内，须戴供氧式防毒面具进行操作。

3. 甲醇中毒症状和急救

甲醇主要经呼吸道及消化道吸收，皮肤也可部分吸收，吸收后迅速分布于各组织器官，含量与该组织器官的含水量成正比。其中毒机理主要为甲醇的氧化产物新生态甲醛或甲酸盐与细胞内的蛋白质相结合所致。

1) 中毒症状

(1) 轻度中毒时，病人可呈现醉酒状态，有头痛、头晕、乏力、兴奋、失眠、步态不稳等症状。

(2) 中度中毒者恶心、呕吐、腹痛、腹泻，可并发肝炎和胰腺炎，出现听幻觉、视幻觉、视物模糊、四肢厥冷等症状。

(3) 重度中毒者，可有面色苍白、发绀、呼吸和脉搏加快、出冷汗、意识模糊、谵妄、昏迷、休克，最后因呼吸和循环衰竭而死亡。

（4）精神症状可有多疑、恐惧、狂躁、幻觉、淡漠、抑郁等。

2）急救处理

（1）口服中毒者，可用小苏打水或肥皂水灌服催吐，反复几次，彻底洗胃，并给予50%硫酸镁60mL导泻。

（2）无论急性或慢性中毒都尽量不要让患者眼睛见光，如果甲醇溅入眼睛或皮肤，则应该用大量清水冲洗。

（3）吸入中毒者，应迅速撤离现场，移至空气新鲜、通风良好的地方，保持呼吸道的通畅。必要时给予氧气和兴奋剂。

（4）对症急救。对于昏迷、休克者应令其平卧、头稍低并偏向一侧，及时清除口腔内容物，防止异物吸入呼吸道引起窒息。要避免眼睛受光线照射，可以给患者戴上有色眼镜或眼罩，或用纱布遮盖双眼。

4. 甲醇生产中的防火和防爆

工艺介质的易燃与易爆是相互关联的，防爆的首要措施是防火，所以甲醇生产的安全，首要先从防火做起。根据甲醇生产的特点，应采取下列防火措施：

（1）储存输送甲醇的储罐、管线附近严禁火源，并有明显的指示牌和标志。

（2）厂房内不存放易燃物质，地沟保持通畅，防止可燃气体、液体积聚，加强厂房内通风。

（3）电气设备须选用防爆型，电缆、电源绝缘良好，防止产生电火花。接地牢靠，防止产生静电。

（4）备有必须的消防器材。

爆炸可分为化学爆炸与物理爆炸。甲醇生产发生这两种爆炸的可能性同样存在，为防止爆炸应该注意如下几点：

（1）严格执行受压容器、受压设备使用、管理有关规定，操作人员必须经过严格训练。

（2）不准任意改变运行中的工艺参数，不得超温、超压及提高设备的使用等级。

（3）受压容器、管线的安全设施齐全，且证明确实灵敏可靠，如安全阀、压力表、防爆板及各种连锁信号、自动调节装置等。

（4）严格执行防火规定及安全技术措施，严格控制可爆介质不得达到爆炸范围。

项目三 空气分离

空气分离，简称空分，利用空气中各组分物理性质不同，采用深度冷冻、吸附、膜分离等方法从空气中分离出氧气、氮气，或同时提取氦气、氩气等稀有气体的过程。

空气分离的目的，一是提供气化过程所需的氧气，二是提供气化、净化、燃机系统所需的惰性气体。

空气是一种主要由氧、氮、氩等气体组成的复杂气体混合物，其主要组成见表3-6，除

表3-6中所列的固定组分外，空气中还含有数量不定的灰尘、水分、乙炔以及二氧化硫、硫化氢、一氧化氮、一氧化二氮等微量杂质。

表3-6　空气的主要组成

组成	分子式	体积分数/%	质量/%	相对分子质量
氧	O_2	20.85	23.1	32.00
氮	N_2	78.09	75.6	28.016
氩	Ar	0.932	1.286	39.944
二氧化碳	CO_2	0.03	0.046	44.010
氖	Ne	$(15\sim18)\times10^{-4}$	1.2×10^{-3}	20.183
氦	He	$(4.9\sim5.3)\times10^{-4}$	0.7×10^{-4}	4.003
氪	Kr	1.08×10^{-4}	3×10^{-4}	83.80
氙	Xe	0.08×10^{-4}	0.4×10^{-4}	131.30
氢	H_2	0.5×10^{-4}	0.036×10^{-4}	2.016
臭氧	O_3	$(0.01\sim0.02)\times10^{-4}$	0.2×10^{-4}	48.00

一、空气分离方法及发展史

工业制取氧氮的主要方法是分离空气。分离空气的主要方法有低温精馏法、变压吸附法、薄膜渗透法、化学吸收法。其中应用最广泛的是低温精馏法。

1. 低温精馏法

低温精馏法的主要工作原理是将空气压缩液化，除去杂质并冷却后，根据各组分沸点的不同，经精馏塔精馏分离，而得到所需产品。低温法空分工业自1902年德国制成第一套装置以来，迄今已有90多年的发展历史。近年来，分子筛脱除水和二氧化碳技术在空分装置中得到重视和应用；到20世纪80年代初，国外大型空分设备单套生产能力已达到$7.4\times10^4m^3/h$。大规模工业生产氧气、氮气以此法最为经济，在空气分离方法中占有牢固的统治地位。其优点是：① 主换热器只起低温产品气体和环境温度原料气热交换作用，其冷损失可尽可能地降低；② 所需交换的热量减少到最小，所以换热器的换热面积也最小。

目前低温法分离空气的主要流程有两种，一是能同时分离氧、氮的双塔流程，另一种是能同时生产氧、氮和氩的三塔流程。随着压缩机加工制造技术的发展，深冷法已逐步由往复式压缩机向离心式和螺杆式压缩机发展，使用寿命增加到10万小时以上。空气净化技术也由化学溶液处理发展为分子筛纯化，既提高了净化效率，又改善了操作环境。

近几年低温法的发展，主要还有以下几方面：

（1）液氧泵内压缩流程：目前，大型空分装置除采用高效和大制冷量的带增压风机的空气汽轮膨胀机和高压氮气汽轮膨胀机外，还采用高压液氧泵在冷箱内对产品液氧进行压缩而后再气化的液氧内压缩流程。

（2）大型低温制氮设备：

原理流程是将空气压缩后通过分子筛吸附器清除水分、CO_2和烃类杂质，经换热降温，再经低温精馏塔分离制得氮气。

（3）填料塔：20世纪80年代初瑞士苏尔寿公司开发了不同结构的规整填料，获得专利。采用填料塔可增大塔负荷调节范围，常规的筛板塔的负荷调节范围在70%~110%之间，而规整填料塔负荷调节范围为30%~110%。应用规整填料代替板式塔还可使上塔压力降低，从而获得节能效果。据美国 APCI 公司报道：规整填料应用于下塔可节能 2.5%，而应用于上塔则可节能 8%。如果维持原来板式塔的压力降操作，则使用规整填料可增加分离级数，而氧的提取率是随着分离级数的增加而提高的。

由此可见，低温法的发展趋势是：①大型化，最大达到 $2.2\times10^5 m^3/h$ 氮气；②采用规整填料，优点是流量大、阻力小、操作弹性大、效率高；③与其他过程相结合，降低能耗，提高整体总效率。

2. 变压吸附法(PSA 法)

20 世纪 70 年代 PSA 法开始应用于分离空气制取氧气、氮气。其机理是：① 利用沸石分子筛对氮的吸附亲和力高于对氧的吸附亲和力，分离氧气、氮气；② 利用氧气在碳分子微孔系统狭窄空隙中的扩散速度大于氮气的扩散速度，在远离平衡条件下分离氧、氮。

变压吸附法制氧、氮是在常温下进行的，工艺过程有加压吸附、常压解吸、常压吸附、真空解吸。吸附剂对气体的吸附量随着压力的升高而增加，随着压力的降低而减少，在降低压力的过程中，放出被吸附的气体，使吸附剂再生。变压吸附技术受到两个关键技术的限制：一是高效吸附剂的开发；二是频繁开关的阀门可靠性和灵活性的提高。变压吸附空分一般采用二塔、三塔或四塔流程，也有五塔甚至十二塔流程。产品纯度可达 4 个 9 至 5 个 9，收率从 26%提高到 40%，可与深冷法空分媲美。

3. 薄膜渗透法

气体膜分离是利用有些金属或具有特殊选择分离的有机高分子和无机材料，制成不同结构形态的膜，在一定驱动力下(如温度、压力差等)，使双元或多元组分透过膜的速率不同而达到气体分离的目的。尚不成熟，基本未得到工业应用。

4. 化学吸收法

化学吸收法是指高温碱性混合熔盐在催化剂作用下能吸收空气中的氧，再经降压或升温解吸放出氧气，其代表是 20 世纪 80 年代开发的 Moltox 系统。

从表 3-7 中可以看出，空气的临界温度为-140.65℃(132.51K)，临界压力约为 3.89(38.4 个大气压)。各种物质的临界常数，是由物质的本性所决定的，要使其液化，必须达到临界温度点以下才能实现，对空气来说，只有将空气冷却到-140.65℃(132.51K)，以下才有可能液化。在临界温度时，只有把空气压缩到临界压力或高于此压力才有可能液化。若空气压力低于临界压力时，必须将空气冷却到比临界温度更低的温度，才能使其液化。

表 3-7　空气、氧、氮等气体的基本物化常数

名称	分子式	相对分子质量	密度(标况)/(kg/m^3)	正常沸点/K(℃)	液体密度/(kg/m^3)	临界点/K(℃)	三相点
空气	—	28.95	1.2930	78.81(-194.35)	861(-194℃)	132.51(-140.65)	—
氧气	O_2	32.00	1.4200	90.19(-182.97)	1140(-182.8℃)	154.34(-118.82)	54.39/-218.77
氮气	N_2	28.02	1.2507	77.35(-195.81)	808(-196℃)	126.03(-147.13)	63.14/-210.01
氩气	Ar	39.94	1.7820	87.46(-185.7)	1374(-183℃)	150.73(-122.43)	83.82/-189.34
二氧化碳	CO_2	44.01	1.9970	194.96(-78.2)(升华)	1155(-50℃)	304.26(31.1)	216.56/-56.6
乙炔	C_2H_2	26.02	1.1747	189.56(-83.6)(升华)	613(-80℃)	308.71(35.55)	191.65/-81.5

二、空气分离方法比较

几种空气分离方法的比较见表 3-8，氧气一般都通过深冷空气分离制取。

表 3-8　深冷空分制氧工艺、膜分离工艺、变压吸附制氧工艺的比较

项　目	深冷空分法	膜分离空分法	变压吸附空分法
分离原理	将空气液化，根据氧和氮沸点不同达到分离	根据不同气体分子在膜中的溶解扩散性能的差异来完成分离	加压吸附，降压解吸，利用氧氮吸附能力不同达到分离
装置特点	工艺流程复杂，设备较多，投资大	工艺流程简单，设备少，自控阀门少，投资较大	工艺流程简单，设备少，自控阀门较多，投资省
工艺特点	-190~-160℃低温下操作	常温操作	常温操作
操作特点	启动时间长，一般在 15~40h，必须连续运转，不能间断运行，短暂停机，恢复工况时间长	启动时间短，一般≤20min，可连续运行，也可间断运行	启动时间短，一般≤30min，可连续运行，也可间断运行
维护特点	设备结构复杂，加工精度高，维修保养技术难度大，维护保养费用高	设备结构简单，维护保养技术难度低，维护保养费用较高	设备结构简单，维护保养技术难度低，维护保养费用低
土建及安装特点	占地面积大，厂房和基础要求高，工程造价高； 安装周期长，技术难度大，安装费用高	占地面积小，厂房无特殊要求，造价低； 安装周期短，安装费用低	占地面积小，厂房无特殊要求，造价低； 安装周期短，安装费用低
产气成本	0.5~1.0kW·h/Nm^3	以 RICH 膜分离制氮设备单位产气量能耗为例：单位产 98%纯度氮气的电耗为 0.29kW·h/Nm^3	以 RICH 常温变压吸附制氮设备单位产气量能耗为例：单位产 98%纯度氮气的电耗为 0.25kW·h/Nm^3
安全性	在超低温、高压环境运行可造成碳氢化合物局部聚集，存在爆炸的可能性	常温较高压力下操作，不会造成碳氢化合物的局部聚集	常温常压下操作，不会造成碳氢化合物的局部聚集
可调性	气体产品产量、纯度不可调，灵活性差	气体产品产量、纯度可调，灵活性较好	气体产品产量、纯度可调，灵活性好
经济适用性	气体产品种类多，气体纯度高，适用于大规模制气、用气场合	投资小、能耗低，适用于氮气纯度 79%~99.99%的中小规模应用场合。膜分离制氮能耗在氮气纯度 99%以下和变压吸附制氮能耗相差不大，氮气纯度 99.5%以上经济性比变压吸附差。膜分离制氧工艺尚不成熟，一般产氧纯度 21%~45%，基本未得到工业应用	投资小、能耗低，适用于氧气纯度 21%~95%、氮气纯度 79%~99.9995%的中小规模应用场合。RICH 牌节能型变压吸附系列制氮装置经济性优异，特别是氮气纯度 99.9%以上的设备更体现了变压吸附空分法的无与伦比的优势

注：其他供气方式是基于上述空分制气产业基础上的产业延伸，供气过程产生了中间环节的费用，增加了用气成本，可操作性差，其中运输式和钢瓶式供气存在较大安全隐患。

空气分离的过程(见图 3-3)应包括以下步骤:

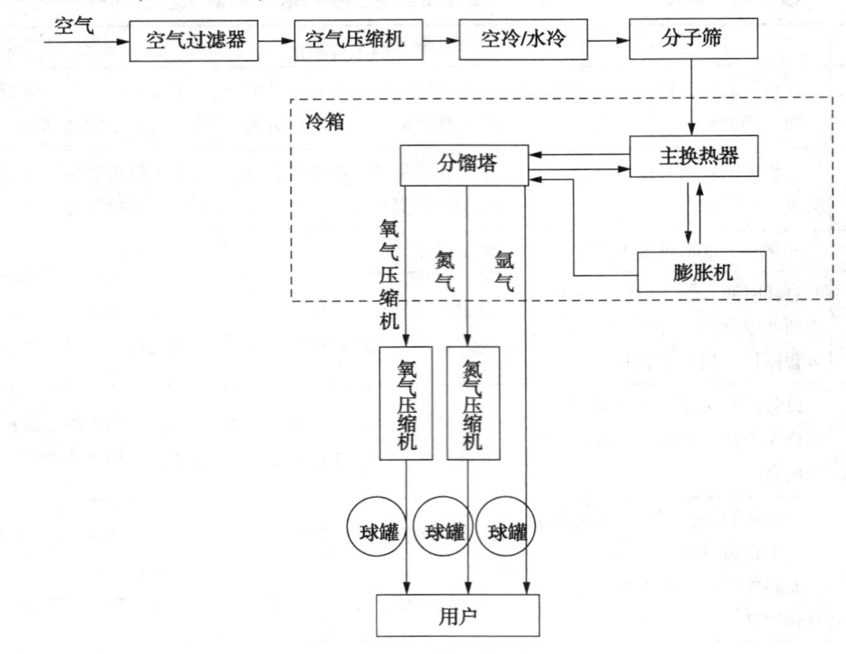

图 3-3　空气分离过程示意图

(1) 空气的压缩。将经过滤器清除了灰尘和其他机械杂质的空气，在空气压缩机中压缩到工艺流程所需的压力，其中一小部分空气在纯化后再经与膨胀机同轴异端的匹配增压到更高压力。空气由于压缩而产生的热量由空气冷却器中的冷却水带走。

(2) 空气中水分和二氧化碳的清除。空气中的水分和二氧化碳由于凝固点较高，在进入空分装置低温设备后将会形成冰和干冰，堵塞低温设备的通道，而影响空分装置的正常工作。为此需要利用分子筛纯化器预先把空气中的水分和二氧化碳清除掉。进入分子筛纯化器的空气温度约为 8℃，出纯化器的空气温度由于分子筛吸附而产生的吸附热约上升至 14℃左右。

(3) 空气被冷却到液化温度。空气的冷却是在主换热器中进行的，在主换热器中，空气被来自精馏后的返流产品气体和污氮气冷却到接近液化温度，产品气体及污氮气则被复热到接近常温。

(4) 冷量的制取。为了确保和维持装置正常生产运行所需的热量平衡，克服由于绝热跑冷、换热器复热不足及直接从冷箱中向外排放低温液体等引起的冷量损失，需要不断地向装置补充冷量，装置所需的补充冷量是由等温节流效应和压缩空气在膨胀机中绝热膨胀对外做功而制取的。

(5) 空气的液化。空气的液化是进行氧、氮分离的首要条件，空气在主热交换器中被返流气冷却到接近液化温度，并在下塔实现空气的液化。

氮气和液氧的热交换是在冷凝蒸发器中进行的。由于氮气和液氧两种流体所处的压力不同，所以在氮气和液氧的热交换过程中，氮气被液化而液氧被蒸发。氮气和液氧分别由下塔和上塔供给，这是保证上、下塔精馏过程的进行所必须具备的条件。

(6) 精馏。空气的精馏是在精馏塔中进行的。在下塔中空气被初次分离成富氧液体空气(液空)和氮气，液空由下塔底部抽出后，经节流送入与液空组分相近的上塔塔板上，一部分液氮由下塔顶部抽出后经节流送入上塔副塔顶部。液空和液氮在节流前先在过冷器中过冷，减少节流汽化，在下塔中部另又抽出部分污液氮经节流送入上塔副塔底部。

空气的最终分离是在上塔进行的。产品氧气由上塔底部抽出，而产品氮气则是在上塔副塔顶部抽出，并通过主换热器与进塔的加工空气进行热交换，复热到常温后送出冷箱。

(7) 危险杂质的清除。采用分子筛纯化流程，大部分碳氢化合物等危险杂质已在纯化器内清除掉，残留部分仍要进入塔内，并积储在冷凝蒸发器中。其间由于液氧的不断蒸发，将会有使碳氢化合物浓缩的危险，但只要从冷凝蒸发器中连续排放部分液氧就可防止碳氢化合物的浓缩。

空气中所含的杂质通常是指：水分、二氧化碳、乙炔、机械杂质(灰尘)以及碳氢化合物等。这几种杂质根据地区、风向的不同而不同，一般情况下杂质的含量是有一定范围的，如表 3-9 所示。

表 3-9　空气中主要杂质含量(A：空气)

水蒸气/(g/cm^3A)	二氧化碳/(g/cm^3A)	乙炔/(g/cm^3A)	灰尘含量/(g/cm^3A)
4~40	0.6~0.9	0.01~0.1	0.005~0.01

从表 3-9 中可看出，空气中杂质含量是极少的。但由于空分装置是连续性生产，每小时加工空气量少则几万立方米，多则高达几十万立方米。所以，夹带在空气中的杂质积累便是一个相当大的量。它们一旦带入装置内，轻则堵塞设备管道，重则能引起不可设想的后果。所以，为保证空分装置长期安全运转，有必要将这些杂质清除。

一、机械杂质(灰尘)的清除

空气中的机械杂质如果带进压缩机中，会引起叶片及导流器的磨损，带进冷却器中会使其表面结垢，传热效率下降，阻力增加。

常用的空气过滤器分湿式和干式两类。湿式包括拉西环式和油浸式；干式包括袋式、干带式和自洁式空气过滤器等。

二、水分、二氧化碳以及乙炔等碳氢化合物的清除

由于空分装置是在低温下工作的(最低点达-192℃)。所以，如果带进水分和二氧化碳，则以冰和干冰形式析出，使管道容器堵塞、冻裂，直接危害生产。乙炔进入装置，在含氧介质中受到摩擦、冲击或静电放电等作用，会引起爆炸。

脱除水分、二氧化碳、乙炔的常用方法有吸附法和冻结法等。视装置不同特点，采用不

同方法。在此仅介绍大型空分装置所用的空气预冷和分子筛吸附法。

1. 空气冷却系统

空气冷却系统是空气分离设备的一个重要组成部分，它位于空气压缩机和分子筛吸附系统之间，用来降低进分子筛吸附系统空气的温度及$H_2O(g)$、CO_2含量，合理利用空气分离系统的冷量。

在填料式空气冷却塔(简称空冷塔)的下段，出空气压缩机的热空气被常温的水喷淋降温，并洗涤空气中的灰尘和能溶于水的NO_2、SO_2、Cl_2、HF等对分子筛有毒害作用的物质；在空冷塔的上段，用经污氮降温过的冷水喷淋热空气，使空气的温度降至10~20℃。

2. 分子筛吸附法

自20世纪70年代后，在全低压空分设备上，逐渐用常温分子筛净化空气的技术来取代原先使用的碱洗及干燥法脱除水分和二氧化碳的方法。此法让空冷塔预冷后的空气，自下而上通过分子筛吸附器(以下简称吸附器)，空气中所含有的H_2O、CO_2、C_2H_2等杂质相继被吸附剂吸附清除。吸附器一般设有两台，一台吸附时另一台再生，两台交替使用。此种流程具有产品处理量大、操作简便、运转周期长和使用安全可靠等许多优点，成为现代空分工艺的主要技术。

空气分离系统中常用的吸附剂有硅胶、活性氧化铝和分子筛等。

在45000Nm^3/h空分装置中，空气中每小时带进水量约为1180~11800kg，带入二氧化碳量约为161kg左右。空分中乙炔的清除是一项很重要的防爆措施。通常空气中的乙炔含量极少，约为0.01~0.1μL/L，若空气中乙炔含量为0.1μL/L，在1个绝对大气压下其分压为7.4×10^{-5}mmHg(1mmHg≈133.32Pa，余同)，即使加压到6个绝对大气压并冷却后，其分压是0.00044mmHg，远远低于乙炔三相点压力(962mmHg)，这时相应的凝固温度在-176℃以下，低于6个绝对大气压下空气的液化温度。因此，在可逆式换热器中不会有乙炔析出，乙炔则随空气进入精馏装置。

乙炔在液空中具有一定的溶解度，从表3-10中可以看出，乙炔在液空中的溶解度约为22cm^3/Nm^3气体。所以，乙炔一般情况下不会在液空中析出，而以分子形式溶解在液空中。乙炔在-183~-176℃时，在液氧中的溶解度约为8.8cm^3/L液氧、5.9cm^3/L液氧(折算为气态)。过剩的乙炔则以白色固体微粒悬浮在液氧中。固体乙炔有很活泼的化学活性，在一定条件下有爆炸的危险，在长期运行中必须加以清除。

45000Nm^3/h空分装置每小时随空气带进精馏装置的乙炔量约0.00346~0.0346kg，为了确保装置的安全运行，这些有机杂质在分子筛纯化系统中必须得以净化合格。

表3-10　乙炔的溶解度　　Ncm^3/Nm^3气体

名　称	-169℃	-173.6℃	-174.4℃	-190℃
液氧	28.8	13.5	12.9	3.6
液氮	25	25	25	6.4
液空	24	—	21.5	—
38%富氧液空	—	—	19.4	5.1

分子筛纯化系统完成吸附杂质、净化空气是通过吸附剂实现的，在分子筛吸附器内的吸附床上充填的吸附剂主要是分子筛和氧化铝，其中氧化铝主要吸收水分，二氧化碳和乙炔等烃类杂质主要通过分子筛吸附净化。在相对湿度100%(即饱和)的空气中，活性氧化铝的

吸湿性能更优于分子筛(如图 3-4 所示)。

分子筛净化空气的原理：吸附是由于吸附力的存在而产生的，吸附力是分子间的作用力，它与气体分子、吸附剂分子的本身性质有关。分子筛有晶格筛分的特性，气体分子的平均直径必须小于其微孔的直径，才能抵达吸附表面。利用这种筛分的特性，可有效分离气体混合物。当吸附剂吸附饱和后，就要在低压高温条件下进行再生。再生越完全，再工作时吸附效果就越好。

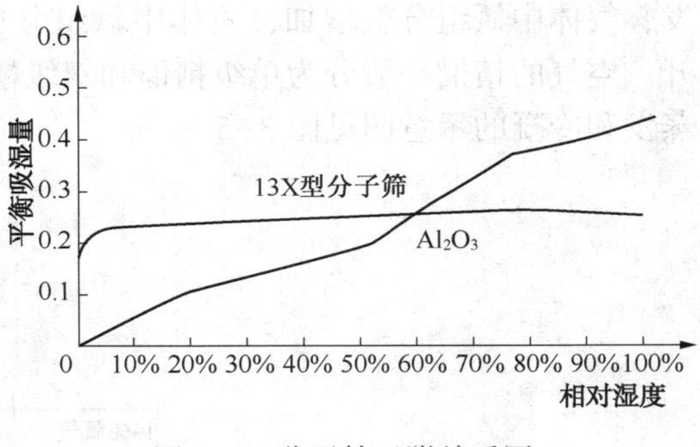

图 3-4　分子筛吸附关系图

大型空分设备分子筛净化流程基本都采用 13X 型分子筛(钠型硅铝酸盐晶体)，均匀的孔径约为 10×10^{-7} mm，堆密度为 600～700kg/m^3，比表面积为 800～1000m^2/g，孔隙率为 50%，机械强度大于 90%，对水分的吸附容量约为 28.5%，对二氧化碳的吸附容量大约为 2.5%，在吸附水分、二氧化碳的同时对乙炔等有机化合物有共吸作用。

深度冷冻法分离空气是将空气液化后，再利用氧、氮的沸点不同将它们分离。为了讨论的方便，可将空气看做是由氧气和氮气组成的二元组分，即认为空气中含氧 20.9%，氮气 79.1%。利用氧、氮沸点的差异这一性质，来分离空气的一种方法。

一、空气的相平衡

一般情况下，物料精馏是在汽、液两相进行的。空气中氧和氮占到 99.04%，因此，可近似地把空气当作氧和氮的二元混合物。氧、氮可以任意比例混合，构成不同浓度的气体混合物及溶液。对于氧氮二元溶液，当达到汽液平衡时，它的饱和温度不但和压力有关，而且和氧、氮的浓度有关。随着溶液中低沸点组分(氮)的增加，溶液的组成和温度降低，这是氧-氮二元溶液的一个重要特性。空气中含氩 0.93%，其沸点又介于氧、氮之间。

在空气分离的过程中，氩对精馏的影响较大，特别是在制取高纯氧、氮产品时，必须考虑氩的影响。一般在较精确的计算中，又将空气看作氧-氩-氮三元混合物，其浓度为氧 20.95%，氩 0.93%，氮 78.09%(按体积分数)。

二、液态空气的精馏

精馏的简单原理是利用两种物质的沸点不同，多次地进行混合蒸汽的部分冷凝和混合液体的部分蒸发过程来实现分离目的。

空气的精馏则是利用氧组分与氮组分沸点的不同，在蒸气与液体经过塔板相互接触时，高沸点的氧组分不断从蒸气中冷凝下来进入液体，低沸点的氮组分不断从液体中蒸发变成蒸气。使下流液体中的含氧量越来越高，上升蒸气中的含氮量越来越高，直到空气分离为氧、氮产品。

多次的部分蒸发和部分冷凝过程的结合称为精馏过程。每经过一次部分冷凝和部分蒸发，气体中氮组分就增加，液体中氧组分也增加。这样经过多次便可将空气中氧和氮分离开。空气的精馏一般分为单级精馏和双级精馏。因而有单级精馏塔和双级精馏塔。液空多次蒸发和冷凝的示意图见图 3-5。

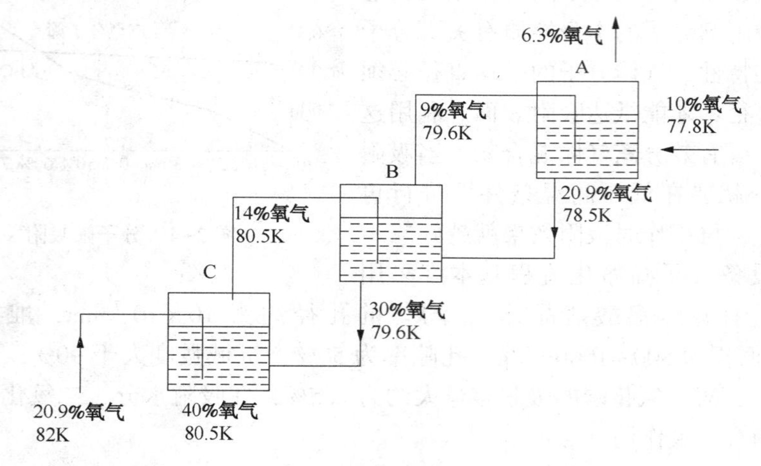

图 3-5　液空多次蒸发和冷凝的示意图

1. 单级精馏塔

单级精馏塔有两类，一类制取高纯度液氮(或气氮)；一类制取高纯度液氧(或气氧)。图 3-6 所示为制取高纯度液氮(或气氮)的单级精馏塔，它由塔釜、塔板及筒壳、冷凝蒸发器三部分组成。塔釜和冷凝发器之间装有节流阀。压缩空气经换热器和净化系统，进行热质交换，只要塔板数目足够多，在塔的顶部能得到高纯度气氮(纯度为 99%以上)。该气氮在冷凝蒸发器内被冷却而变成液体，一部分作为液氮产品，由冷凝蒸发器引出，另一部分作为回流液，沿塔板自上而下的流动。回流液与上升的蒸气进行热质交换，最后在塔底得到含氧较多的液体，叫富氧液空，或称釜液，其含氧量约 40%左右。釜液经节流阀进入冷凝蒸发器的蒸发侧(用来冷却凝侧的氮气)被加热而蒸发，变成富氧气体引出。如果需要获得气氮，则可从冷凝蒸发器顶盖下引出。因釜液与进塔的空气处于接近平衡的状态，该塔仅能获得纯氮。

图 3-7 所示为制取纯氧(99%以上)的单级精馏塔，它由塔体及塔板、塔釜和蛇管蒸发器组成。被冷却和净化过的压缩空气经过蛇管蒸发器时逐渐被冷凝，同时将它外面的液氧蒸发。冷凝后的压缩空气经过节流阀进入精馏塔的顶端。此时，由于节流降压，有一小部分液体汽化，大部分液体自塔顶沿塔板下流，与上升的蒸气在塔板上充分接触，含氧量逐步增加。当塔内有足够多的塔板数时，在塔底可以得到纯的液氧。所得产品氧可以气态或液态引出。该塔不能获得纯氮。由于从塔顶引出的气体和节流后的液空处于接近相平衡状态，因而它的摩尔分数约为 93%N_2。

综上所述，单级精馏分离空气是不完善的，不能同时获得纯氧和纯氮，只有在少数情况下(如仅需纯氮或富氧)使用。为了弥补单级精馏塔的不足，便产生了双级精馏塔。

2. 双级精馏塔

双级精馏的空分装置(见图 3-8 和图 3-9)是从下塔顶部抽出纯氮气，从下塔下部抽出污液氮作为上塔回流液，而在上塔塔顶只得到污氮气。双级精馏塔由下塔、上塔和上下塔之间的冷凝蒸发器组成。经过压缩、净化并冷却后的空气进入下塔底部自下而上地穿过每块塔板，至下塔顶部便得到一定纯度的气氮。下塔塔板数越多，气氮纯度越高。氮进入冷凝蒸发器的冷凝侧时，由于它的温度比蒸发侧液氧温度高，被液氧冷却变成液氮。一部分作为下塔回流液，沿塔板流下，至下塔塔釜便得到含氧(36%~40%)的富氧液空；另一部分聚集在液氮槽中经液氮节流阀后，送入上塔顶部作上塔的回流液。

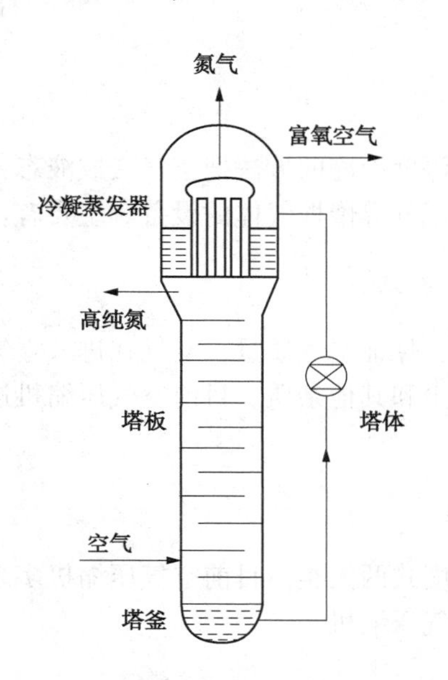

图 3-6　制取高纯氮的单级精馏塔

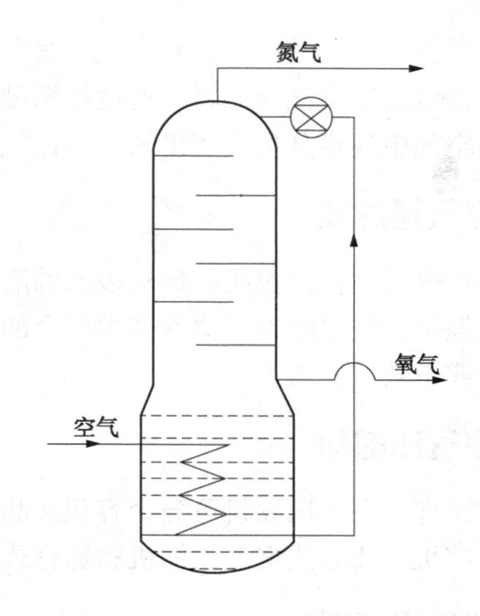

图 3-7　制取纯氧的单级精馏塔

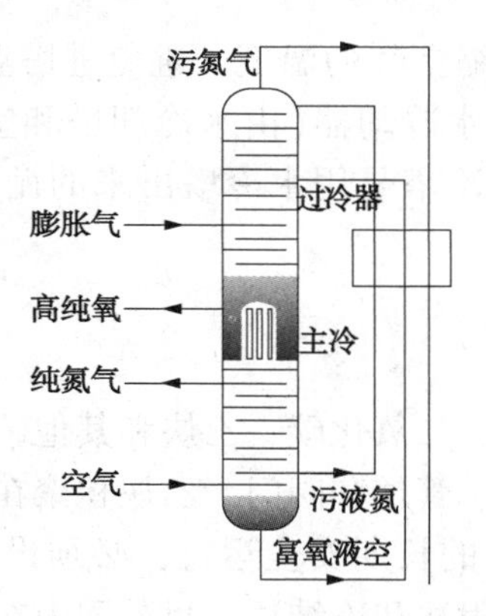

图 3-8　双级精馏塔

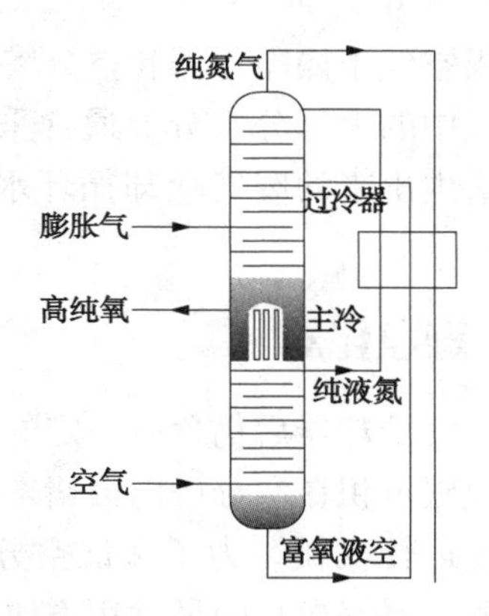

图 3-9　常见双级精馏塔

下塔塔釜中的液空经节流阀后送入上塔中部，沿塔板逐块流下，参加精馏过程。只要有足够多的塔板，在上塔的最下一块塔板上就可以得到纯度很高的液氧。液氧进入冷凝蒸发器的蒸发侧，被下塔的气氮加热蒸发。蒸发出来的气氧一部分作为产品引出；另一部分自下而上穿过每块塔板进行精馏。气体越往上升，其中氮的摩尔分数越高。

双级精馏塔可在塔顶部和底部同时获得纯氮和纯氧；也可以在冷凝蒸发器的蒸发侧和冷凝侧分别取出液氧和液氮。塔中空气的分离过程分为两级，空气首先在下塔进行第一次分离，获得液氮，同时得到富氧液空。富氧液空送往上塔进行进一步的精馏，从而获得纯氧及纯氮。上塔又分两段，一段是从液空进料口至上塔底部，是为了将液体中氮组分分离出来，提高液体中的含氧量，称为提馏段；从富氧液空进料口至上塔顶的一段称精馏段，它是用来进一步精馏上升气体，回收其中氧组分，不断提高气体中氮组分的摩尔分数。

冷凝蒸发器是连接上下塔使二者进行热量交换的设备，对下塔是冷凝器；对上塔是蒸发器。

空分设备就是以空气为原料，通过压缩循环深度冷冻的方法把空气变成液态，再经过精馏而从液态空气中逐步分离生产出氧气、氮气及氩气等惰性气体的设备。主要有：

一、空气过滤器

为减少空气压缩机内部机械运动表面的磨损，保证空气质量，空气在进入空气压缩机之前，必须先经过空气过滤器以清除其中所含的灰尘和其他杂质。目前空气压缩机进气多采用粗效过滤器或中效过滤器。

二、空气压缩机

按工作原理，空气压缩机可分为容积式和速度式两大类。目前空气压缩机多采用往复活塞式空气压缩机、离心式空气压缩机和螺杆式空气压缩机。

三、空气冷却器

用来降低进入空气干燥净化器和空分塔前压缩空气的温度，避免进塔温度大幅度波动，并可析出压缩空气中的大部分水分。通常采用氮水冷却器(由水冷却塔和空气冷却塔组成：水冷塔是用空分塔内出来的废气冷却循环水，空冷塔是用水冷塔出来的循环水冷却空气)、氟里昂空冷器。

四、空气干燥净化器

压缩空气经空气冷却器后仍含有一定的水分、二氧化碳、乙炔和其他碳氢化合物。被冷冻的水分和二氧化碳沉积在空分塔内会堵塞通道、管道和阀门，乙炔积聚在液氧内有爆炸的危险，灰尘会磨损运转机械。为了保证空分装置的长期安全运行，必须设置专门的净化设备，清除这些杂质。空气净化的最常用方法是吸附法和冻结法。目前国内在中小型制氮装置中广泛采用分子筛吸附法。

五、空气分馏系统

空气分馏系统内主要包括主换热器、液化器、精馏塔、冷凝蒸发器等。主换热器、冷凝蒸发器和液化器为板翘式换热器，是一种全铝金属结构新型组合式间壁式换热器，平均温差很小，换热效率高达98%~99%。精馏塔为空气分离的设备，塔设备的类型按内件划分，设置筛孔板的称筛板塔，设置泡罩板的称泡罩塔，堆放填料的称填料塔。筛孔板结构简单、便于制造、塔板效率高，因此在空分精馏塔中被广泛使用。填料塔主要用于直径小于0.8m，高度不大于 7m 的精馏塔。泡罩塔由于结构复杂、制造困难现已很少使用。

六、透平膨胀机

是制氧氮装置用来产生冷量的旋转式叶片机械，是一种用于低温条件下的气体透平。透平膨胀机按气体在叶轮中的流向分为轴流式、向心径流式和向心径轴流式；按气体在叶轮中是否继续膨胀又分为反击式和冲击式，继续膨胀为反击式，不继续膨胀为冲击式。空分设备中广泛采用单级向心径轴流反击式透平膨胀机。

深冷空分制氧氮设备复杂、占地面积大，基建费用高，设备一次性投资多，运行成本高，产气慢，安装要求高、周期长。

一、过滤、压缩、预冷

空气经吸风口吸入，进入空气过滤器滤除尘埃和机械杂质，再进入离心式空气压缩机进行压缩，压缩后气体进入空气冷却塔，在其中被水冷却和洗涤。空气冷却塔采用循环冷却水和来自水冷塔的低温水进行两级空气冷却，空气冷却塔顶部设有惯性分离器和丝网分离器，以分离空气中夹带的水分。

二、空气纯化

出空冷塔的空气进入分子筛纯化器。其中的水分、CO_2及部分碳氢化合物被吸附，分子筛纯化系统由两台分子筛吸附器、蒸汽加热器、备用电加热器组成，下层使用活性氧化铝，主要是利用其对水分具有较好的吸附能力及相对较低的脱附温度。上层采用分子筛主要利用其对水分、CO_2及部分碳氢化合物具有良好的吸附能力。空气从下向上依次经过活性氧化铝和分子筛，吸附一个周期后，两台纯化器切换以保证连续生产。

吸附后的纯化器再生过程：先逆向泄压，使纯化器压力降至大气压，然后用分馏塔来的污氮经蒸汽加热后进入纯化器对吸附剂进行加热再生，加热完毕后用冷污氮对吸附剂进行冷吹，以备下次切换使用，吸附器切换周期可根据具体工况而定。

三、空气低温精馏

出空气纯化系统的洁净工艺空气大部分进入冷箱内的主换热器，被返流出来的气体冷却，接近露点的空气进入下塔的底部，进行第一次分馏。在精馏塔中，上升气体与下流液体充分接触，传热传质后，上升气体中氮的浓度逐渐增加。在主冷凝蒸发器中，氮气冷凝，液氧汽化。在下塔中产生的液空和液氮，经过冷器过冷，节流后进入上塔，作为上塔的回流液，在上塔内，经过再次精馏，得到产品氮气、产品氧气、液氧及污氮。

四、冷量的制取

装置所需的冷量由透平膨胀机提供。出空气纯化系统的其余部分洁净空气进入被透平膨胀机驱动的增压机，使其压力提高。然后经增压后冷却器冷却，进入冷箱内的主换热器，冷却至一定温度后进入透平膨胀机。这股膨胀空气在膨胀机中膨胀制冷后进入上塔，参与精馏。

五、产品的分配

装置产出的氧气能满足气化装置生产需要外，同时产出的高纯度氮气可供给其他各用户。从下塔顶部抽出的压力氮气经主换热器复热后作为氧透的密封气及其他用途。出装置低压产品氧、氮气由各自的压缩机加压至要求压力后供用户，配置的氧压机排气量为 10000Nm^3/h，排出压力为 0.25MPa(表)，低压氮压机能力按各用户需要的连续总量配置，排气量为 2400Nm^3/h，排出压力为 0.5MPa(表)，另外配置中压氮压机，一方面可为用户提供 2.5MPa(表)等级的氮气，同时增压后气体送入储罐储存，可作为间断调峰及紧急状态的气源。配置液体储存蒸发系统，空分装置短时停车时，通过蒸发液体满足下游装置短时用氧、用氮。

六、工艺流程图

本实训工艺流程图见图 3-10。

1. 空气、氧气、氮气、氩气、蒸气管道的色标分别是什么颜色？

答：分别是深蓝色、天蓝色、黄色、银灰色、红色。

2. 在一个大气压下，氧、氮、氩的沸点由高往低的排列顺序是？

答：氧、氩、氮。

3. 节流温降的大小与哪些因素有关？

答：(1) 节流前的温度。节流前的温度越低，温降效果越大。

(2) 节流前后的压差。节流前后的压差越大，温降越大。

4. 氧的提取率？

答：在采用空气分离法制取氧气时，氧的提取率以产品氧中的总氧量与进塔加工空气中的总氧量之比来表示。

5. 分离空气有哪几种方法？哪种方法最经济？

答：(1)化学法。(2)电解法。(3)吸附法。(4)深度冷却法。最经济的是深度冷却法。

6. 简述空气深冷分离的原理？

答：先将空气压缩，再膨胀降温，冷却后液化，利用氧、氮沸点不同，在空分塔内，一定的压力、温度下，通过蒸气和液体的相互接触，蒸气中较多的氧被冷凝，液体中有较多的氮蒸发，通过多次接触，实现氧、氮分离的目的。

7. 分子筛吸附的原理？

答：分子筛内空穴占体积的50%左右，每克分子筛有 80~700m^{2}的表面积吸附产生在空穴内部，能把小于空穴的分子吸入孔内，把大于空穴的分子挡在孔外，起着筛分分子的作用。

8. 什么叫再生？

答：再生就是吸附的逆过程。由于吸附剂让被吸附组分饱和以后，就失去了吸附能力，

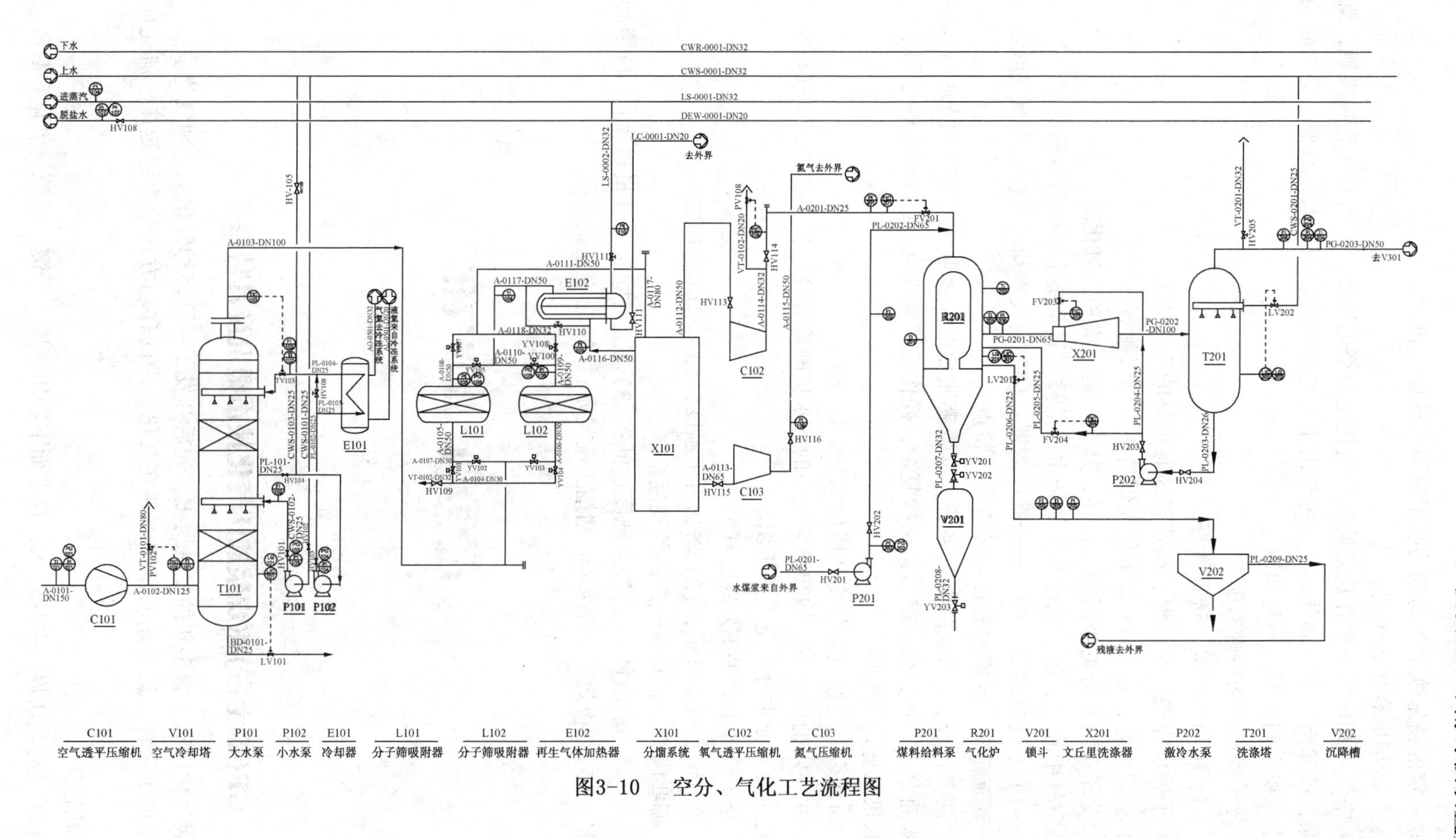

图3-10　空分、气化工艺流程图

必须采取一定的措施恢复吸附剂的吸附能力，这就是再生。

9. 空气冷却塔有什么作用？

答：空气冷却塔的主要作用是降低空气进空分塔的温度，空气和水直接接触，既换热又受到洗涤，清除空气中一部分杂质。另外由于空气冷却塔容积较大，对加工空气起到缓冲作用，使空压机在切换时，不易超压。

10. 分子筛的吸附特性有哪些？

答：（1）吸附力极强，选择性好。

（2）干燥度极强，对高温、高速气体有很好的干燥能力。

（3）稳定性好，在200℃以下仍能保持正常的吸附容量。

（4）分子筛对水分的吸附能力特强，其次，是乙炔和二氧化碳。

11. 空气中除氧、氮、氩外的其他杂质，是被制氧系统中哪些设备清除的？

答：（1）空气过滤器；（2）分子筛吸附器；（3）空气冷却塔；（4）不凝气吹除。

12. 节流膨胀与等熵膨胀比较各有什么特点？

答：两者比较，(1)从降温效果看，等熵膨胀比节流膨胀大得多。(2)从结构来看，节流阀结构简单，操作方便；膨胀机结构复杂，操作维护要求高。(3)节流阀适用于气体和液体，膨胀机只适用于气体。

13. 为什么空气经过空气冷却塔后水分含量减少？

答：在一定的压力下，饱和湿空气中的含水量随着温度降低而减少，空气在空气冷却塔不断降温使得部分水分自空气中析出。

14. 分子筛再生效果不好应怎样操作？

答：(1)增加再生气量；(2) 增加再生温度；(3) 增加再生时间。

15. 哪些因素会影响氧气产品的纯度？

答：(1)氧气取出量；(2)液空纯度过低；(3)进上塔膨胀空气量过大；(4)冷凝蒸发器液面上涨；(5)塔板效率下降；(6)精馏工况异常；(7)封冷泄漏。

项目四 煤炭气化

一、GE(德士古)水煤浆加压气化技术概况及其特点

煤炭气化已有一百多年的发展历史，先后开发了一百多种气化工艺和气化炉型，有工业应用前景的十余种。最常用的是按原料在气化炉内的移动方式分为固定床、流化床、气流床等。

1. 固定床

固定床气化是块煤从炉顶加入，自上而下经历干燥、干馏、还原、氧化和灰渣层，灰渣

最终经灰箱排出炉外；气化剂自下而上经灰渣层预热后进入氧化层和还原层，生成的煤气显热用于煤的干馏和干燥。炉内温度分布曲线出现最高点，固定床气化的局限性是对床层均匀性和透气性要求很高，要求入炉煤要有一定的粒(块)度及均匀性，对煤的机械强度、热稳定性、含碳量、灰熔点、黏结性、结渣性等指标都有比较严格的限制。气化强度低，环境污染负荷大，治理较麻烦。典型的气化炉为鲁奇(Lurgi)炉。

2. 流化床

流化床气化是气化剂由炉下部吹入，使细粒煤(＜6mm)在炉内呈并逆流反应，为了维持炉内的“沸腾”状态并保证不结疤，气化温度应控制在灰软化温度(T_2)以下，要避免煤颗粒相聚而破坏流态化，显然不能使用黏结性煤。床层中的混合和传热都很快。所以气体组成和温度均匀，解决了固定床气化需用煤的限制。生成的煤气基本不含焦油，但由于炉温低，停留时间短，流化床气化最大的缺陷就是碳转化率低，飞灰多，残炭高，且灰渣分离困难；其次是操作弹性小(控制炉温不易)。发展较早且比较成熟的是常压温克(Winkler)炉。

3. 气流床

气流床是原料煤(粉煤或水煤浆)由气化剂夹带入炉，进行并流式燃烧和气化反应。受气化空间的限制，反应时间很短(1~10s)，为了弥补反应时间短的缺陷，要求入炉煤粒度很细，以保证有足够的反应面积。并流气化气固相相对速度低，气化反应是朝着反应物浓度降低的方向进行，为增大反应推动力，提高反应速度，必须提高反应温度(火焰中心温度在2000℃以上)和反应压力，所以采用液态排渣是并流气化的必然结果。

气流床气化具有以下特点：

(1) 采用<0.2mm 的粉煤。

(2) 气化温度达1400~1600℃，对环保很有利，没有酚、焦油，有机硫很少，且硫形态单一。

(3) 气化压力可达3.5~6.5MPa，可大大节省合成气的压缩功。

(4) 碳转化率高，均大于90%，能耗低。

(5) 气化强度大。

(6) 但投资相对较高，尤其是Shell粉煤气化。

从技术先进性、能耗、环保等方面考虑，对于大型甲醇煤气化应选用气流床气化为宜.从流程分，可分为激冷式流程和废热锅炉流程。前者在煤气离开气化炉后用激冷水直接冷却，它适合于制造氨气或氢气。因为这种流程易于和变换反应器配套，激冷中产生的蒸汽可满足变换反应的需要。后者热煤气是经辐射锅炉，再送往对流锅炉，产生高压蒸汽可用于发电或作热源。

目前，常用的、技术较成熟的气流床主要有干粉和水煤浆两种。

(1) 干粉气流床：该技术的特点是碳的转化率高，气化反应中，所产煤气中CO含量高，H_2含量较低，这种煤气的热值较高。另外，这种气化炉均采用水冷壁而不是耐火砖，炉衬里的使用寿命长。以壳牌(Shell)气化技术为代表。

(2) 水煤浆气流床：水煤浆气化技术的特点是煤浆带35%~40%水入炉，因此氧耗比干粉煤气化约高20%；炉衬是耐火砖，冲刷严重，每年要更换；生成CO_2量大，碳的转化率低，有效气体成分($CO+H_2$)低；对煤有一定要求，如要求灰分<13%，灰熔点<1300℃，含水量<8%等，虽然具有气流床煤气化的共同优点，仍是美中不足。以德士古(Texaco)气化技

术为代表。

4. 采用廉价普通煤作气化原料

采用廉价普通煤作气化原料是气化工艺的发展方向。我国先后引进建成多套水煤浆气化工业装置，均已稳定运行。本实训气化装置采用美国GE(德士古)公司水煤浆加压气化技术，向甲醇生产提供合格粗煤气。该技术有以下特点：

(1) 煤种适应范围广。可以利用次烟煤、烟煤、焦、石油焦、煤加氢液化残渣等，不受灰熔点限制(灰熔点高可加助熔剂)；不受煤的块度大小限制，因最终要经湿磨制成水煤浆使用；不受煤的灰分高低限制，仅经济性有差异。

(2) 连续生产强。加工后的水煤浆与氧气可以连续不断地入炉，排渣也不需要停车，气化开停车少，系统操作稳定。

(3) 气化压力高。从2.5~6.5MPa皆有工业化装置，以4.0MPa较为普遍，单炉产量高。产品气具有高压，这就节省了煤气压缩所需要的能耗和费用，同时也实现了甲醇的等压合成。

(4) 粗煤气质量好。一般情况下，产品煤气中有效成分$CO+H_2 \geqslant 80\%$、煤气中$CH_4 < 0.1\%$，可作为生产氨、甲醇等产品的原料气，也可用于联合循环发电。

(5) 气化温度高。气化炉在1400℃左右操作，煤在熔融后呈液态排出燃烧室，碳转化率高达96%以上。生产的高温煤气利用废锅回收热能，产生的高压蒸汽用于发电。

(6) 气化炉结构简单生产能力大。气化炉内无传动装置，结构比较简单。

(7) 有利于环境保护。由于气化温度高，煤中的挥发分直接燃烧，所以不生成焦油、酚等污染环境的副产物，废水主要成分是含氰化合物，远比炼焦产生的废水易于处理；同时气化系统的水在本装置内循环使用，远比其他气化方法产生的废水量少，从而减轻对环境的污染。对于固体排放物，在气化中没有飞灰等带出，生成的熔渣不污染环境，而且是良好的建筑材料。

二、GE(德士古)水煤浆加压气化技术存在的问题

德士古水煤浆加压气化技术有很多先进的方面，但在工业化生产实践中仍暴露出一些亟待解决的问题。

1. 水煤浆气化氧耗高

比氧耗一般都在400 $Nm^3/1000Nm^3(CO+H_2)$以上，为了降低氧耗，应尽量选择灰份低、灰熔点低的煤，成浆性要好，以便可制得高浓度的煤浆，减少气化炉内大量水蒸发而消耗的氧。

2. 需热备用炉

气化炉一般开二个月左右就要单炉停车检修，或出现故障，需有计划的停车，而备用炉必须在1000℃以上才可投料，临时把冷备用炉升温至1000℃以上，势必影响全系统生产，所以有备用炉应处于热备用状态的要求。而维持热备用炉耗能较大，部分抽引蒸汽和冷却水。

若能通过强化管理，优化操作，确保单炉长周期运转，做到计划停车，检修前将备用炉温升上来，就可不需热备用炉。

3. 气化炉耐火材料寿命短

耐火材料中的向火面砖是气化炉能否长期运转、降低生产成本的关键材料之一。目前世界上使用最多的是法国砖、奥地利砖、美国砖。法国砖的特点是在操作温度低的条件下性能比较好，适应操作温度变化大；而奥地利砖、美国砖在操作温度高时性能好，但操作温度变化大时易变脆。目前国内洛阳耐火材料研究所已研制出价廉、耐高温侵蚀，而且使用寿命长的耐火材料。

4. 气化炉炉膛热电偶寿命短

由于气化炉外壳与耐火砖受热后膨胀系数不同，而发生相互剪切。每次开停车炉温改变，尽量控制好外壳与炉膛温度，来保证热电偶不被损坏。如果在热电偶坏时，可根据合成气中 CH_4 含量的变化及炉子排出渣的颜色、颗粒的大小及形状来判断炉温，这就要求要有过硬的业务水平和丰富的经验，结合系统其他工艺参数来控制炉温，维持系统正常生产。

5. 工艺烧嘴寿命短

烧嘴的稳定运行是操作好气化炉的另一个重要因素。烧嘴的寿命短（1.5～3 个月左右）而且昂贵，资料统计，烧嘴是引起气化炉停车次数最多的原因，所以操作过程中必须对烧嘴的运行情况严密监视。可从烧嘴冷却水系统、气化炉压差、气体成分等来判断烧嘴运行情况，对烧嘴系统设置了联锁，运行情况恶化将导致气化炉停车，否则轻者烧嘴偏喷冲刷侵蚀耐火砖，重者烧坏烧嘴。

一、德士古对水煤浆性质的要求

德士古气化对原料要求高，相应地对水煤浆的性质也要有很高的要求。

（一）较高的浓度

水煤浆的浓度就是指水煤浆中的含固量。若水煤浆的浓度低，它的黏度也相对低，虽然有利于泵送，但它的气化效率就会降低，进入气化炉水分大，大量水蒸发，使炉温下降，为维持炉温，就须增加氧气用量，从而使比氧耗增高。而且煤气质量也有所下降。一般气化用水煤浆浓度在60%～65%之间。

（二）较好的流动性

水煤浆的流动性用其表观黏度来表示。如黏度大，流动性就差，不易泵送，雾化效果也差。实验表明，如果煤浆浓度超过50%时，黏度会突然增大，以致不能流动，加入表面活性剂，即加入合适的添加剂，来降低黏度。这样就可得到高浓度、低黏度的水煤浆。

（三）较好的稳定性

水煤浆的稳定性是指煤粒在水中的悬浮能力。水煤浆是一种分散的悬浮体系。它存在着因煤粒重力作用引起的沉降问题，特别是在水煤浆静止和低速下，会发生分层、沉降，影响装置的稳定运行。水煤浆的稳定性与煤粒粒度分布和煤的亲水性有关，煤粉粒度小，煤粒的表面亲水性越强，其稳定性就越好，但黏度会增大，流动性差。

（四）适宜的粒度分布

水煤浆中粒度分布是成浆的关键因素。若水煤浆中粗颗粒多，表观黏度下降，流动性好，但易分层、沉降。较细颗粒多，稳定性就好，但流动性变差。对气化反应而言，颗粒越小，反应越安全，效果越好。所以，合格的水煤浆中，大小颗粒互相填充，大小比例要协调。这就要求水煤浆要有适宜的粒度分布。

（五）适宜的 pH 值

如水煤浆呈酸性，会对管道、设备等产生腐蚀，如呈强碱性，会在管道中结垢，引起堵塞。另外添加剂在碱性环境里使用效果好，所以水煤浆 pH 值应控制在 7~9 之间。

二、水煤浆加压气化的工艺条件

（一）煤质

煤的性质对气化过程有很大的影响；如煤的热稳定性和黏结性。但影响较大的还是煤的变质程度和煤灰的黏温特性。

煤的变质程度影响着煤的反应活性，变质程度低的反应活性较高，变质程度高的反应活性较低。在水煤浆气化这种气流床的流动方式中，煤与气体接触时间很短。所以要求煤有较高的反应性能。当然，如果某种煤的反应较差，可以由粒度来弥补，煤粉粒度对碳的转化率有很大影响，因为煤粒在反应区停留时间和固-气反应的接触面积与煤粒尺寸关系密切相关。对大颗粒的煤粒，离开喷嘴具有较大的动能，在气化炉停留时间比小颗粒短，另一方面比表面积也小，必然导致小颗粒煤转化率大于大颗粒，细颗粒（<200 目）含量多对气化有利。但细颗粒多易使水煤浆的表观黏度增大，不利于制备及储运高浓度的水煤浆，所以一般控制细颗粒含量为 50%左右。

煤灰的黏温特性是指熔融态的煤灰在不同温度下的流动特性，一般用熔融态煤灰的黏度来表示。在水煤浆加压气化中，为了保证煤灰以液态形式排出，煤灰的黏温特性是确定气化操作温度的主要依据。生产实践证明，为使煤灰从气化炉中顺利排出，熔融态煤灰黏度以不超过 250cP（1cP＝1mPa·s）为宜。

（二）水煤浆浓度

随着煤浆进入气化炉的水，一部分参与化学反应，一部分蒸发，所需要的热量由氧化燃烧热提供，水煤比对合成气组分和冷煤气效率起着决定性作用。

提高水煤浆浓度，冷煤气效率上升，这是由于减少了过量的水分带入气化炉，使氧、煤燃烧作用于气化反应的比例增加，故气化效率和有效气（$CO+H_2$）也相应提高。

但煤浆浓度的提高又引起了其黏度升高，不利于储运，且多耗电。虽然向水煤浆中添加活化剂可降低煤浆黏度、改善其流动性。但会使生产成本上升。

（三）氧煤比

氧煤比即气化 1kg 干煤所用氧气的标准立方米数，单位为 Nm^3/kg 干煤。氧煤比对碳转化率、冷煤气效率、煤气中 CO_2 含量及产气率均有影响。

从图 3-11 可以看出，随着氧煤比增加，碳转化率显著上升，这是因为燃烧反应所产生的热量成为吸热反应所必需的热量，当氧煤比增加到一定值后，曲线趋于平缓。

冷煤气效率是指煤气化后，煤气中可燃烧的含碳气体中的碳与煤气中总碳量之比。从图 3-12 可以看出：氧煤比增加、冷煤气效率增加，但当高到一定值时，冷煤气效率反而下降，那是因为氧煤比过高，一部分碳完全氧化生成 CO_2 使煤气有效成分降低而降低了气化效率。

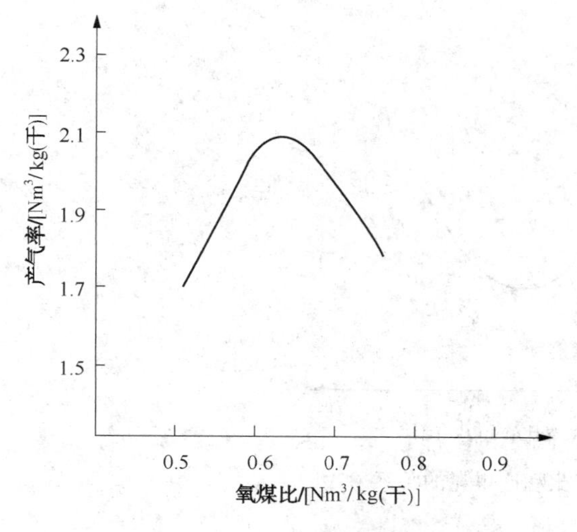

图 3-11　氧煤比对碳转化率的影响

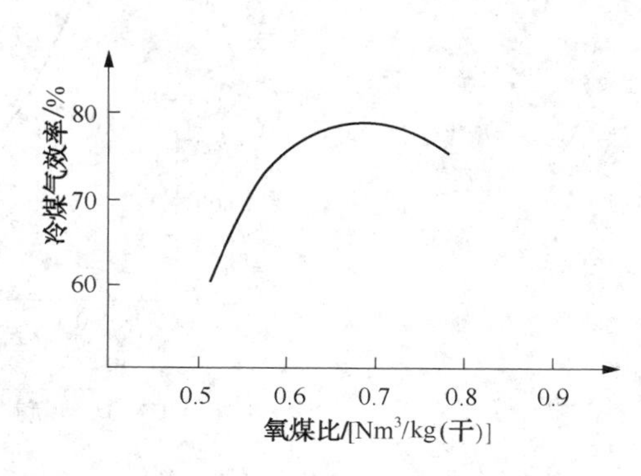

图 3-12　氧煤比对冷煤气效率的影响

从图 3-11 可见：产气率随氧煤比增加而增加，到一定值开始下降，那是因为此时煤气中 H_2 被燃烧成水的缘故。

从图 3-13 和图 3-14 可见，氧煤比提高，是因为氧化剧烈放出大量热，使气化温度升高。煤气中 CO_2 含量随氧煤比增加而降低，到一定值开始上升，原因和冷煤气效率一致。

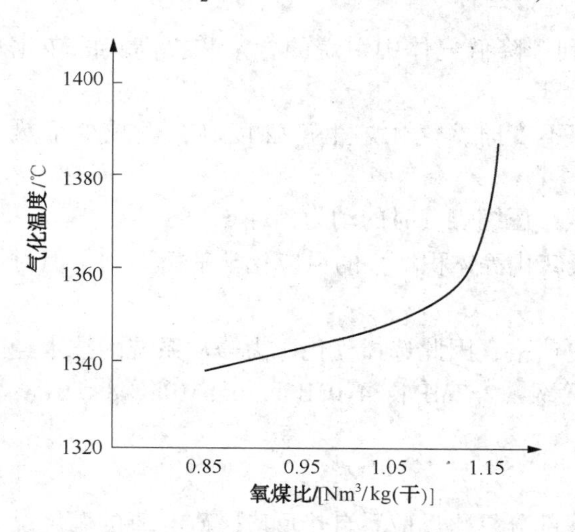

图 3-13　氧煤比和气化温度关系

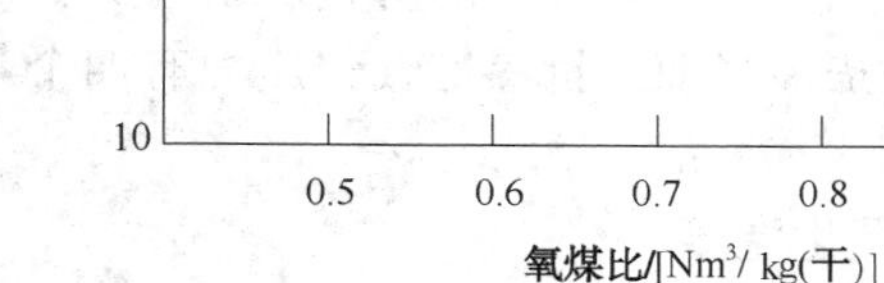

图 3-14　氧煤比对煤气中 CO_2 含量的影响

从图 3-15 可以看出，氧煤比和比煤耗都有一个最佳点，先降后升，这是因为氧煤比越大，产生有效气就越多，但到一定值后，反而将有效气氧化成无用的组分，因此需要用来生成有效气的氧气和原料煤就越多，于是比氧耗和比煤耗增加。

根据水煤浆部分氧化反应式：

$$C_mH_nS_y+(m/2)O_2 = mCO+[(n-2y)/2]H_2+yH_2S$$

可知，理论上氧原子数等于碳原子数，即氧碳比应该为 1.0。据实验得知，氧碳比为 1.0 左右时，较为合适。

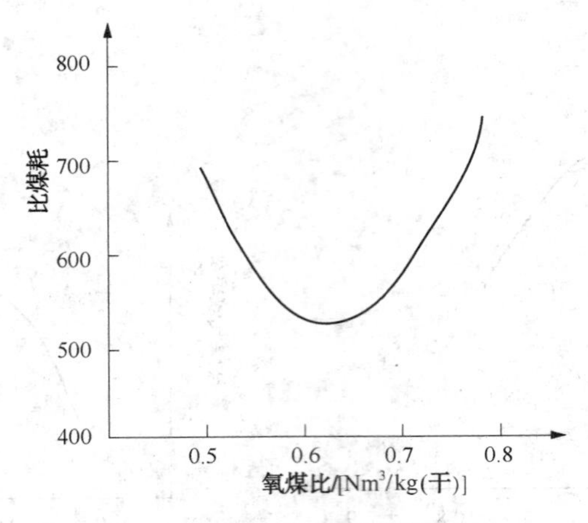

图 3-15　氧煤比和比煤耗的关系

(四) 气化压力

水煤浆气化反应是体积增大的反应，提高压力对化学反应的平衡不利，但是，目前工业上普遍采用加压操作，其原因是：

(1) 提高压力可以增加反应物浓度，加快反应速度，从而降低生成气中甲烷的含量，提高气化效率。

(2) 采用加压气化，喷嘴雾化效果好，有利于降低气体中甲烷的含量和提高碳的转化率，提高有效气产率。

(3) 加压气化气体体积缩小，气化炉容积不变时，气化炉生产强度高，也减少了热损失。

(4) 加压气化生产出的煤气压力高，大大减小压缩煤气时的动力消耗。

(5) 对碳与水蒸气、碳与 CO_2、甲烷水蒸气转化等体积增大的反应化学平衡不利，但对气化影响最大的逆变换反应则无影响。

气化压力提高，对设备的材料及制造要求更严格，因此选择气化压力需从系统的技术经济效果来考虑。目前，世界上气化压力有四个等级：2.7MPa、4.0MPa、6.5MPa、8.5MPa，本装置采用 4.0MPa。

(五) 气化温度

气化温度是一个很重要的操作条件。水煤浆部分氧化反应系自热反应，碳与氧的燃烧反应所放出来的热量，除维持气化炉热损失外，还供给像甲烷、碳与水蒸气、CO_2 等这些吸热反应所需要的热量。从吸热反应平衡上看，提高温度有利于反应的进行，可以改善出口气中有效气体的组成，提高碳的转化率。而且为了保证灰渣呈熔融状态，便于液态排渣，气化温度必须在灰熔点 T_3 以上，但温度太高会：

(1) 产品气中有效成分降低，CO_2 含量上升。

(2) 比氧耗增加，反应温度降低 100℃，氧耗可降低 10%。

(3) 熔渣黏度过低，对耐火砖冲刷侵蚀添加剂，使其寿命缩短，当气化温度超过 1400℃时，耐火砖会出现裂纹、剥落甚至爆炸。

综上所述，气化温度选择原则是在保证液态排渣的前提下，尽可能维持较低的操作温度。由于煤种不同，操作温度也不相同，工业生产中一般为1300~1500℃。

（六）助熔剂

助熔剂用于降低煤的灰熔点。这样可使气化炉在较低的温度条件下运行，进而降低氧耗，提高耐火材料的使用寿命。

通过实验找出石灰石最佳加入量，再经实际运行经验予以确定。石灰石加入量超过最佳加入量会造成耐火材料磨损速率加快，而石灰石加入量超过一定值，会导致煤灰熔化温度升高。

石灰石储存区域不能混入其他杂质(灰质、废屑及金属物等)。对进入磨煤机的石灰石加入量进行控制、监测以保证计量装置连续稳定运行，否则，会造成气化炉内积灰及排渣不稳定，给操作造成不良影响。

德士古气化炉是由美国德士古石油公司所属的德士古开发公司在1946年研制成功的。1953年第一台德士古重油气化工业装置投产。在此基础上，1956年开始开发煤的气化炉，该气化炉是一种以水煤浆进料的加压气流床气化装置，如图3-16所示。该炉有两种不同的炉型，根据粗煤气采用的冷却方法不同，可分为淬冷型[图3-16(a)]和全热回收型[图3-16(b)]。

两种炉型上部气化段的气化工艺是相同的，下部合成气的冷却方式不同。

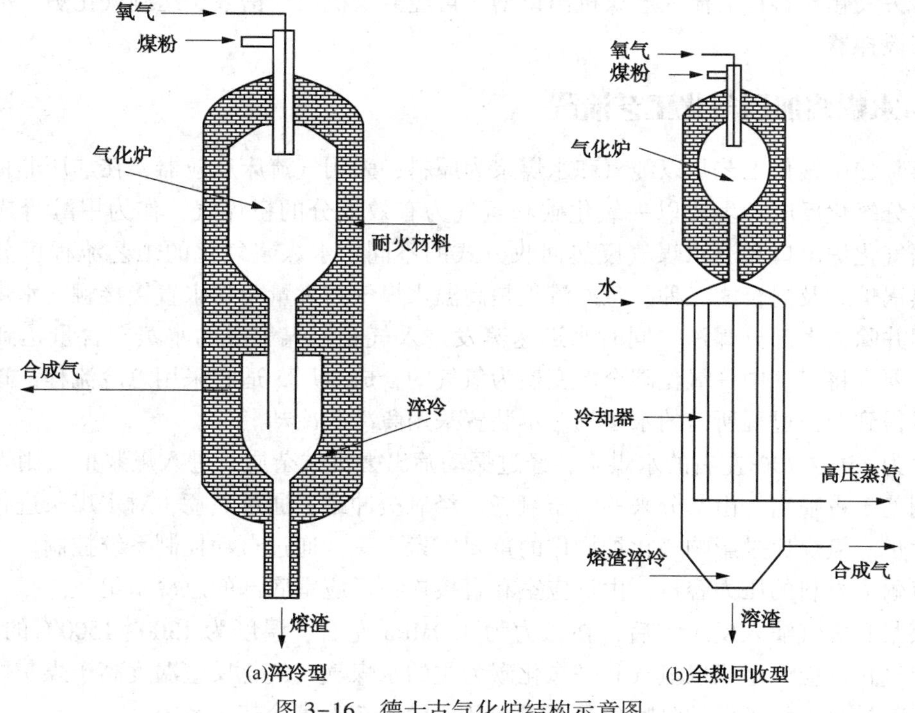

图3-16　德士古气化炉结构示意图

在淬冷型气化炉中，粗合成气体经过淬冷管离开气化段底部，淬冷管底端浸没在一水池中。粗气体经过急冷到水的饱和温度，并将煤气中的灰渣分离下来，灰熔渣被淬冷后截留在水中，掉入渣罐，经过排渣系统定时排放。冷却了的煤气在侧壁上的出口离开气化炉的淬冷段。然后按照用途和所用原料，粗合成气在使用前进一步冷却或净化。

在全热回收型炉中，粗合成气离开气化段后，在合成气冷却器中从1400℃被冷却到700℃，回收的热量用来生产高压蒸汽。熔渣向下流到冷却器被淬冷，在经过排渣系统排出。合成气由淬冷段底部送下一工序。

对于这两种工艺过程，目前大多数德士古气化炉采用淬冷型，优势在于它更廉价，可靠性高，劣势是热效率较全热回收型的低。

气化炉是一直立圆筒形钢制受压容器，炉膛内壁衬以高质量的耐火材料，以防止热渣和热粗煤气的侵蚀。气化炉近于绝热容器，其热损失非常低。内部无结构件，维修简单，运行可靠性高。

一、水煤浆制备工艺流程

水煤浆制备的任务是为气化过程提供符合质量要求的水煤浆，煤料斗中的原料煤，经称量给煤机加入磨煤机中。向磨煤机中加入软水，煤在磨煤机中与水混合，被湿磨成高浓度的水煤浆。为了降低水煤浆的黏度，提高稳定性，需要加入添加剂。磨煤机制备好的水煤浆，经过滤除去大颗粒料粒，流入磨煤机出口槽，再经磨煤机出口槽泵，送到气化炉。磨煤机出口槽设有搅拌器。

二、水煤浆加压气化工艺流程

水煤浆加压气化工艺是以纯氧和水煤浆为原料，采用气流床反应器，在加压非催化条件下进行部分氧化反应，生成以一氧化碳和氢气为有效成分的粗煤气，作为甲醇合成的原料气，根据气化炉出口高温水煤气废热回收方式的不同，水煤浆气化的工艺流程可分为急冷式、废热锅炉式及混合式三种。急冷流程是高温水煤气与大量冷却水直接接触，水煤气被急速冷却，并除去大部分煤渣。同时水迅速蒸发进入气相，煤气中的水蒸气含量达到饱和状态。对于要求将煤气中一氧化碳全部变换为氢气的合成氨厂，适宜采用急冷流程，这样在急冷室可以得到变换过程所需的水蒸气。本装置采用急冷式冷却。

浓度为65%~70%左右的水煤浆，经过振动筛出去机械杂质，进入煤浆槽，用煤浆泵加压后送到德士古喷嘴。由空分来的高压氧气，经氧缓冲罐，通过喷嘴，对水煤浆进行雾化后进入气化炉。氧煤比是影响气化炉操作的重要因素之一，通过自动控制系统控制。气化炉是一种衬有耐火材料的压力容器，由反应室和直接连在反应室底部的急冷室组成。

水煤浆和氧气喷入反应室后，在压力为4.0MPa左右，温度为1300~1500℃的条件下，迅速完成气化反应，生成以氢气和一氧化碳为主的水煤气。气化反应温度高于煤灰熔点，以便实现液态排渣。为了保护喷嘴免受高温损坏，设置有喷嘴冷却水系统。

离开反应室的高温水煤气进入急冷室，由碳洗涤塔直接进行急速冷却，温度降到210~260℃，同时急冷水大量蒸发，水煤气被水蒸气饱和，以满足一氧化碳变换的需要。气化反应过程产生的大部分煤灰及少量未反应的炭，以灰渣的形式从生成物中除去。根据粒度大小的不同，灰渣以两种方式排出，粗渣在急冷室中沉淀，通过水封锁渣罐，定期与水一同排出。细渣以黑水的形式从急冷室中连续排出。设备带有锁渣罐循环泵的渣罐循环系统，有利于将煤渣排入锁渣罐。

离开气化炉的水煤气，依次通过文丘里洗涤器及洗涤塔，用灰处理工段送来的灰水及变换工段的工艺冷凝液进行洗涤，彻底除去煤气中的细末及未反应的炭粒。净化后的水煤气离开洗涤塔，送到一氧化碳变换工序。

三、灰处理工艺流程

灰处理的任务是将气化过程送来的灰渣与黑水进行分离，回收的工艺水循环使用，灰渣及细灰作为废料，送出工段。

从气化炉锁渣罐与水一起排除的粗渣，进入渣池。经链式输送机及皮带输送机，送入渣斗，排出厂区，渣池中分离出来的含有细灰的水，用渣池泵送到沉淀池，进一步进行分离。

由气化工段急冷室排出的含细灰的黑水，经减压阀进入高压闪蒸罐，高温液体在罐内突然降压膨胀，闪蒸出水蒸气及二氧化碳、硫化氢等气体。闪蒸气经灰水加热器降温后，水蒸气冷凝成水，在高压闪蒸分离器中分离出来，送到洗涤塔给料槽。分离出来的二氧化碳、硫化氢等气体，送到变换工段。

黑水经高压闪蒸后固体含量有所增高，然后送到低压灰浆闪蒸罐，进行第二级减压膨胀，闪蒸气进入洗涤塔给料槽，其中的水蒸气冷凝，不凝气体分离后排入大气。黑水被进一步浓缩后，送到真空闪蒸罐中，在负压下闪蒸出酸性气体及水蒸气。

从真空闪蒸罐底部排出的黑水，含固体量约为1%，用沉淀给料泵送到沉淀池。为了加快固体粒子在沉淀池中的重力沉降速度，从絮凝剂管式混合器前，加入阴、阳离子絮凝剂。黑水中的固体物质几乎全部沉淀在沉淀池底部，沉降物含固体量20%~30%，用沉淀池底部泵送到过滤给料槽，再用过滤给料泵送到压滤机，滤渣作为废料排出厂区，滤液又返回沉淀池。

在沉淀池内澄清的灰水，溢流进入立式灰水槽，大部分用灰水泵送到洗涤塔给料槽。在去洗涤塔给料槽的灰水管线上，加入适量的分散剂，避免灰水在下游管线及换热器中，沉淀出固体。从洗涤塔给料槽出来的灰水，用洗涤塔给料泵输送到灰水加热器，加热后作为洗涤用水，送入碳洗涤塔。一部分灰进入渣池。另一部分灰水作为废水，送到废水处理工段，防止有害物质在系统中积累。

四、工艺流程图

德士古淬冷型工艺流程如图3-17所示。

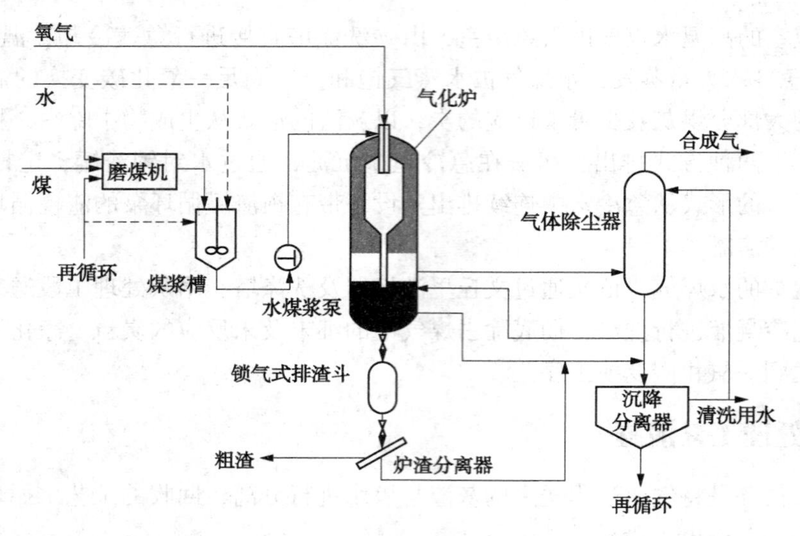

图 3-17　淬火型气化炉

1. 什么是比氧耗、什么是比煤耗？

答：每生产 1000Nm^3($CO+H_2$)所能消耗的纯氧量，称为比氧耗。单位为 Nm^3/1000Nm^3。每生产 1000Nm^3($CO+H_2$)所能消耗的干煤量，称为比煤耗。单位为 kg/1000Nm^3。

2. 什么是冷煤气效率？

答：合成气中可燃性气体的含碳量与总碳量的比值。

3. 添加剂对煤浆起什么作用？

答：添加剂的作用是改善水煤浆的流动性和稳定性，作为表面活性剂有三个作用：

(1) 使煤粒湿润便于水煤结合。

(2) 使较大的胶凝状煤粒分散。

(3) 提供阳离子作为水化膜的平衡离子，起电解作用。

添加剂具有分散作用，它可调节煤粒表面的亲水性能及电荷量，降低煤粒表面的水化膜和离子间的作用力，使固定在煤粒表面的水逸出。

4. 助熔剂的成分是什么？

答：助熔剂的有效成分是碳酸钙($CaCO_3$)。

5. 加助熔剂的作用是什么？

答：助熔剂的作用是改变煤的黏灰特性，降低煤的灰熔点，使煤在气化时渣能顺利排出。

6. 影响德士古气化用煤的物理性质有哪些？

答：(1)灰融点：灰融点低有利于气化在较低的温度下进行，有利于延长气化设备的寿命。

(2)黏温特性：黏温特性好，则灰渣流动性好，有利于气化排渣，操作稳定。

(3)反应活性：反应活性好，气化反应速度快，效率高。

(4)发热量：发热量高的煤，气化效率高。

(5)可磨指数：可磨性好，易于制备气化所需的适宜煤浆粒度。

(6)灰含量：灰分含量多，则需消耗热量，增大比氧耗，灰熔渣冲蚀耐火砖，影响耐火砖寿命，同时增大合成气的水汽比及灰水处理系统的负荷，影响气化生产。

7. 气化炉液位低的原因有哪些？

答：(1)激冷水量小；(2)排出黑水量大；(3)激冷室合成气带水；(4)炉温高；(5)负荷增加，未及时调整激冷水量；(6)仪表假指示。

8. 气化炉温度过高、过低对系统有何影响？

答：温度过高的影响：

(1)温度过高，灰渣黏度降低，对耐火砖冲刷加剧，进而导致炉砖裂缝或脱落甚至爆裂，降低炉砖使用寿命。

(2)温度太高则合成气中有效成分降低，二氧化碳含量上升，比氧耗加剧。

(3)温度太高亦造成系统热负荷加剧，使水汽比增加。

(4)温度太高，渣中细灰增加，是水汽中的细小炭黑增加而难以除去，从而影响水质。

温度过低影响有：

(1)灰渣黏度增加，排渣困难，以堵塞渣口，造成气化炉阻力增加。

(2)碳转化率降低，影响产气量。

9. 合成气出口温度高的原因有哪些？

答：(1)气化炉操作温度高；(2)气化炉液位低；(3)下降管线烧穿或脱落；(4)激冷水流量低；(5)激冷环堵，水量加不上或偏流；(6)仪表问题。

10. 沉降槽的作用是什么？

答：沉降槽(V1310)的作用是从黑水中分离出较干净的灰水和含固量高的灰浆。

11. 沉降槽的工作过程是怎样的？

答：沉降槽属于连续性重力沉降器。渣水于沉降槽中心液面下连续加入，然后在整个沉降槽横截面上散开，液体向上流动，清液由四周溢出，固体颗粒在器内逐渐沉降至底部。槽底部设有缓慢旋转的齿耙，将沉渣慢慢移至中心积泥坑，并用泥浆泵从底部出口管连续性排出。

12. 文丘里洗涤器的工作原理是什么？

答：含尘合成气高速进入洗涤器喷管，与喷嘴喷出的热水相遇，气流高速撞击液体，使之充分雾化，除尘界面增大，大量尘粒被水湿润。经扩散管减速后，含尘水滴与被湿润洗涤器的压差愈大，其除尘效果愈好。

13. 德士古气化对原料煤的要求是什么？

答：(1)较好的反应活性；(2)较好的黏温特性；(3)较好的发热量；(4)较低的灰分含量；(5)较低的灰熔点；(6)较好的可磨指数；(7)合适的进料粒度。

项目五 一氧化碳变换

以天然气、重油和煤为原料制取的粗原料气中，含有一定量的 CO，例如，天然气转化法制得的半水煤气含一氧化碳 12%~14%，重油气化制得的水煤气含一氧化碳 44%~49%，固体燃料气化制得的半水煤气含一氧化碳 25%~40%。

原料气的用途不同，对 CO 的含量要求不同。在甲醇合成工业中，要求 CO 含量在 19%~21%，在合成氨工业中，一氧化碳对氨合成催化剂有毒害作用，应尽可能清除。这就需要通过一氧化碳变换工艺来调整原料气中 CO 的比例。

一、变换反应的原理

1. 变换的作用

（1）调整氢碳比例：合成甲醇的原料气组成应保持一定的氢碳比例，一氧化碳与二氧化碳氢碳比=2.0~2.05。以重油或煤、焦炭为原料生产甲醇时，气体组成氢含量偏低，需通过变换工序使过量的一氧化碳变换成氢气。

（2）有机硫转化无机硫：甲醇合成原料气必须将气体中总硫量控制在 0.2cm^3/m^3以下。以天然气与石脑油为原料时在蒸汽转化前，用钴钼加氢转化，串联氧化锌的方法可达到要求。以煤制得的粗水煤气中，所含硫的总量中硫化氢约占 90%，尚含 10%左右的硫氧化碳（COS）及微量其他有机硫化物。以重油为原料所制气体中有机硫主要也是 COS，其他有机硫化物为硫醇（RSH），硫醚（RSR），二硫化碳（CS_2）和噻吩。除了低温甲醇洗，其他湿法脱硫难以在变换前脱除有机硫。设置变换工序，除噻吩外，其他有机硫化物均可在铁基变换催化剂上转化为 H_2S，便于后续脱除。如果变换工序采用的是耐硫催化剂，就不需设两次脱硫，全部硫化物在变换后可一次脱除。

2. 变换反应

变换是指一氧化碳与水蒸气反应生成氢气的过程。即

$$CO+H_2O \rightleftharpoons CO_2+H_2+41.17kJ/mol$$

反应后的气体称为变换气。通过变换反应，把一氧化碳变为易于清除的二氧化碳，同时又能制得等摩尔的氢，而所消耗的只是廉价的水蒸气。所以，一氧化碳变换既是原料气的净化过程，又是原料气制造的继续。

刘易斯-兰德乐反应热公式为：

$$\Delta H=9570+1.81T-4.45\times10^{-3}T^2+13.6\times10^{-6}T^3 \quad (3-1)$$

式中 ΔH——反应热，cal/mol；

T——绝对温度，K。

从表 3-11 中可以看出，反应热随温度升高而降低，也就是反应温度越高，反应放出的热越少，因此，很好地控制反应温度，利用反应热来维持反应系统平衡具有很重要的

意义。

表 3-11　变换反应的反应热

温度	℃	25	200	250	300	350	400	500	550
	K	298	473	523	573	623	673	773	823
反应热 Q	cal/mol	9389	9570	9474	9375	9263	9153	8909	8190

这是一个可逆、放热、等体积的化学反应，从化学反应平衡角度来讲，提高压力对化学平衡没影响，但有利于提高反应速度。降低反应温度和增加反应物中水蒸气量均有利于反应向生成 CO_2 和 H_2 的方向进行。

3. 变换反应的平衡常数

由于变换反应是放热反应，降低温度有利于平衡向正反应方向移动，因此平衡常数 K_p 随温度的降低而增大(见表 3-12)。平衡常数与温度的关系式较多，通常采用下列简化式：

$$\lg K_p = 1914/T - 1.782 \tag{3-2}$$

式中　T——温度，K

表 3-12　不同温度下一氧化碳变换反应的平衡常数值

温度/℃	25	250	300	350	400	450	500
K_p	1.03×10^3	96.51	39.22	24.5	11.70	7.31	4.88

若已知温度，求出 K_p 值，就可以计算出不同温度、压力和气体成分下的平衡组成。

4. 变换率

定义为反应中变换的一氧化碳量与反应前气体中一氧化碳量的百分比率，若反应前气体中有 a 摩尔一氧化碳，变换后气体中剩下 b 摩尔一氧化碳，则变换率 α 为：

$$\alpha = \frac{a - b}{a} \times 100\% \tag{3 - 3}$$

实际生产中，变换气中除含有一氧化碳外，尚有氢、二氧化碳、氮等组分，其变换率可根据反应前后的气体成分进行计算。由变换反应式可知，每变换掉一体积的一氧化碳，就生成一体积的二氧化碳和一体积的氢，因此，变换气的体积(干基)等于变换前气体的体积加上被变换掉的一氧化碳的体积。设变换前原料气的体积(干基)为 1，并分别以 V_{CO}，V_{CO}' 表示变换前后气体中一氧化碳的体积分数(干基)，则变换气的体积为$(1+V_{CO}\times\alpha)$，变换气中的一氧化碳含量为：

$$V'_{CO} = \frac{V_{CO} - V_{CO} \times E}{1 + V_{CO} \times E} \times 100\% \tag{3 - 4}$$

经整理，可得

$$\alpha = \frac{V_{CO} - V'_{CO}}{V_{CO} \times (V'_{CO} + 100)} \times 100 \tag{3 - 5}$$

式中　α——变换率；

V_{CO}——煤气中 CO 体积分数；

V'_{CO}——变换气中 CO 的体积分数。

二、影响变换反应的因素

1. 温度的影响

由反应及表 3-12 可知，温度降低，平衡常数增大，有利于变换反应向右进行，而平衡变换率增大，变换气中 CO 含量减少，当参加反应中的 $n(H_2O):n(CO)=1:1$ 时，生产中中温变换后再进行低温变换，为的是使变换反应在较低的温度下继续进行，从而提高变换率，降低变换气中的 CO 含量。

2. 蒸汽量的影响

添加蒸汽量，可以使反应向右进行，生产中总是加入过量的蒸汽，以提高变换率。不同温度下蒸汽与 CO 变换率的关系见图 3-18。

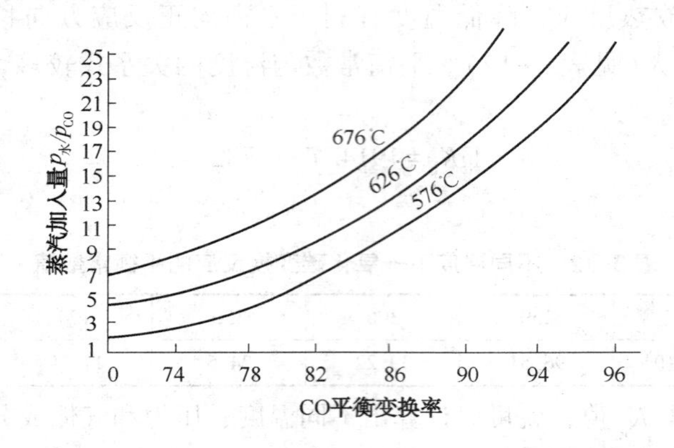

图 3-18　不同温度下蒸汽加入量与 CO 平衡变换率关系

由图 3-18 可知，达到同一变换率时，反应温度降低，蒸汽用量减少。在同一温度下，蒸汽量增大，平衡变换率随之增大，但其趋势是先快后慢。因此，蒸汽用量过大，变换率的增加并不明显，然而蒸汽耗量却增加了。

3. 压力的影响

由于变换反应是等分子反应，反应前后气体的总体积不变，生产中压力对变换反应的化学平衡并无明显的影响。

4. CO_2的影响

在变换反应过程中，如能把生成的 CO_2及时除去，就可以使变换反应向右进行，提高变换率。

5. 副反应的影响

CO 变换过程中，可能发生 CO 分解析出炭和生成甲烷等副反应，其反应式如下：

$$2CO \xlongequal{} C+CO_2$$

$$CO+3H_2 \xlongequal{} CH_4+H_2O$$

以上副反应是在压力高、温度低的情况下容易产生，它不仅消耗了有用的 H_2和 CO 且增加了无用的成分甲烷的含量，CO 分解析出的炭附着在催化剂表面，降低了催化剂活性，对生产十分不利。

三、变换反应机理

一氧化碳和水蒸气的反应单纯在气相中进行，即使温度在1000℃，水蒸气过量很大，反应速率也非常慢，这是因为在进行变换时，首先要使蒸汽中的氧与氢键断开，氧原子重新排到CO分子中去而变成CO_2，两个H原子再相互结合为H_2分子。水分子中O与H的结合能很大，要使H—O—H的两个键断开，必须有相当大的能量，因而变换反应程度是比较困难的。在有催化剂存在时，反应则按下述两步进行：

$$[K]+H_2O(汽)\longrightarrow[K]O+H_2$$

$$[K]O+CO\longrightarrow[K]+CO_2$$

式中　[K]——表示催化剂；

[K]O——表示中间化合物。

水分子首先被催化剂的活性表面所吸附，分解为氢与氧原子。氢进入气相中，氧在催化剂表面形成氧原子吸附层。当一氧化碳分子撞击到氧原子吸附层时，即被氧化成二氧化碳，CO_2离开催化剂表面进入气相。催化剂表面又吸附水分子，反应继续下去。这种反应方式进行时，所需能量小，所以变换反应在有催化剂存在时，速度就可以大大加快。

在反应过程中，催化剂能够有效地改变反应进行的途径，降低反应活化能，缩短建立平衡的时间，加快反应速度，但它不能改变反应的化学平衡，反应前后催化剂的数量和化学性质不变。

工业上一氧化碳变换反应都是在催化剂存在的条件下进行，20世纪60年代以前，在许多中型合成氨厂的工艺中，都是将原料气中的H_2S和SO_2等硫化物在被脱除的情况下，用以Fe_2O_3为主体的催化剂，在350~550℃的条件下进行变换反应，但约有2%~4%的CO存在于变换气中。20世纪60年代以后，研究出了活性更高的一氧化碳变换催化剂，但这些催化剂的抗毒性差。随着渣油、煤为原料制氨、制甲醇工艺的发展，针对直接回收热能的激冷流程，如果仍然用传统的先脱硫、后脱碳的方法，势必将以蒸汽状态回收的大量热能损失掉。为了充分发挥利用渣油、煤等气化反应热，有必要使一氧化碳变换直接串于气化制取原料气之后，而将硫在一氧化碳变换之后一并脱除。因而开发了活性高的以CuO为主体的催化剂，在操作温度200~280℃的条件下进行变换反应，残余的CO在0.2%~0.4%左右。为了区别上述两种温度范围的变换过程，将前者称为中温变换(或高温变换)，而后者则称为低温变换。所用的催化剂分别称为中变(或高变)催化剂及低变催化剂。

一、催化剂的选择

对于变换工艺来说，要在一定的通气量下，保证变换气体中的残余一氧化碳符合工艺要求。因此，催化剂必须符合下述几个条件：

(1) 活性好，在较低或中等温度下，就能促进反应的加速进行；

(2) 寿命长，经久耐用，为达到长寿的目的，催化剂要具有足够的机械强度，以免在使用中破碎；

(3) 耐热和抗毒性强，在一定的温度范围内，不致因温度的升高或波动而损坏催化剂，还要有足够的抗毒能力；

(4) 选择性能好，就是能抑制副反应的发生；

(5) 原料容易获得，成本低，制造简单。

二、催化剂的分类

变换催化剂按组成分为铁铬系及钴钼系两大类。铁铬系催化剂活性高、机械强度好、能耐少量硫化物、耐热性能好、使用寿命长、成本较低；钴钼催化剂的突出特点是有良好的耐硫性能，适用于含硫化物较高的煤气，但价格昂贵。

下面介绍几种常见的催化剂。

(一) 中温(高温)变换催化剂

1. 铁铬系催化剂

1) 组成

铁铬系催化剂的主要组分为三氧化二铁和助催化剂三氧化二铬。一般含三氧化二铁70%~90%，含三氧化二铬7%~14%。还有少量氧化镁、氧化钾、氧化钙等。三氧化二铁还原为四氧化三铁后，能加速变换反应；三氧化二铬能抑制四氧化三铁再结晶，并可使催化剂形成微孔结构，增加比表面积，从而提高催化剂的活性和催化剂的耐热性和机械强度，延长催化剂的使用寿命；氧化镁能提高催化剂的耐热和耐硫性能；氧化钾和氧化钙均可提高催化剂的活性。

2) 主要性能

铁铬系催化剂是一种褐色的圆柱体或片状固体颗粒，活性温度为350~550℃，在空气中易受潮，使活性下降。经还原后的铁铬系催化剂若暴露在空气中则迅速燃烧，立即失去活性。硫、氯、磷、砷的化合物及油类物质，均会使其中毒。

3) 催化剂的还原与氧化

因为催化剂的主要成分三氧化二铁对一氧化碳变换反应无催化作用，需还原成四氧化三铁后才有活性，这一过程称为催化剂的还原。一般利用煤气中的氢和一氧化碳进行还原，其反应式如下：

$$3Fe_2O_3+CO=\!=\!=2Fe_3O_4+CO_2 \quad \Delta H=-50.945kJ/mol$$

$$3Fe_2O_3+H_2=\!=\!=2Fe_3O_4+H_2O \quad \Delta H=-9.26kJ/mol$$

当催化剂用循环氮升温至200℃以上时，便可向系统配入少量煤气开始还原，由于还原反应是强烈的放热反应，为防催化剂超温，应严格控制CO含量小于5%。当催化剂床层温度达320℃后，反应剧烈，必须控制升温速度不高于5℃/h。为防止催化剂被过度还原而生成金属铁，还原时应加入适量的水蒸气。催化剂在制造过程中含有硫酸根，会被还原成硫化氢而随气体带出，为防止造成后工序低变催化剂中毒，所以在还原后期有释放硫的过程，当分析中变换炉出口$W(CO)\leqslant 3.5\%$，出入口H_2S含量相等时，即可认为还原结束。

氧能使还原后的催化剂氧化生成三氧化二铁，反应式如下：

$$4Fe_3O_4+O_2=\!=\!=6Fe_2O_3 \quad \Delta H=-514.14kJ/mol$$

此反应热效应很大，生产中必须严防煤气中因氧含量高造成催化剂超温，在更换催化剂时，必须进行钝化。其方法是用蒸汽或氮气以30~50℃/h的速度将催化剂的温度降至150~

200℃，然后配入少量空气进行钝化。在温升不大于50℃/h的情况下，逐渐提高氧的含量，直到炉温不再上升，进出口氧含量相等时，钝化工作即告结束。

4）催化剂的中毒与失活

硫、磷、砷、氟、氯、硼的化合物及氢氰酸等物质，均可引起催化剂中毒，使活性显著下降。硫化氢与催化剂的反应如下：

$$Fe_3O_4+3H_2S+H_2 = 3FeS+4H_2O$$

硫化氢能使催化剂暂时中毒，提高温度，降低硫化氢含量和增加气体中水蒸气含量，可使催化剂活性逐渐恢复。

原料气中灰尘及水蒸气中无机盐高时，都会使催化剂活性显著下降，造成永久性的中毒。催化剂活性下降的另一个重要因素是催化剂的衰老。主要原因是在长期使用后，催化剂的活性逐渐下降。因为长期处在高温下，会使催化剂逐渐变质；另外气流冲刷，也会破坏催化剂表面状态。

5）催化剂的维护与保养

为了保证催化剂具有较高的活性，延长使用寿命，在装填及使用过程中应注意以下几点：

（1）在装填之前，要过一定孔径的筛除去粉尘和碎粒，使催化剂在装填时保证松紧一样。严禁直接踩在催化剂上，不准许把杂物带入炉内。

（2）在开、停车时，要按规定的升、降温速度进行操作，严防超温。

（3）正常生产中，原料气必须经过除尘和脱硫（氧化型的催化剂），并保持原料气成分稳定。控制好蒸汽与原料气的比例及床层温度，升降负荷时要平稳。

2. 钴钼系催化剂

1）组成和特点

主要特点如下：

（1）能抗浓度较高的硫化氢，而且强度好，特别适用于重油部分氧化法和以煤为原料的流程，这样原料气中的硫化氢和变换气中的二氧化碳脱除过程中可以一并考虑，以节约蒸汽和简化流程。

（2）活性高，开始活性温度比铁铬系催化剂的低得多。在获得相同变换率的情况下，所需钼钴催化剂的体积只是铁铬系催化剂的一半。

（3）在变换反应中，若催化剂上含碳化合物沉积时，可以用空气与蒸汽或氧的混合物进行燃烧再生，重新硫化后可继续使用。

（4）载体以Al_2O_3和MgO为最好，MgO载体可在H_2S浓度波动时对催化剂的活性影响较小，有时还加入碱金属氧化物来降低变换反应活性温度。

2）钴钼系催化剂的硫化

钴钼催化剂中真正的活性组分是CoS和MoS_2，必须经过硫化才具有变换活性。硫化的目的还在于防止钴钼氧化物被还原成金属态，且金属态的钴钼又可促进CO和H_2发生甲烷化反应，这一反应强放热可能造成飞温而将催化剂烧坏。

硫化操作一般在氢气存在下用CS_2，也可用含H_2S和硫化物的气体来硫化，用硫化氢硫化的温度可以低一些，150~250℃就可开始，其反应式为：

$$MoO_3+2H_2S+H_2 = MoS_2+3H_2O$$

$$CoO+H_2S \xlongequal{} CoS+H_2O$$

硫化反应是放热反应，所以须控制床层温度。若温度过高，则易发生还原反应：

$$CoO+H_2 \xlongequal{} Co+H_2O$$

而使触媒的活性降低。因此通入气体中 H_2S 浓度不要太高。

硫化结束的标志是出口气体中硫化物浓度升高。一般硫化所需的硫化物总量要超过按化学方程式计量的 50%～100%。

钴钼催化剂具有加氢作用，因此原料气中不饱合烃含量高时，会发生严重的放热反应，需要特别注意。

3）催化剂的反硫化和失活

钴钼系催化剂的反硫化主要是触媒中的活性组分 MoS_2 和 CoS 在一定条件下发生水解，即反硫化作用，其化学方程式为：

$$MoS_2+2H_2O \xlongequal{} MoO_2+2H_2S$$

平衡常数：

$$K_p=\frac{P^2_{(H_2S)}}{P^2_{(H_2O)}} \tag{3-6}$$

在一定的反应温度、蒸汽量和 H_2S 浓度下，会导致反应向右进行，使 MoS_2 逐步转变成 MoO_2，表现为触媒的失活，生产中一旦发生反硫化现象，触媒的活性下降。在生产中，为了保证 CO 变化率，又必须增加蒸汽用量及提高反应温度，而蒸汽用量的增加和反应温度的提高虽暂时保证了工艺要求，但又进一步促进了反硫化反应，失活进一步加深，以致必须重新硫化触媒，严重影响生产。

根据热力学方程可知，反硫化反应平衡常数 K_p 随着温度的提高而急剧增加，因此降低 CO 变换反应温度，有利于防止反硫化反应的发生。

由反硫化方程式可知，水蒸气量的增加会使反硫化反应的发生，亦即是水气比越大，会有利于反硫化反应的进行。

由反硫化的反应式还可以看出，H_2S 浓度越高，越促使氧化态物质向硫化态方向反应，即生成活性组分的动力越大。因此 H_2S 浓度越高，可抑制反硫化反应，从而使活性区域越大。

综上所述，反应温度、水气比和 H_2S 浓度是影响钴钼耐硫变换催化剂活性的主要因素，防止反硫化催化剂才能有活性，硫化的好坏直接影响催化剂的活性，因此对硫化必须相当重视。

4）钴钼系催化剂的氧化和再生

钴钼催化剂在使用一段时间后，由于重烃聚合而会产生结炭。这不仅降低催化剂活性，而且会使催化剂床层阻力增加，产生压差，此时就要将催化剂烧炭以获得再生。在粗煤气被切断，并加上了相应的盲板之后，把与触媒质量比为(0.1～0.3)：1 的中压蒸汽与正常变换过程的相反流向，由反应器底部通入，自顶部排出，这样可将粉尘杂质吹出。

蒸汽以 84℃/h 的速度给催化剂床层升温，直到催化剂床层温度为 350～450℃时为止(若超过 500℃将会损害催化剂)，然后继续通蒸汽，直到气流的冷凝液在取样中大致没有杂质为止。

之后通入工作空气，使蒸汽中含氧量为 0.2%～0.4%(即空气 0.5%～2%)，进行烧炭；观察床层温度，可以从床温的变化来观察床层含炭物质的燃烧情况，蒸汽中的空气绝不能超过 5%，通入的空气量可适量调节，以将床温控制在 500℃以下。

压力对烧炭无大影响，但从气体分布均匀考虑，气体压力以1~3个大气压为宜。

在烧炭过程中也会将催化剂中的硫烧去，而使催化剂变成氧化态。

烧炭之后的催化剂需重新硫化方能使用。若需将催化剂卸出，由于使用过的催化剂在70℃以上有自燃性，因此应先在反应器内冷却至大气温度。卸时准备水龙头喷水降温熄火。

（二）低温变换催化剂

1. 组成和性能

目前工业上采用的低温变换催化剂均以氧化铜为主体，经还原后具有活性组分的是细小的铜结晶。其耐温性能差，易烧结，寿命短。为了克服这一弱点，向催化剂中加入氧化锌、氧化铝和氧化铬等，将铜晶体有效地分隔开来，防止铜微晶长大，提高了催化剂的活性和热稳定性，按组成不同，低变催化剂分为铜锌、铜锌铝和铜锌铬三种。其中铜锌铝型性能好，生产成本低，对人无毒。低温变换催化剂的组成范围为：CuO含量15%~32%。

2. 催化剂的还原与氧化

氧化铜对变换反应无催化活性，使用前要用氢或CO还原为具有活性的单质铜，其反应式如下：

$$CuO+H_2 = Cu+H_2O \quad \Delta H=-86.526kJ/mol$$

$$CuO+CO = Cu+CO_2 \quad \Delta H=-127.49kJ/mol$$

在还原过程中，催化剂中的氧化锌、氧化铝、氧化铬不会被还原。氧化铜的还原是强烈的放热反应，且低变催化剂对热比较敏感，因此，必须严格控制还原条件，将床层温度控制在230℃以下。

还原后的催化剂与空气接触产生以下反应：

$$Cu+1/2O_2 = CuO \quad \Delta H=-155.078kJ/mol$$

若与大量空气接触，其反应热会将催化剂烧结。因此，要停车换新催化剂时，还原态的催化剂应通少量空气进行慢慢氧化，在其表面形成一层氧化铜保护膜，这就是催化剂的钝化。钝化的方法是用氮气或蒸汽将催化剂层的温度降至150℃左右，然后在氮气或蒸汽中配入0.3%的氧，在升温不大于50℃的情况下，逐渐提高氧的含量，直到全部切换为空气时，钝化即告结束。

3. 催化剂的中毒

硫化物、氯化物是低温变换催化剂的主要毒物，硫对低变催化剂中毒最明显，各种形态的硫都可与铜发生化学反应造成永久性中毒。在中变串低变的流程中，在低变前设氧化锌脱硫槽，使总硫精脱至1×10^{-6}(质量分数)以下。

氯化物对低变催化剂的毒害比硫化物大5~10倍，能破坏催化剂结构使之严重失活。氯离子来自水蒸气或脱氧软水，为此，要求蒸汽或脱氧软水中氯含量小于3×10^{-8}(质量分数)。

一、中温变换工艺条件

1. 操作温度

（1）操作温度必须控制在催化剂活性温度范围内。反应开始温度应稍高于催化剂活性温度20℃左右，一般反应开始温度为320~380℃，最高操作温度为530~550℃。

（2）全过程尽可能在最适宜温度的条件下进行。由于最适宜温度随变换率的升高而下降，因此，随着反应的进行，需要移出反应热，降低反应温度。生产中通常采取两种办法：一种是多段间接式冷却法，用原料气或蒸汽进行间接换热，移走反应热；另一种是直接冷激式，在段间直接加入原料气、蒸汽或冷凝液进行降温。这样一段温度高，可以加快反应速率，使大量一氧化碳进行变换反应，下段温度低，可提高一氧化碳变换率。

2. 操作压力

压力对变换反应的平衡几乎无影响，但加压变换有以下优点：

（1）可以加快反应速率和提高催化剂的生产能力，因此可用较大空速增加生产负荷。

（2）由于干原料气体积小于干变换气的体积，因此，先压缩原料气后，再进行变换的动力消耗低。

（3）需用的设备体积小，布置紧凑，投资较少。

（4）湿变换气中蒸汽的冷凝温度高，利于热能的回收利用。

（5）但压力提高后，设备腐蚀加重，且必须使用中压蒸汽。

目前中型甲醇厂变换操作压力一般为0.8~3.0MPa。

3. 汽气比

汽气比一般指蒸汽与原料气中一氧化碳的摩尔比或蒸汽与干原料气的摩尔比。

（1）增加蒸汽用量，可提高一氧化碳变换率，加快反应速率，防止催化剂中Fe_3O_4被进一步还原。

（2）使析炭及甲烷化等副反应不易发生。

（3）增加蒸汽能使湿原料气中一氧化碳含量下降，催化剂床层的温升减少，因此，改变水蒸气用量是调节床层温度的有效手段。

（4）但汽气比过大则能耗高，经济上不合算，也会增大床层阻力和余热回收设备负担。因此，应根据气体成分，变换率要求，反应温度，催化剂活性等合理调节蒸汽用量。甲醇生产中，中变水蒸气比例一般为汽/气（干气）=0.2~0.4。

4. 空间速度

空间速度（空速）的大小，既决定催化剂的生产能力，又关系到变换率的高低，在保证变换率的前提下，催化剂活性好，反应速率快，可采用较大空速，充分发挥设备的生产能力。若催化剂活性差，反应速率慢，空速太大，因气体在催化剂层停留时间短，来不及反应而降低变换率，同时床层温度也难以维持。

二、低温变换工艺条件

1. 操作温度

变换反应是一个可逆放热反应，为了让反应沿着最佳温度曲线进行，必须移走反应热以降低反应温度。变换炉内装两段耐硫变换触媒，两段间配有煤气激冷管线，采用连续换热式来降低温度，控制温度在393℃左右。预热器温度控制在240℃左右。

2. 操作压力

将气体压缩到4.0MPa后送入变换炉。压力对反应的化学平衡没有影响，但对反应速率影响显著，故加压操作可提高设备生产能力。现代甲醇装置采用加压变换可以节约压缩合成气的能量，并可充分利用变换气中过剩蒸汽的能量。

3. 变换率

最终变换率是由合成甲醇的原料气中氢碳比及一氧化碳和二氧化碳的比例决定的。采用部分气体变换，其余气量不经过变换而直接去合成，这部分气体可以调节变换后甲醇合成原料气中 CO 的含量，所以通过的气体变换率达 90%以上。

4. 空间速度

空速与压力有关，压力越高，空速越大。

5. 进口气中 CO 含量

CO 含量高，需用催化剂量多，寿命短，反应热量多，易超温。所以低变要求入口气体中一氧化碳含量应小于 6%，一般为 3%～6%。

6. 催化剂

在甲醇生产中，因变换率仅有 30%，考虑其耐硫性能差、使用寿命短、成本也较高，一般不选用铜锌系低温变换催化剂。

7. 催化剂粒度

为提高催化剂的粒内有效因子，可以减少催化剂粒度，但相应地气体通过催化剂床的阻力就将增加，变换催化剂的适宜直径为 6～10mm，工业上一般压制成圆柱状。

三、全低温变换工艺操作条件

1. 压力

变换反应对压力的要求并不严格，用多高压力，与全厂工艺和压缩机的选型有关，对变换本身的操作影响不大。只是提高压力，可加大生产强度，节省压缩做功，并因蒸汽压力的相应提高，而充分利用过剩蒸汽热能。

2. 温度

一般在催化剂的初期要控制的低些，随着使用情况和化学活性的变化而稳步提高，以此延长使用寿命。

3. 汽气比

因甲醇合成的氢碳比要求，变换率仅为 30%左右，故汽气比很低。在实际生产中，既要满足变换出气的指标要求，又要保证变换炉床层温度在活性范围内，只得采取部分变换，另一部分走变换炉近路的办法来稳定生产，一般汽气比控制在 0.2 左右。

4. 空速

因变换炉配有近路阀，所以空速也不尽相同，要根据生产负荷、变换率、催化剂的活性温度等条件灵活掌握。

由气化车间洗涤塔来的粗煤气经气液分离器分离掉气体中夹带的水分后，一部分水煤气（其流量由出变换工段气体中 H_2/CO 的比例要求而定）进原料气预热器与变换气换热至235℃左右与补入系统高压蒸汽充分混合后进入变换炉，与水蒸气在耐硫变换催化剂作用下进行变反应，出变换炉的高温气体经蒸汽过热器与中压蒸汽发生器副产的 226℃，压力为

2.5MPa(表)中压蒸汽换热，过热中压蒸汽到380℃，自身温度降低后在原料气预热器与进变换的粗煤气换热，出原料气预热器的变换气温度约为358℃，进中压蒸汽发生器副产2.5MPa(表)饱和蒸汽，温度降至255℃之后进入缓冲罐与未变换的粗煤气混合，最后在水冷器用循环冷水冷却至40℃左右，经过气液分离器气液分离后送净化工段。变换气中水蒸气经冷凝分离后排至造气循环水。

变换工艺流程图见项目六中图3-19。

习题与答案

1. CO变换反应原理是什么？

答：在催化剂作用下，CO通过与水蒸气反应，转化为合成氨的原料氢气和合成尿素的原料气二氧化碳。反应化学反应方程式为：$CO+H_2O\uparrow = H_2+CO_2$

该反应是可逆、等体积的放热反应，即使在较高的温度下，反应速度仍然较慢，所以需要催化剂，用以提高反应的速度。

2. 什么是汽气比？

答：汽气比是指水蒸气的用量与干原料气的体积比。

$$水汽比=V_{H_2O}/V_{气}$$

式中 V_{H_2O}——加入蒸汽的量；

$V_{气}$——干煤气的量。

3. Co-Mo系耐硫变换催化剂在使用前为什么要硫化处理？

答：耐硫变换催化剂在使用前一般要将其活性组分的氧化态转化为硫化态，这一转化过程称之为硫化。

4. 常用的硫化剂有哪几种？

答：常用的硫化剂有CS_2和H_2S两种。其中H_2S来自高硫煤气或固体硫化剂，CS_2可直接加入原料气。另外，硫氧化碳等有机硫也可作硫化剂。

5. 什么是耐硫变换催化剂的反硫化？

答：MoS_2在一定的水蒸气分压下发生反应生成H_2S，这种反应叫反硫化现象。

$$MoS_2+H_2O = MoO_2+H_2S$$

6. 变换催化剂为什么要分段？

答：由于变换原料气CO含量较高，变换反应温升较大，必须采用分段变换移走热量。

7. 对变换触媒有危害的物质有哪些？危害程度如何？哪些因素是可以控制的？如何控制？

答：对触媒有害的物质有：水、氧、炭黑等。其中水会影响触媒强度、使触媒粉化，炭黑会沉积在触媒表面，影响活性。氧浓度高会造成触媒氧化。上述物质是操作能控制的。调整炭黑洗涤塔的水量，可以控制工艺气含炭黑量。控制炭黑洗涤塔液位及稳定系统压力可以有效防止系统带水。

8. 变换系统充卸压力为何不能太快？一般要求为多少？

答：因为变换触媒，都是多孔物体，充卸压太猛，会造成触媒的损坏。一般要求变换炉充卸压速度为每分钟小于$0.5kg/cm^2$。

9. 变换系统采用何种类型的催化剂？其主要特点是什么？

答：采用Co-Mo钼系宽温耐硫变换催化剂，其主要特点为：(1)外形$\phi3\sim5mm$，球形床层阻力小。(2)堆密度低，为(1.0±0.1)g/cm^3。(3)高强度。(4)高耐硫，耐硫无上限。(5)高活性。(6)易硫化。(7)遇水不粉化。(8)对有机硫有好的转化作用。

10. 影响变换反应的因素有哪些?

答：(1)温度：因变换反应可逆放热反应，温度升高，反应向逆反应方向移动，但反应速度加快。

(2)压力：压力对变换平衡没有影响，增加压力可提高反应速度。

(3)水汽比：水汽比增加能够提高变换反应的平衡变换率，加快反应速度。

11. 变换炉超温的原因有哪些?

答：(1)水煤气带氧。

(2)因变换炉催化剂粉化、结块等原因造成变换炉阻力上升，床层局部超温。

(3)开车接气时，气量及压力没控制好。

(4)水煤气中 CO 含量过高。

(5)系统压力突然升高。

(6)入口温度偏高。

12. 耐硫催化剂失活有何现象?

答：在进入变换炉水煤气成分、流量不变的条件下，变换率明显下降、催化剂的温升减小、进出口压差增大。

13. 变换气中一氧化碳含量增高的因素有哪些?如何处理?

答：原因：

(1)变换炉入口温度过低，影响变换率。

(2)负荷过大或加量过猛。

(3)发生反硫化使催化剂活性降低。

(4)操作不稳，压力、温度波动。

处理办法是：

(1)提高反应温度；

(2)减负荷或缓加负荷；

(3)提高进口硫化氢浓度或重新硫化。

(4)稳定操作，稳定压力、温度。

项目六　脱硫脱碳

一、原料气中的杂质及其危害

1. 原料气的主要成分

原料气的主要成分随生产方法的不同而有差别：

以空气和水蒸气为气化剂的半水煤气，其主要成分有：H_2、N_2、CO、CO_2、CH_4、未反应的水蒸气。

以水蒸气-氧气为气化剂时，其主要成分有：H_2、CO、CO_2、CH_4、未反应的水蒸气等。

2. 原料气杂质成分和杂质含量

原料气杂质成分和杂质含量因生产方法的区别而有所不同，但主要是矿尘、各种硫的化合物、煤焦油等。

硫：甲醇原料气中的硫是以各种形态的含硫化合物存在，大部分转变成了 H_2S，也有极少量 COS、SO_2以及各种硫醇（C_2H_5SH）和噻吩（C_4H_4S）。

煤气中的含硫量与燃料中的硫含量以及加工方法有关。

（1）以含硫较高的焦炭或无烟煤为原料制得的煤气中，硫化氢可达 4~6g/m^3，有机硫 0.5~0.8g/m^3。

（2）以低硫煤或焦炭为原料时，硫化氢一般为 1~2g/m^3，有机硫为 0.05~0.2g/m^3。

（3）天然气中硫化氢含量因煤产地不同而有很大差异，约在 0.5~15g/m^{3}范围内变动。

（4）重油、轻油中的硫含量亦因石油产地不同而有很大差别。

氮：煤中的氮以 NH_3、HCN 和各种硫氰酸盐（酯）的形式出现在气体中。

卤素：各种卤素转化成它们相应的酸或盐。

其他元素：煤中还有一些被认为具有危险的元素如铍、砷、硒、镉、汞和铅。

3. 危害

（1）固体杂质会堵塞管道、设备等，从而造成系统阻力增大，甚至使整个生产无法进行。

（2）硫化氢及其燃烧产物（SO_2）会造成人体中毒，在空气中含有 0.1%的硫化氢就能致人死命。

（3）硫化物的存在还会腐蚀管道和设备，且给后续工序的生产带来危害，如造成催化剂中毒、使产品成分不纯或色泽较差等。

（4）卤化氢及其他卤化物危害也很大，如腐蚀管道、设备，造成催化剂中毒。

（5）对于煤焦油、酚等液相杂质，一方面在后续冷却时凝结而造成设备堵塞，以及影响煤气的纯度，另一方面，煤焦油、酚等还是重要的化工原料，有回收的价值。

二、原料气中杂质的脱除方法

原料气的净化包括固体颗粒的清除和气体杂质的净化，一般分为预净化和净化两个阶段。

1. 煤气除尘

煤气除尘就是从煤气中除去固体颗粒物。工业上使用的除尘设备主要有四大类：机械除尘器、电除尘、过滤和洗涤。

（1）机械除尘器：主要为重力沉降器和旋风分离器等。重力沉降器依靠固体颗粒的重力沉降，实现固气的分离。其结构最简单，造价低，但气速较低，使设备很庞大，而且一般只能分离大于 100μm 的粗颗粒。旋风分离器利用含尘气流作旋转运动时所产生的对固体尘粒的离心力，将尘粒从气流中分离出来。其是广泛使用的一种除尘设备，尤其适合于高温、高压、高尘浓度以及强腐蚀性环境等场合。具有结构紧凑、简单，造价低，维护方便，除尘效率较高，对进口原料气流负荷和粉尘浓度适应性强以及操作简单等优点。

(2) 电除尘：利用含尘颗粒的气体通过高压直流电场时电离，产生负电荷，与尘粒结合后，使尘粒带负电荷。尘粒到达阳极后，放出所带的电荷，沉积在阳极上，实现和气体的分离。电除尘对微粒有很好的分离效率，阻力小；但设备造价高，操作技术要求较高。

(3) 过滤法：可将0.1~1μm微粒有效地捕集下来，只是滤速不能高，设备庞大，排料清灰较困难，滤料容易损坏。常用的设备为袋式过滤器，颗粒层过滤器及陶瓷、金属纤维制的过滤器等，均可在高温下使用。

(4) 洗涤：既用于除去气体中颗粒物，又可脱除气体中的有害化学组分，所以用途十分广泛。但它只能用来处理温度较低的气体，排出的废液或废渣浆需要再次处理。常用的设备有文氏管洗涤器和水洗塔等。

2. 焦油、卤化物等有害物质的脱除

对煤气中的焦油蒸气、卤化物、碱金属的化合物、砷化物、NH_3和HCN等有害物质，目前的脱除方法主要为湿法洗涤，所用的设备和灰尘洗涤一样。

3. 脱硫

脱硫方法很多，但按脱硫剂的状态，可将脱硫方法分为干法脱硫和湿法脱硫两大类。

干法脱硫所用的脱硫剂为固体。当含有硫化物的原料气流过固体脱硫剂时，由于选择性吸收、化学反应等性质，使硫化物被脱硫剂固定，从而使原料气得到净化。

湿法脱硫利用液体吸收剂选择性地吸收原料气中的硫化物，实现了煤气中硫化物的脱除。

脱硫是甲醇生产中的关键技术。以焦炉气或焦炭、煤为原料时，制得的粗原料气，先经湿法一次脱硫，后经变换工序，再经湿法二次脱硫，然后经脱碳工序，最终以干法三次(精)脱硫(也可设有机硫转化装置)，使原料中硫化物的总含量$\leq 0.1cm^3/m^3$，方可送去甲醇合成工序。这种新工艺称为“三次脱硫、两次转化”。由此可见，脱硫技术贯穿于甲醇生产的整个工艺过程。

气体脱硫方法可分为两类，一类是干法脱硫，另一类是湿法脱硫。

1. 干法脱硫

设备简单，但应速率较慢，设备比较庞大，而且硫容量有限，常需要多个设备切换操作。

2. 湿法脱硫

分为物理吸收法、化学吸收法与直接氧化法三类。

(1) 物理吸收法：选择硫化物溶解度较大的有机溶剂为吸收剂，加压吸收，富液减压解吸，溶剂循环使用，解吸的硫化物需二次加工。

(2) 化学吸收法：选用弱碱性溶液吸收剂，吸收时发生化学反应，富液升温再生循环使用，再生的硫化物需要二次加工回收。

(3) 直接氧化法的吸收剂为碱性溶液，溶液中加载体起催化作用，被吸收的硫化氢被氧化为硫黄，溶液再生循环使用，副产硫黄。

在甲醇生产中脱硫方法选用的原则应根据原料气中硫的形态及含量、脱硫要求、脱硫剂供应保障等，通过技术与经济综合比较来确定。

一、湿法脱硫

对于含大量无机硫的原料气，通常采用湿法脱硫。湿法脱硫有着突出的优点。首先，脱硫剂为液体，便于输送；其次，脱硫剂较易再生并能回收富有价值的化工原料硫黄，从而构成一个脱硫循环系统实现连续操作。因此，湿法脱硫广泛应用于以煤为原料及以含硫较高的重油、天然气为原料的生产流程中。当气体净化度要求很高时，可在湿法脱硫之后串联干法脱硫，通过多次脱硫，多次转化，使脱硫在工艺上和经济上都更合理。

（一）湿式氧化法脱硫的基本原理

湿法氧化法脱硫包含三个过程。一是脱硫剂中的吸收剂将原料气中的硫化氢吸收；二是吸收到溶液中的硫化氢的氧化以及吸收剂的再生；三是单质硫的浮选和净化凝固。

1. 吸收的基本原理及吸收剂的选择

硫化氢是酸性气体，其水溶液呈酸性，吸收过程可表示为：

$$H_2S(g) \longrightarrow H^+ + HS^-$$

$$H^+ + OH^-(\text{碱性吸收剂}) \longrightarrow H_2O$$

故吸收剂应为碱性物质，使硫化氢的吸收平衡向右移动。工业中一般用碳酸钠水溶液或氨水等作吸收剂。

2. 再生的基本原理与催化剂的选择

碱性吸收剂只能将原料气中的硫化氢吸收到溶液中，不能使硫化氢氧化为单质硫。因此，需借助其他物质来实现。通常是在溶液中添加催化剂作为载氧体，氧化态的催化剂将硫化氢氧化为单质硫，其自身呈还原态。还原态催化剂再生时被空气中的氧氧化后恢复氧化能力，如此循环使用。

此过程为：

$$\text{载氧体(氧化态)} + H_2S \longrightarrow S + \text{载氧体(还原态)}$$

$$\text{载氧体(还原态)} + 2O_2 \longrightarrow H_2O + \text{载氧体(氧化态)}$$

总反应式：硫化氢在载氧体和空气的作用下发生如下反应：

$$H_2S + 2O_2(\text{空气}) \longrightarrow S + H_2O$$

显然，选择适宜的载氧催化剂是湿法氧化法的关键，这个载氧催化剂必须既能氧化硫化氢又能被空气中的氧氧化。因此，从氧化还原反应的必要条件来衡量，此催化剂的标准电位的数值范围必须大于硫化氢的电极电位，小于氧的电极电位，实际选择催化剂时考虑到催化剂氧化硫化氢，一方面要充分氧化为单质硫，提高脱硫液的再生效果；另一方面又不能过度氧化生成副产物硫代硫酸盐和硫酸盐，影响脱硫液的再生效果。同时，如果催化剂的电极电位太高，氧化能力太强，再生时被空气氧化就越困难。因此，常用有机醌类作催化剂。

化学脱硫主要是纯碱液相催化法，要使 HS^- 氧化成单质硫而又不发生深度氧化，那么该氧化剂的电极电位应在 $0.2V<E<0.7V$ 范围内，通常选用栲胶、ADA 等。

（二）改良 ADA 法（亦称蒽醌二磺酸钠法）

1. 基本原理

该法最初是在稀碱液中添加 2，6-蒽醌二磺酸钠和 2，7-蒽醌二磺酸钠作载氧体。但反应时间较长，所需反应设备大，硫容量低，副反应大，应用范围受到很大限制。后来，在溶液中添加0.12%~0.28%的偏钒钠($NaVO_3$)作催化剂及适量的酒石酸钾钠($NaKC_4H_4O_8$)作络合剂，取得了良好效果，该法开始得到广泛应用，因此又称为改良ADA法。该脱硫法的反应机理可分为四个阶段。

第一阶段，在pH=8.5~9.2范围内，脱硫塔内稀碱液吸收硫化氢生成硫氢化物。

$$Na_2CO_3 + H_2S \longrightarrow NaHS + NaHCO_3$$

第二阶段，在液相中，硫氢化物被偏钒酸钠迅速氧化成硫。而偏钒酸钠被还原成焦钒酸钠。

$$2NaHS + 4NaVO_3 + H_2O \rightleftharpoons Na_2V_4O_9 + 4NaOH + 2S\downarrow$$

第三阶段，还原性的焦钒酸钠与氧化态的ADA反应，生成还原态的ADA，而焦钒酸钠则被ADA氧化，再生成偏钒酸钠盐。

$$Na_2V_4O_9 + 2ADA(\text{氧化}) + 2NaOH + H_2O \longrightarrow 4NaVO_3 + 2ADA(\text{还原})$$

第四阶段，还原态ADA被空气中的氧氧化成氧化态的ADA，恢复了ADA的氧化性能。

$$ADA(\text{还原}) + O_2(\text{空气中}) \longrightarrow ADA(\text{氧化}) + H_2O$$

反应式中消耗的碳酸钠由反应式生成的氢氧化钠得到了补偿。恢复活性后的溶液循环使用。

$$NaOH + NaHCO_3 \longrightarrow Na_2CO_3 + H_2O$$

2. 工艺流程

以塔式再生改良ADA法脱硫工艺流程说明。

煤气进吸收塔后与从塔顶喷淋的ADA脱硫液逆流接触，脱硫后的净化气由塔顶引出，经气液分离器后送往下道工段。吸收H_2S后的富液从塔底引出，经液封进入溶液循环槽，进一步进行反应后，由富液泵经溶液加热器送入再生塔，与来自塔底的空气自下而上并流氧化再生。再生塔上部引出的贫液经液位调节器，返回吸收塔循环使用。再生过程中生成的硫黄被吹入的空气工序。

浮选至塔顶扩大部分，并溢流至硫黄泡沫槽，再经过加热搅拌、澄清、分层后，其清液返回循环槽，硫泡沫至真空过滤器过滤，滤饼投入熔硫釜，滤液返回循环槽。

3. 影响溶液对硫化氢吸收速度的因素

(1) 溶液的组分。包括总碱度、碳酸钠浓度、溶液的pH值及其他组分。

(2) 溶液的总碱度和碳酸钠浓度。溶液的总碱度和碳酸钠浓度是影响溶液对硫化氢吸收速度的主要因素。气体的净化度、溶液的硫容量及气相总传质系数，都随碳酸钠浓度的增加而增大。但浓度太高，超过了反应的需要，将更多地反应生成碳酸氢钠。碳酸氢钠的溶解度较小，易析出结晶，影响生产。同时浓度太高生成硫代硫酸钠的反应亦加剧。

(3) 溶液的pH值。对硫化氢与ADA/钒酸盐溶液的反应，溶液的pH值高对反应有利。而氧同还原态ADA/钒酸盐反应，溶液pH值低对反应有利。在实际生产中应综合考虑。

(4) 溶液中其他组分的影响。偏钒酸盐与硫化氢反应相当快。但当出现硫化氢局部过浓时，会形成“钒-氧-硫”黑色沉淀。添加少量酒石酸钠钾可防止生成“钒-氧硫”沉淀。酒石酸钠钾的用量应与钒浓度有一定比例，酒石酸钠钾的浓度一般是偏钒酸钠钾的一半左右。

(5) 温度。吸收和再生过程对温度均无严格要求。温度在15~60℃范围内均可正常操作。但温度太低，一方面会引起碳酸钠、ADA、偏钒酸钠盐等沉淀；另一方面，温度低吸收速度慢，溶液再生不好。温度太高时，会使生成硫代硫酸钠的副反应加速。通常溶液温度需维持在40~45℃。这时生成的硫黄粒度也较大。

（6）压力。脱硫过程对压力无特殊要求，由常压至65~68MPa(表)范围内，吸收过程均能正常进行。吸收压力取决于原料气的压力。加压操作对二氧化碳含量高的原料气有更好的适应性。

（三）栲胶脱硫法

栲胶的主要组成单宁(约70%)，含有大量的邻二或邻三羟基酚。多元酚的羟基受电子云的影响，间位羟基比较稳定，而对位和邻位羟基很活泼，易被空气中氧所氧化，用于脱硫的栲胶必须是水解类热溶栲胶，在碱性溶液中更容易氧化成醌类，氧化态的栲胶在还原过程中氧取代基又还原成羟基。

1. 栲胶法脱硫基本原理

（1）化学吸收：

$$Na_2CO_3(\text{吸收})+H_2S \longrightarrow NaHCO_3+NaHS$$

该反应对应的设备为填料式吸收塔。由于该反应属强碱弱酸中和反应，所以吸收速度相当快。

（2）单质硫的析出。

$$2NaHS+4NaVO_3+H_2O \longrightarrow Na_2V_4O_9+4NaOH+2S$$

该反应对应设备为吸收塔，但在吸收塔内反应有少量进行，主要在富液槽内进行。

（3）氧化剂的再生。

$$Na_2V_4O_9+2\,\text{栲胶(氧化)}+2NaOH+H_2O \longrightarrow 4NaVO_3+2\,\text{栲胶(还原)}$$

该反应对应设备为富液槽和再生槽。

（4）载氧体(栲胶)的再生。

$$\text{栲胶(还原)}+O_2(\text{空气中}) \longrightarrow \text{栲胶(氧化)}+H_2O$$

该反应对应设备为再生槽。

以上四个反应方程式总反应为：

$$2H_2S+O_2 = 2S\downarrow+2H_2O$$

2. 栲胶法脱硫的反应条件

（1）溶液的pH值。提高pH值能加快吸收硫化氢的速率，提高溶液的硫容量，从而提高气体的净化度，并能加快氧气与还原态栲胶的反应速率。但pH值过高，吸收二氧化碳的量增多，易析出$NaHCO_3$结晶，同时降低钒酸盐与硫氢化物反应速率和加快生成硫代硫酸钠的速率。大量的实验证明：pH=8.1~8.7为适宜范围。

（2）偏钒酸钠含量。偏钒酸钠含量高，氧化HS^-速率快，偏钒酸钠含量取决于它能否在进入再生槽前全部氧化完毕。否则就会有$Na_2S_2O_3$生成，太高不仅造成偏钒酸钠的催化剂浪费，而且直接影响硫黄纯度和强度，生产中一般应加入1~1.5g/L。

（3）栲胶含量。化学载氧体，作用将焦钒酸钠氧化成偏钒酸钠，如果含量低直接影响再生效果和吸收效果，太多则易被硫泡沫带走，从而影响硫黄的纯度。生产中一般应控制在0.6~1.2g/L。

（4）温度。提高温度虽然降低硫化氢在溶液中的溶解度，但加快吸收和再生反应速率，同时也加快生成的$Na_2S_2O_3$副反应速率。温度低，溶液再生速度慢，生成硫黄过细，硫化氢难分离，并且会因碳酸氢钠、硫代硫酸钠、栲胶等溶解度下降而析出沉淀堵塞填料，为了使吸收再生和析硫过程更好地进行，生产中吸收温度应维持在30~45℃，再生槽温度应维持在60~75℃。

（5）液气比。液气比增大，溶液循环量增大，虽然可以提高气体的净化度，并能防止硫黄在填料的沉积，但动力消耗增大，成本增加。因此液气比大小主要取决于原料气硫化氢含量多少、硫容量的大小、塔型等，生产一般维持11L/m³左右即可。

（6）再生空气用量及再生时间。空气作用可将还原态的栲胶氧化成氧化态的栲胶，还可以使溶液悬浮硫以泡沫状浮在溶液的表面上，以便捕集，溢流回收硫黄。

二、干法脱硫

干法脱硫净化度高，并能脱除各种有机硫。但干法脱硫剂或者不能再生或者再生困难，只能周期性操作，设备庞大，劳动强度高。所以，干法脱硫仅适用于气体硫含量较低和净化度高的场合。因此在合成气进入合成塔催化剂床层前，一般设有精脱硫保护床。精脱硫常用脱硫剂有氢氧化铁、氧化铁、氧化锌、活性炭等。

（一）氢氧化铁法

1. 基本原理

用氢氧化铁法脱除硫化氢，反应式如下：

$$2Fe(OH)_3+3H_2S \xlongequal{} Fe_2S_3+6H_2O$$

这是不可逆反应，反应原理不受平衡压力影响，但水蒸气的含量对脱硫效率影响很大。副产硫黄，氢氧化铁可以再生，再生反应为：

$$2Fe_2S_3+6H_2O+3O_2 \xlongequal{} 4Fe(OH)_3+6S$$

再生有间歇与连续两种。间歇再生用含氧气体进行循环再生，连续再生在脱硫槽进口处向原料气不断加入空气与水蒸气，后者简便、省时，能提高脱硫剂利用率。

2. 使用条件

氢氧化铁脱硫剂组成为$\alpha Fe_2O_3 \cdot xH_2O$，脱硫剂需要适宜的含水量，最好为30%~50%，否则会降低脱硫率。氢氧化铁法使用时无特殊要求，在常温、常压与加压下都能使用，但脱硫效果与接触时间长短有关，在脱硫过程中，原料气硫含量与所需接触时间近乎成直线关系。

（二）活性炭法

1. 基本原理

活性炭脱硫法分吸附法、催化法和氧化法。

（1）吸附法是利用活性炭选择性吸附的特性进行脱硫，因硫容量过小，使用受到限制。

（2）催化法是在活性炭中浸渍了铜铁等重金属，使有机硫被催化转化成硫化氢，而硫化氢再被活性炭吸附。

（3）氧化法脱硫是借助于氧的催化作用，硫化氢和硫氧化碳被气体中存在的氧气所氧化，反应式为：

$$H_2S+1/2O_2 \xlongequal{} S+H_2O$$

$$COS+1/2O_2 \xlongequal{} S+CO_2$$

反应分两步进行，第一步是活性炭表面化学吸附氧，形成表面氧化物，这一步反应速率极快；第二步是气体中的硫化氢分子与化学吸附氧反应生成硫与水，速率较慢，反应速率由第二步确定。反应所需氧，按化学计量式计算，结果再多加50%。由于硫化氢与硫醇在水中有一定的溶解度，故要求原料气的相对湿度大于70%，使水蒸气在活性炭表面形成薄膜，有利于活性炭吸附硫化氢及硫醇，增加它们在表面上氧化反应的机会。氨的存在使水膜呈碱性，有利于吸附酸性的硫化物，显著提高脱硫效率与硫含量。反应过程强烈放热，当温度在20~40℃时，对脱硫过程无影响；如超过50℃，气体将带走活性炭中水分，使湿度降低，恶化脱硫过程，且水膜中氨浓度下降，使氨的催化作用减弱。

2. 再生方法

脱硫剂再生有过热蒸汽法和多硫化铵法。

（1）多硫化铵法是采用硫化铵溶液多次萃取活性炭中的硫，硫与硫化铵反应生成多硫化铵，反应式为：

$$(NH_4)_2S+(n-1)S = (NH_4)_2S$$

此法包括硫化铵溶液的制备、硫化铵溶液浸取硫黄、再生活性炭和多硫化铵溶液的分解以及回收硫黄和硫化铵溶液等步骤。传统的再生方法，优质的活性炭可再生循环使用20~30次，但这种方法流程比较复杂，设备繁多。

（2）过热蒸汽或惰性气体再生法，采用惰性气体不与硫反应，用燃烧炉或电炉加热，调节温度至350~450℃，通入活性炭脱硫器内，活性炭发生升华，硫蒸气被热气体带走。

（三）氧化锌脱硫剂

1. 基本原理

该脱硫剂系以活性氧化锌为主体添加特殊组分，氧化锌约占95%左右，并添加少量氧化锰、氧化铜或氧化镁为助剂。可在常温、低温下使用的一种新型精脱硫剂。氧化锌不仅能直接脱除硫化氢，而且可以直接脱除硫醇等有机硫。

反应方程式为：

$$ZnO+H_2S = ZnS+H_2O$$

$$ZnO+C_2H_5SH = ZnS+C_2H_4+H_2O$$

$$ZnO+C_2H_5SH = ZnS+C_2H_5OH$$

当气体中有氢存在时，硫氧化碳、二硫化碳、硫醚等硫化物在氧化锌脱硫剂内活性组分的作用下，先转化成硫化氢，然后硫化氢和氧化锌反应被脱除。

反应方程式为：

$$COS+H_2 = CO+H_2S$$

$$CS_2+4H_2 = CH_4+2H_2S$$

$$RSR+2H_2 = RH+R/H+H_2S$$

氧化锌和硫化物反应的产物硫化锌比较稳定，所以氧化锌一般不进行再生，需要定期更换。

2. 工艺操作条件

（1）温度。温度升高，反应速率加快，脱硫剂硫容量增加。但温度过高，氧化锌的脱硫能力反而下降，工业生产中，脱除硫化氢时可在200℃左右进行，脱除有机硫时必须在350~400℃。

（2）压力。氧化锌脱硫属内扩散控制过程，因此，提高压力有利于加快反应速率。

（3）硫容量。硫容量与脱硫剂性能有关，同时与操作条件有关。温度降低，气体空速和水蒸气量增大，硫容量则降低。

（四）氧化锰脱硫法

1. 基本原理

氧化锰对对噻吩的转化能力非常小，在干法脱硫中，主要起吸收 H_2S 的作用。其反应式为：

$$MnO+H_2S=MnS+H_2O$$

2. 氧化锰催化剂

天然锰矿都是以 MnO_2 存在，MnO_2 是不能脱除 H_2S 的，只有还原后才具有活性。因此使用前必须进行还原。其反应式为：

$$MnO_2+H_2=MnO+H_2O$$

生产中是根据需要将锰矿石粉碎成一定的粒度，然后均匀的装入设备内进行升温还原后，催化剂具有了吸收 H_2S 的活性后才可使用。

3. 工艺操作条件

氧化锰催化剂温度一般为 350～420℃，操作压力 2.1MPa 左右，催化剂层热点温度 400℃左右。

三、物理吸收法简介

采用物理吸收剂溶解吸收水煤气中的酸性气体（硫化氢、二氧化碳等），通过气提使溶液再生的方法称为物理吸收法。其特点如下：

（1）能脱除多种酸性气体，但本身不降解；

（2）吸收剂不起泡，不腐蚀设备；

（3）若二氧化碳和硫化氢同时存在，可选择性吸收硫化氢；

（4）使用条件：吸收在高压低温下进行，吸收能力强，吸收剂用量少，再生时基本不消耗热量，能耗低。

典型的有低温甲醇洗涤法、碳酸丙烯酯法、NHD 法等。

一、概述

低温甲醇洗工艺是由德国的林德公司（Linde）和鲁奇公司（Lurgi）在 20 世纪 50 年代共同开发的一种有效的气体净化工艺。1954 年在南非，由鲁奇公司建成了第一个工业规模的示范性装置，用于净化加压鲁奇炉制得的煤气。林德公司第一个将其应用于化肥厂净化含硫变换气，并回收 CO_2 供合成尿素。

低温甲醇洗工艺（Rectisol）是采用冷甲醇作为溶剂脱除酸性气体的一种物理吸收方法，是一种有效的气体净化工艺。其与化学吸收或其他物理吸收方法相比具有无可比拟的优点，近年来，低温甲醇洗工艺在流程优化、节能降耗、降低投资、提高装置操作灵活性等方面不断改进。

用于脱除酸性气体最适宜的溶剂就是极性溶剂，因为极性溶剂可溶解酸性气体，而对H_2、N_2等非极性组分则溶解很少。甲醇是一种极性溶剂，甲醇溶剂对CO_2和H_2S、COS的吸收具有很高的选择性，同等条件下，COS和H_2S在甲醇中的溶解度分别约为CO_2的3~4倍和5~6倍。这就使气体的脱硫和脱碳可在同一个塔内分段、选择性地进行。用少量的脱碳富液脱硫，不仅简化了流程，而且容易得到高浓度的H_2S馏分，并可用常规克劳斯法回收硫黄，或用WSA法生产硫酸。低温甲醇洗对有机硫吸收效果好，不需设置有机硫水解装置。甲醇在脱除CO_2、H_2S和COS的同时又可除去其他众多杂质，这些组分不会被带入下游产生腐蚀、发泡和堵塞。

低温甲醇洗工艺在低温下操作，溶液再生能耗少，酸性气体的溶解度在低温下大幅度增加，溶剂溶解负荷提高，从而节省溶剂循环量和再生能量的消耗，设备的体积可以减小；而且在低温操作时，溶剂损失量小，投资和生产费用均会下降。一般认为，低温甲醇洗由于低温操作需要制冷设施和大量的低温钢材，投资大。其实，与其他物理吸收方法相比，低温甲醇洗的投资处于中等水平，但其能耗最低。因此，低温甲醇洗是一种技术先进、经济合理的气体净化工艺。

林德低温甲醇洗和鲁奇低温甲醇洗的技术基础都是采用冷甲醇作为溶剂脱除酸性气体，各有特点。林德低温甲醇洗配置在德士古气化流程耐硫CO变换的下游，选择性的一步法脱硫脱碳。它具有流程短、布置紧凑的特点。鲁奇低温甲醇洗配置在谢(希)尔气化或鲁奇气化的下游，流程的安排为气化、脱硫、变换、脱碳。与林德低温甲醇洗相比，鲁奇低温甲醇洗在变换前脱硫，脱硫气量少、设备小；变换处于脱硫和脱碳之间，原料气热而复冷，换热次数多，能量损失大，设备数量多，流程较长，投资较高。

我国对低温甲醇洗的研究工作起步于20世纪70年代末，经过近20年的努力，已取得了一定的成果。目前已获得了低温甲醇洗方面的多项专利，并完成了低温甲醇洗系统计算软件的开发。该软件在山西化肥厂、宁夏化工厂和乌鲁木齐石化化肥厂低温甲醇洗装置的标定、瓶颈分析、增产改造方案确定中发挥了很大的作用。

低温甲醇洗设备国产化方面进程较快，20世纪70~80年代建设的低温甲醇洗装置基本上都是全套引进的，90年代引进的低温甲醇洗装置设备国产化率有了很大的提高，大于45%，若国内能解决低温材料，设备的国产化率还会进一步提高。目前，在新建工程中，除了个别专利设备、少数关键性的动设备以外，其他设备均立于足国内解决，在国内材料不能满足要求时，仅从国外引进材料，国内自行设计和制造，这样来降低建设成本，促进国内低温甲醇洗技术的进一步发展。

二、低温甲醇洗工艺原理

(一) 基本原理

低温甲醇洗是一种典型的物理吸收过程。物理吸收和化学吸收的根本不同点在于吸收剂与气体溶质分子间的作用力不同。在物理吸收过程中，各分子间的作用力为范德华力；而化学吸收中为化学键力。这二者的区别构成它们在吸收平衡曲线、吸收热效应、温度对吸收的影响、吸收选择性以及溶液再生等方面的不同。

物理吸收中，气液平衡关系开始时符合亨利定律，溶液中被吸收组分的含量基本上与其在气相中的平衡分压成正比；在化学吸收中，当溶液的活性组分与被吸收组分间的反应达到平衡以后，被吸收组分在溶液中的进一步溶解只能靠物理吸收。物理吸收中，吸收剂的吸收容量随酸性组分分压的提高而增加；溶液循环量与原料气量及操作条件有关，操作压力提高，温度降低，溶液循环量减少。在化学吸收中，吸收剂的吸收容量与吸收剂中活性组分的含量有关。因此，在化学吸收中，溶液循环量与待脱除的酸性组分的量成正比，即与气体中酸性组分的含量关系很大，但与压力基本无关。

低温下，甲醇对酸性气体的吸收是很有利的。当温度从20℃降到-40℃时，CO_2的溶解度约增加6倍，吸收剂的用量也大约可减少6倍。低温下，例如-50～-40℃时，H_2S的溶解度又差不多比CO_2大6倍，这样就有可能选择性地从原料气中脱除H_2S，而在溶液再生时先解吸回收CO_2。

低温下，H_2S、COS和CO_2在甲醇中的溶解度与H_2、CO相比，至少要大100倍，与CH_4相比，约大50倍。

因此，如果低温甲醇洗装置是按脱除CO_2的要求设计的，则所有溶解度与CO_2相当或溶解度比CO_2大的气体，例如COS、H_2S、NH_3等以及其他硫化物都能一起脱除，而H_2、CO、CH_4等有用气体则损失较少。

通常，低温甲醇洗的操作温度为-70～-30℃，各种气体在-40℃时的相对溶解度，如表3-13所示。

表3-13　-40℃时各种气体在甲醇中的相对溶解度

气体	气体的溶解度/H_2的溶解度	气体的溶解度/CO_2的溶解度
H_2S	2540	5.9
COS	1555	3.6
CO_2	430	1.0
CH_4	12	
CO	5	
N_2	2.5	
H_2	1.0	

当气体中有CO_2时，H_2S在甲醇中的溶解度约比没有CO_2时降低10%～15%。溶液中CO_2含量越高，H_2S在甲醇中溶解度的减少也越显著。

当气体中有H_2存在时，CO_2在甲醇中的溶解度就会降低。当甲醇含水时，CO_2的溶解度也会降低，当甲醇中的水分含量为5%时，CO_2在甲醇中的溶解度与无水甲醇相比约降低12%。

（二）原料气中各组分在甲醇中的溶解度分析

1. 硫化氢在甲醇中的溶解度

两种极性物质的极性越接近相互溶解度越大；反之，两种物质的极性越远，则相互溶解度越小，甚至完全不互溶。硫化氢和甲醇都是极性物质，对H_2S而言，甲醇是良好的溶剂。

低温时H_2S在甲醇中的溶解度是很大的。研究表明，甲醇对H_2S的吸收速度远大于对CO_2的吸收速度。因此当气体中同时含有H_2S和CO_2时，甲醇首先将H_2S吸收。同样，在减压再生过程中可适当地控制再生压力，使大量的CO_2解吸出来而使H_2S仍留在溶液中，以后再用减压抽吸、汽提、蒸馏等方法将其回收。这样，利用甲醇对H_2S和CO_2可进行分段吸收，再分别再生，从而各自得到高浓度的H_2S和CO_2。

在同一温度下，H_2S在甲醇中的溶解度随其压力的升高而增大。

2. 二氧化碳在甲醇中的溶解度

低压下CO_2在甲醇中的溶解度和分压的关系基本上呈线性关系，可以用亨利定律公式表示为：

$$P_{CO_2}=KN_{CO_2} \tag{3-7}$$

式中　N_{CO_2}——CO_2在甲醇中的溶解度，摩尔分数；

K——常数，与温度有关。

CO_2分压很低时，温度降低，不仅溶解度增加，而且溶解度的温度系数也增加很快。如果温度从-20℃降到-50℃，溶解度差不多增加3倍。

数据表明，CO_2在甲醇中的溶解度随压力的增加而增加，而温度对溶解度的影响更大，尤其是低于-30℃时，溶解度随着温度的降低而急剧增加。当温度接近于一定压力下的露点时，气体在该压力下的溶解度趋向于无穷大。因此用甲醇吸收CO_2宜在高压和低温下进行。

实验及实践经验证明，同一条件下二氧化碳在甲醇中的溶解度比氢、氮、一氧化碳等惰性气体大得多，因此在加压下用甲醇洗涤含有上述组分的混合气体时，只有少量惰性气体被甲醇吸收，而且在减压再生过程中氢、氮等气体首先从溶液中解吸出来；另一方面，有用气体H_2、CO及CH_4等的溶解度在温度降低时却增加得很少，其中H_2的溶解度反而随温度降低而减少，所以用甲醇吸收CO_2适合于低温下进行。

3. COS与CS_2在甲醇中的溶解度

COS在甲醇中的溶解度服从亨利定律，如式(3-8)所示：

$$P=K_S S \tag{3-8}$$

式中　P——COS的平衡分压，mmHg；

S——COS在甲醇中的溶解度，cm^3/g；

K_S——亨利常数，$(mmHg \cdot g)/cm^3$。

不同温度时，K_S的数值如下：

COS在甲醇中的溶解度与H_2S相比，在同样条件下约小1.5~2倍。实验表明，在-25℃以上时，CS_2在甲醇中的溶解度服从亨利定律，当温度更低时，则与亨利定律有较大的偏差。COS在甲醇中的溶解度比H_2S的溶解度小，比CO_2的溶解度要大，因此，吸收气体中CO_2所需要的甲醇量能够完全地除净气体中的有机硫化物。

4. H_2、N_2、CH_4等气体在甲醇中的溶解度

由实验数据得知，H_2在甲醇中的溶解度随温度的降低而减少；提高溶液中CO_2含量时，H_2的溶解度会增加，N_2在-60~38℃的范围内，在甲醇中的溶解度增加得不显著。在相同条件下N_2在甲醇中的溶解度，约比H_2大2倍。

CH_4在甲醇中的溶解度：在40atm(约4052.99kPa)压力下，不同温度时，CH_4在甲醇中的溶解度与其在甲醇中的摩尔分数成正比，可以很好地用式(3-9)表示：

$$S = KN \tag{3-9}$$

式中　K——亨利常数；

N——CH_4在甲醇中的摩尔分数。

甲醇作为吸收酸性气体的良好吸收剂，在低温(-57~-9℃)、高压的条件下，对 CO_2、H_2S 有较高的吸收能力，对 CO、H_2等溶解度较低。也就是说，甲醇作为吸收剂对被吸收的气体有较高的选择性。

三、低温甲醇洗工艺条件探讨

1. 吸收压力

低温甲醇洗是物理吸收，提高操作压力可使气相中 CO_2、H_2S 等酸性气体分压增大，增加吸收的推动力，从而增加溶液的吸收能力，减少溶液的循环量，同时也减少吸收设备的尺寸，提高气体的净化度。但是，压力若过高，就会使耐压设备的投资增加，使有用气体组分 H_2、N_2等的溶解损失也增加。具体采用多大压力，主要由原料气组成、所要求的气体净化度以及前后工序的压力等来决定。对于煤制气装置的低温甲醇洗工序，其吸收压力受前面的气化炉的压力所决定。

2. 吸收温度

吸收温度对酸性气体在甲醇中溶解度影响很大，温度越低，酸性气体的溶解度越大，压力确定后，吸收温度与净化气的最终要求有关。在低温甲醇洗工艺流程中，影响吸收操作温度的主要因素有：入系统的原料气温度及焓值；气体的溶解热；入塔吸收液的温度；外界环境的气候条件等。

入塔变换气的温度和外界环境的影响，基本上是恒定的，入塔吸收液温度是吸收过程中的最低温度，因此，影响溶液温度变化的主要因素就可假定为吸收热；也就是说，吸收塔各段的温度与其所吸收的酸性组分的量有直接关系。当各段吸收量发生变化时，就会破坏吸收塔的正常操作的温度分布状况。

3. 吸收液循环量

在物理吸收过程中，为了降低吸收操作所用的溶剂量，节约能耗，必须提高吸收压力，降低吸收温度以增大溶解度系数和采用高效的传质设备。

4. 甲醇洗工序冷量的来源

甲醇洗工序脱除酸性气体 CO_2、H_2S 及 COS 是在低温下进行的。为了满足净化工艺要求，不断补偿各种冷量损失(换热器的换热损失、保冷损失、酸性气体吸收时由于溶解热所造成的冷量损失，外排介质带走损失)，工序需从外界得到冷量以维持正常的操作。本工序冷量的直接来源为冷冻站提供的液态丙烯在丙烯蒸发器中蒸发而获得的冷量，以及由各水冷器向系统提供的冷量，冷量的间接来源为低压系统介质闪蒸所回收的冷量。

四、低温甲醇洗工艺特点

1. 可同时脱除多种物质

它可以同时脱除原料气中的 H_2S、COS、RSH、CO_2、HCN、NH_3、NO 以及石蜡烃、芳香烃、粗品油等组分，且可同时脱水使气体彻底干燥，所吸收的有用组分可以在甲醇再生过程中回收。

2. 气体的净化度很高。

净化气中总的硫含量可脱至0.1μg/g以下，CO_2可脱至10μL/L以下。

3. 吸收的选择性比较高

H_2S和CO_2可以在不同设备或在同一设备的不同部位分别吸收，而在不同的设备和不同的条件下分别回收。由于低温时H_2S和CO_2在甲醇中的溶解度都很大，所以吸收溶液的循环量较小，特别是当原料气压力比较高时尤为明显。另外，在低温下H_2和CO等在甲醇中的溶解度都较低，甲醇的蒸气压也很小，这就使有用气体和溶剂的损失保持在较低水平。

4. 甲醇的热稳定性和化学稳定性都较好

甲醇不会被有机硫、氰化物等组分所降解，在操作中甲醇不起泡、不分解，纯甲醇对设备和管道也不腐蚀，因此，设备与管道大部分可以用碳钢或耐低温的低合金钢。甲醇的黏度不大，在-30℃时，甲醇的黏度与常温水的黏度相当，因此，在低温下对传递过程有利。

5. 溶剂损失少

低温下甲醇的蒸汽压很小，随气体带走的甲醇很少。

6. 容易再生

减压后，溶解气体逐渐解吸回收，甲醇热再生后经冷却冷凝，循环使用。

此外，甲醇也比较便宜，容易获得。

缺点：

（1）甲醇毒性大，易对环境造成污染，对排放的甲醇残液需进行处理。五塔的稳定操作是本工段外排废水达标的关键。

（2）由于在低温操作，对材质和制造技术要求较高，设备制造有一定困难。

（3）为回收冷量，换热设备特别多，流程复杂，换热设备费用大，绕管式换热器制造成本和难度相对较高。

以重油和煤、焦为原料制得的甲醇原料气中，二氧化碳是过剩的，合成甲醇时氢碳比太低，对合成反应不利，因此，二氧化碳必须从系统中脱除，同时利用各种脱碳方法还可去除气体中的硫化氢。而以天然气、石脑油为原料制气时，则氢气过剩，还需适当的补充二氧化碳，才能达到甲醇合成的要求。

与变换一样，脱碳后气体的CO_2指标也很高，含量一般为3%~6%，而脱碳前气体中CO的含量为15%，所以各种脱碳方法都可满足甲醇生产中的脱碳要求，下面介绍几种典型的脱碳方法．以湿法脱碳为主。

一、湿法脱碳方法

湿法脱碳，根据吸收原理的不同，可分为物理吸收法和化学吸收法。

物理吸收法是利用分子间的范德华力进行选择性吸收。适用于CO_2含量>15%，无机硫、有机硫含量高的煤气，目前国内外主要有：水洗法、低温甲醇洗涤法、碳酸丙烯酯法、聚乙醇二甲醚等吸收法。吸收CO_2的溶液仍可减压再生，吸收剂可重复利用。其中水洗法的动力消耗大，氢气和一氧化碳损失大；低温甲醇洗涤法既可脱碳，又可脱硫，但需要足够多得冷量，因此一般在大型化工厂使用；碳酸丙烯酯法由于溶液造成的腐蚀严重，并且液体损失量较大，所以聚乙醇二甲醚脱碳广泛被采用。

化学吸收法是利用CO_2的酸性特性与碱性物质进行反应将其吸收，常用的吸收法有热碳酸钾法、有机胺法和浓氨水法等，其中热的碳酸钾适用于CO_2含量<15%时，浓氨水吸收最终产品为碳酸铵，达不到环保要求，该法逐渐被淘汰，有机胺法逐渐被人们所看好。

二、物理吸收法

（一）物理吸收剂

1. 碳酸丙烯酯

（1）物理性质。分子结构：$CH_3CHOCO_2CH_2$，正常沸点为238.4℃，冰点-48.89℃，密度(15.5℃)1.198g/cm^3。

碳酸丙烯酯对CO_2吸收能力大，在相同条件下约为水的4倍。纯净时略带芳香味，无色，当使用一定时间后，由于水溶解CO_2、H_2S、有机硫、烯烃，水及碳酸丙烯酯降解，溶液变成棕黄色，属中度挥发性有机溶剂，易溶于有机溶剂，但对压缩机油难溶。吸水性极强，碳酸丙烯酯液吸收能力与压力成正比，与温度成反比，对材料无腐蚀性(无水解时)，所以可用碳钢做材料，投资少，但降解后对碳钢有腐蚀，使碳酸丙烯酯颜色变成棕色，这一点特别注意。

各种气体在碳酸丙烯酯中的溶解度见表3-14。

表3-14　各种气体在碳酸丙烯酯中的溶解度（0.1MPa，25℃）

气体	CO_2	H_2S	H_2	CO	CH_4	COS	C_2H_2
溶解度/(m^3 气体/m^3)	3.47	12.0	0.025	0.5	0.3	5.0	8.6

（2）化学性质。

水解性：

$$C_3H_6CO_3+2H_2O = C_3H_6(OH)_2+H_2CO_3$$

$$C_3H_6CO_3 = H_2O+CO_2$$

碳酸丙烯酯水解成1，2-丙二醇。

① 溶液含水量越多，溶剂被水解的量也多。

② 温度升高，能加快水解速度，增加碳酸丙烯酯液水解量。

③ 在酸性介质中，水解速度加快。

（3）溶解度计算。最大吸收度经验式：

$$\lg X_{CO_2}=\lg P_{CO_2}+727/T-4.4 \quad (3-10)$$

2. 聚乙二醇二甲醚(简称NHD)

此法是美国ALLied化学公司，在1965年开发成功的物理吸收法

（1）NHD溶剂物理性质：主要组分是聚乙二醇二甲醚的同系物，分子式为$CH_3O(C_2H_4O)_nCH_3$，式中n=2~8，平均相对分子质量为250~280。

物理性质(25℃)：

密度 1.027kg/m^3

蒸汽压　　0.093Pa

表面张力　　0.034N/m

黏度　　4. 3mPa · s

比热容　　2100J/(kg · K)

导热系数　　0. 18W/(m · K)

冰点　　-22～-29℃

闪点　　151℃

燃点　　157℃

各种气体在 NHD 溶剂中的相对溶解度见表 3-15。

表 3-15　各种气体在 NHD 溶剂中的相对溶解度

气体	H_2	CO	CH_3	CO_2	COS	H_2S	CH_3SH	CS_2	H_20
相对溶解度	1. 3	2. 8	6. 7	100	233	893	2270	2400	73300

(2) NHD 溶剂的优点

① 溶剂对 CO_2、H_2S 等酸性气体吸收能力强。

② 溶剂的蒸汽压极低，挥发性小。

③ 溶剂不氧化、不降解，有良好的化学和热稳定性。

④ 溶剂对碳钢等金属材料无腐蚀性。

⑤ 溶剂本身不起泡。

⑥ 具有选择性吸收 H_2S 的特性，并且可以吸收 COS 等有机硫。

⑦ 溶剂无臭、无味、无毒。

⑧ 能耗低。NHD 溶剂系物理吸收溶剂。再生时，只需空气气提可节约大量再生能耗。

3. *N*-甲基吡咯烷酮(简称 Purisol)

Lurgi 法重油气化制得的甲醇原料气采用 *N*-甲基吡咯烷酮法脱除 CO_2。因这种变换气中 CO_2高达 30%，要降到 3%～6%，以满足甲醇合成的需要。考虑这种溶剂对二氧化碳的吸收能力比水高 6 倍，而 H_2和 CO 的损失却很小，故选用这种溶剂作物理吸收剂。

4. 甲醇

甲醇在-70～-30℃的低温条件下，能同时脱除气体中的 H_2S、COS、CS_2、RSH、C_4H_4S、CO_2、HCN 以及石蜡烃、粗汽油等杂质，还可同时吸收水分。甲醇在低温下选择性强，有效 CO、H_2等损失小，具有热稳定性和化学稳定性好等许多优点。

低温甲醇洗也有缺点：甲醇毒性大，再生流程复杂。多用于天然气、石脑油为原料蒸汽转化制得的原料气的脱碳，也有以固体燃料为原料加压连续气化的厂家同时脱硫脱碳。

(二) 碳酸丙烯酯吸收的基本原理

碳酸丙烯酯吸收二氧化碳气体是一个物理吸收过程，二氧化碳气体在碳酸丙烯酯溶液中浓度很低时，可用亨利定律来表示：

$$P_{CO_2} = K_{CO_2} X_{CO_2} \tag{3-11}$$

式中　X_{CO_2}——液相中二氧化碳的含量，摩尔分数；

K_{CO_2}——二氧化碳的亨利系数，MPa；

P_{CO_2}——二氧化碳在气相中的平衡分压。

对于纯二氧化碳在碳酸丙烯酯中溶解度的测定，温度为 0～40℃，二氧化碳为 0. 22～1. 655MPa 下，纯二氧化碳气体在碳酸丙烯酯中的溶解度关系式见式(3-10)所示。

可知：提高系统压力(P_{CO_2})，降低碳酸丙烯酯溶液的温度，将增加二氧化碳气体在碳酸丙烯酯中的溶解度，对吸收过程有利。

合成甲醇的变换气中，除含有二氧化碳外，还含有氢、一氧化碳、甲烷、氮、硫化氢气体。这些气体在碳酸丙烯酯中也有一定溶解度，只是大小不同。

在实际生产中，碳酸丙烯酯在脱除变换气中二氧化碳的同时，又吸收了硫化氢，在一定程度上起到了脱硫作用，而对一氧化碳、氢气等气体的吸收能力很小。

1. 吸收速率

在碳酸丙烯酯吸收二氧化碳的过程中，还存在着气体溶于液体速率的问题。二氧化碳气体溶于碳酸丙烯酯的过程，可以认为是二氧化碳分子通过气相扩散到液相(碳酸丙烯酯)分子中去的质量传递过程。

2. 二氧化碳的吸收饱和度

在脱碳塔底部的碳酸丙烯酯富液中二氧化碳的浓度与达到相平衡时的浓度(CO_2)之比称为二氧化碳的吸收饱和度(ϕ)。

$$\phi = \frac{C_{CO_2}}{C_{CO_2}^*} \leqslant 1 \tag{3-12}$$

对于填料塔，选择比表面积较大的填料和增大填料容量，以加大气液两相的接触面积，从而提高二氧化碳的吸收饱和。

3. 溶剂贫度

溶剂贫度(α)是指再生溶剂(贫液)中二氧化碳的含量，它主要对气体的净化度有影响。若贫液中二氧化碳含量升高，净化气中二氧化碳的含量也将升高；反之则降低。一般溶剂贫度应控制在0.1~0.2m^3CO_2/m^3溶剂。

溶剂贫度的大小主要取决于气提过程的操作。当操作温度确定后，在气液相有充分接触面积的情况下，溶剂贫度与气提空气量有直接关系。若气提空气量(或气提气液比)越大，则溶剂贫度会越小；反之，气提空气量(或气提气液比)减小，则溶剂贫度将上升，但是，加大空气量(或气液比)，要增加气提鼓风机电耗，而且随气提气带走的溶剂蒸气量也要增加。综合技术可行、经济合理，一般取气提气液比在6~12。可使溶剂贫度达到所要程度。

4. 吸收气液比的选择

吸收气液比是指单位时间内进脱碳塔的原料气体积与进塔的贫液体积之比(m^3/m^3)。该比值在某种程度上也是反映生产能力的一种参数。

吸收气液比对工艺过程的影响主要表现在工艺的经济性和气体的净化质量，如果吸收气液比增大，意味着在处理一定的原料气量时，所需的溶剂量就可减小，因此，输送的溶剂的电耗也就可以降低。在要求达到一定的净化度时，吸收气液比大，则相应的降低了吸收推动力。在单位时间内吸收同量的二氧化碳，就需要增大脱碳塔的设计容量，从而增加了塔的造价。对于一定的脱碳塔，吸收气液比增大后，净化气中的二氧化碳含量将增大，影响到净化气的质量。所以，在生产中应根据净化气中的二氧化碳的含量要求，调节气液比至适宜值。脱碳压力1.7MPa时为25~35，脱碳压力2.7MPa时为55~56。

5. 碳酸丙烯酯的解吸

在碳酸丙烯酯脱除二氧化碳的生产工艺中，解吸过程就是碳酸丙烯酯的再生过程，它包括闪蒸解吸、常压(真空)解吸和气提解吸三部分。解吸过程的气液平衡关系可用亨利定律来描述。

(1) 吸收了二氧化碳的碳酸丙烯酯富液经减压到0.4MPa，进行闪蒸几乎全部被解吸出来，另有少量的二氧化碳随氢气、氮气一起被解吸。这是多组分闪蒸过程，各个部分具有不同的解吸速率和不同的相平衡参数。闪蒸过程中各组分在闪蒸气中的浓度随闪蒸压力、温度而异。在生产过程中，调节闪蒸压力，可达到闪蒸气各组分的调节。

(2) 经0.4MPa(绝)闪蒸后的碳酸丙烯酯在常压(或真空)下解吸。可近似作单组分(二氧化碳)的解吸过程，忽略解吸的热效应，解吸过程温度恒定不变。在溶剂的挥发程度忽略不计的情况下，组分的气相分压也就等于解吸压力，所以，在常压(或真空)解吸过程中应使碳酸丙烯酯有着良好的湍动。

(3)碳酸丙烯酯溶剂气提时，是在逆流接触的设备中进行的。吹入溶剂的惰性气体(空气)，降低了气相中的二氧化碳含量，即降低气相中的二氧化碳分压，此时溶剂中残余的二氧化碳进一步解析出来，达到所要求的碳酸丙烯酯溶剂的贫度。

(三) NHD溶剂吸收基本原理

NHD净化技术属物理吸收过程，H_2S在NHD溶剂中的溶解度能较好地符合亨利定律。当CO_2分压小于1MPa时，气相压力与液相浓度的关系基本符合亨利定律。因此，H_2S和CO_2在NHD溶剂中的溶解度随压力升高、温度降低而增大。降低压力、升高温度可实现溶剂的再生。

甲醇生产要求净化气含硫量低，NHD溶剂脱硫(包括无机硫和有机硫)溶解度大，对二氧化碳选择性好，而且，NHD脱硫后串联NHD脱碳，仍是脱硫过程的延续。NHD脱硫脱碳的甲醇装置的生产数据表明，经NHD法净化后，净化气总硫体积分数小于0.1×10^{-6}，再设置精脱硫装置，总硫体积分数可小于0.05×10^{-6}，满足甲醇生产的要求。

综上所述，NHD法脱硫脱碳净化工艺是一种高效节能的物理吸收方法。且在国内某些装置上已成功应用，有一定的生产和管理经验，本着节约投资、采用国内先进成熟的净化技术这一原则，本装置设计采用了NHD脱碳净化工艺。

三、化学吸收

(一) 热钾碱法吸收反应原理

1. 纯碳酸钾水溶液和二氧化碳的反应

碳酸钾水溶液吸收CO_2的过程为：气相中CO_2扩散到溶液界面；CO_2溶解于界面的溶液中；溶解的CO_2在界面液层中与碳酸钾溶液发生化学反应；反应产物向液相扩散。在碳酸钾水溶液吸收CO_2的过程中，化学反应速率最慢，起了控制作用。

$$K_2CO_3+H_2O+CO_2 \longrightarrow 2KHCO_3$$

碳后气体的净化度与碳酸钾水溶液的CO_2平衡分压有关。CO_2平衡分压越低，达到平衡后溶液中残存的CO_2越少，气体中的净化度也越高；反之，平衡后气体中CO_2含量越高，气体的净化度越低。碳酸钾水溶液的CO_2平衡分压与碳酸钾浓度、溶液的转化率、吸收温度等有关。当碳酸钾浓度一定时，随着转化率，温度升高，CO_2的平衡分压增大。

2. 碳酸钾溶液对原料气中其他组分的吸收

含有机胺的碳酸钾溶液在吸收CO_2的同时，也可除去原料气中的硫化氢、氰化氢，硫酸等酸性组分，吸收反应为：

$$H_2S+K_2CO_3 \longrightarrow KHCO_3+KHS$$

$$HCN+K_2CO_3 \longrightarrow KCN+KHCO_3$$

$$R-SH+K_2O_3 \longrightarrow R—SH+KHCO_3$$

硫氧化碳，二硫化碳首先在热钾碱溶液中水解生成 H_2S，然后再被溶液吸收。

$$COS+H_2O \longrightarrow CO_2+H_2S$$

$$CS_2+H_2O \longrightarrow COS+H_2S$$

二硫化碳需经两步水解生成 H_2S 后才能全部被吸收，因此吸收效率较低。

（二）吸收溶液的再生

碳酸钾溶液吸收 CO_2后，碳酸钾为碳酸氢钾，溶液 pH 值减小，活性下降，故需要溶液再生，析出 CO_2，使溶液恢复吸收能力，循环使用，再生反应为

$$2KHCO_3 \longrightarrow K_2CO_3+CO_2+H_2O$$

压力越低，温度越高，越有利于碳酸氢钾的分解。为使 CO_2能完全的从溶液中解析出来，可向溶液中加入惰性气体进行气提，使溶液湍动并降低解析出来的 CO_2在气相中的分压。

（三）操作条件的选择

1. 溶液的组成

（1）碳酸钾浓度。增加碳酸钾浓度，可提高溶液吸收 CO_2的能力，从而可以减少溶液循环量与提高气体的净化度，但是碳酸钾的浓度越高，溶液对设备的腐蚀越严重，在低温时容易析出碳酸氢钾结晶，堵塞设备，给操作带来困难。通常维持碳酸钾的质量分数为 25%～30%。

（2）活化剂的浓度。二乙醇胺在溶液中的浓度增加，可加快吸收 CO_2的速度和降低净化后气体中 CO_2含量，但当二乙醇胺的含量超过 5%时，活化作用就不明显了，且二乙醇胺损失增高。因此，生产中二乙醇胺的含量一般维持在 2.5%～5%。

氨基乙酸浓度增加，吸收 CO_2速度和溶液再生速度均增加，且气体净化度随之提高。当氨基乙酸含量增加到 50～60g/L 时，再增加氨基乙酸的浓度，吸收速度和气体的净化度就不再增加，因此，生产中氨基乙酸的含量一般为 30～50g/L。

向溶液中加入硼酸，可以加快吸收 CO_2的速度，从而减少氨基乙酸的用量，向溶液中加入 15～20g/L 的硼酸，可以使氨基乙酸的添加量由 50g/L 降至 20g/L 左右，并可保持同样的净化效果。

缓蚀剂，热碳酸钾溶液和潮湿的 CO_2对碳钢有较强的腐蚀作用。防腐蚀的主要措施是在溶液中加入缓蚀剂。有机胺催化热钾碱法中一般以偏钒酸钾（KVO_3）或五氧化二钒为缓蚀剂。五氧化二钒在碳酸钾溶液中按下式转变为偏钒酸钾。

$$V_2O_5+K_2CO_3 \longrightarrow 2KVO_3+CO_2$$

偏钒酸钾是一种强氧化物质，能与铁作用，表面形成一层氧化铁保护膜（或称钝化膜），从而保护设备免受腐蚀。通常溶液中偏钒酸钾的质量分数为 0.6%～0.9%。

2. 吸收压力

提高吸收压力可增强吸收推动力，加快吸收速率，提高气体的净化度和溶液的吸收能力，同时也可使吸收设备的体积缩小。但压力达到一定程度时，上述影响就不明显了。在以

煤、焦为原料制取合成氨的流程中，一般压力为 1. 3~2. 0MPa。

3. 吸收温度

提高吸收温度可加快吸收反应速率，节省再生的耗热量。但温度增高，溶液上方 CO_2平衡分压也随之增大，降低了吸收推动力，因而降低了气体的净化度。即吸收过程温度产生了两种相互矛盾的影响。为了解决这一矛盾，生产中采用了两段吸收、两段再生的流程，吸收塔和再生塔均分为两段。从再生塔上段出来的大部分溶液(叫半贫液，占总量的 2/3~3/4)，不经冷却由溶液大泵直接送入吸收塔下段，温度为 105~110℃。这样不仅可以加快吸收反应，使大部分 CO_2在吸收塔下段被吸收，而且吸收温度接近再生温度，可节省再生热耗。而从再生塔下部引出的再生比较完全的溶液(称贫液，占总量的 1/4~1/3)冷却到 65~80℃，被溶液小泵加压送往吸收塔上段。由于贫液的转化度低，且在较低温度下吸收，溶液的 CO_2平衡分压低，因此可达到较高的净化度，使出塔碱洗气中 CO_2降至 0. 2%以下。

4. 再生工艺条件

在再生过程中，提高温度和降低压力，可以加快碳酸氢钾的分解速度，为了简化流程和便于将再生过程中解吸出来的 CO_2送往后工序，再生压力应略高于大气压力，一般为 0. 11~0. 14MPa(绝)，再生温度为该压力下溶液的沸点，因此，再生温度与再生压力和溶液组成有关，一般为 105~115℃。

再生后贫液和半贫液的转化度越低，在吸收过程中吸收 CO_2的速率越快。溶液的吸收能力也越大，脱碳后的碱洗气中 CO_2浓度就越低。在再生时，为了使溶液达到较低的转化度，就要消耗更多的热量，再生塔和煮沸器的尺寸也要相应加大。在两段吸收、两段再生的流程中，贫液的转化度约为 0. 15~0. 25，半贫液的转化度约为 0. 35~0. 45。

再生塔顶部排出的气体中，水气比 $n(H_2O)/n(CO_2)$越大，说明煮沸器提供的热量越多，溶液中蒸发出来的水分也越多，这时再生塔内各处气相中 CO_2分压相应降低，所以再生速度也必然加快。但煮沸器向溶液提供的热量越多，意味着再生过程耗热量增加。实践证明，当 $n(H_2O)/n(CO_2)=1.8\sim2.2$ 时，可得到满意的再生效果，而煮沸器的耗热量也不会太大。再生后的 CO_2纯度在 98%以上。

一、脱硫工序

来自变换工序的变换气直接送入脱硫塔底部，与塔顶来的脱硫液贫液逆流接触洗涤后从塔顶去精脱硫塔，经过氢氧化铁，活性炭进一步脱硫后，送往脱碳工序。

从脱硫塔底出的含硫富液经溶液循环泵回收能量后送往闪蒸槽，脱硫富液经闪蒸槽闪蒸后送往喷射再生槽，脱硫富液通过安装在再生槽顶部的喷射器与空气充分混合后喷入再生槽底部，H_2S 在此过程中氧化成单质硫析出。再生过程中生成的硫黄被吹入的空气浮选于塔顶扩大部分，溢流至硫泡沫槽，经加热、搅拌澄清分层，清液返回循环槽，硫泡沫经硫泡沫泵送往熔硫釜，在熔硫釜中经加热后生成硫黄，清液经清液过滤器过滤后返回至溶液循环槽。再生完全的脱硫贫液在溶液循环槽缓冲后经溶液循环泵升压后送往脱硫塔顶部循环。

二、脱碳工序

来自变脱工序的变换气经原料气分离器分离出游离水后送入二氧化碳吸收塔底部，与脱碳液贫液逆流接触洗涤后从塔顶去净化气洗涤塔，在净化气洗涤塔中经脱盐水洗涤气液分离后，净化气送往合成工段。

从二氧化碳吸收塔底出的含二氧化碳富液送往低压闪蒸槽，经低压闪蒸槽闪蒸回收 CO_2 后(此段闪蒸气总量为溶液吸收总量的10%左右)送往脱碳液再生塔，再生塔分为上下两段，上段为常压闪蒸，下段则为气提再生。

脱碳富液首先被送往常压闪蒸段，富液中约90%的二氧化碳在此段解析出来，经常压解析段解析 CO_2 后的半贫液下降经液封槽后进入气提段，气提段所用气提气为空气，经空气气提后的脱碳贫液经贫液泵升压后送往二氧化碳吸收塔，常解气和气提气则分别送往洗涤塔的上下段洗涤。

三、脱碳脱硫工艺流程图

脱碳脱硫工艺流程图见图3-19。

习题与答案

1. 气体吸收是什么？

答：气体吸收是溶质从气相传递到液相的相际间传质过程。气体吸收质在单位时间内通过单位面积界面而被吸收剂吸收的量称为吸收速率。吸收速率=吸收推动力×吸收系数，吸收系数和吸收阻力互为倒数。气体的溶解度是每100kg水中溶解气体的千克数，它与气体和溶剂的性质有关并受温度和压力的影响。组分的溶解度与该组分在气相中的分压成正比。

2. 影响气体吸附的因素有哪些？

答：(1)操作条件。低温有利于物理吸附，适当升温有利于化学吸附。增大气相的气体压力，即增大吸附质分压，有利于吸附。(2)吸附剂的性质。如孔隙率、孔径、粒度等，影响吸附剂的表面积，从而影响吸收效果。(3)吸附质的性质与浓度。如临界直径、相对分子质量、沸点、饱和性等影响吸附量。(4)吸附剂的活性。吸附剂的活性是吸附能力的标志。(5)接触时间。在进行吸附操作时，应保证吸附质与吸附剂有一定的接触时间，使吸附接近平衡，充分利用吸附剂的吸附能力。

3. 工业用吸附剂应具备什么条件？

答：(1)大的比表面积。要具有巨大的内表面积，而其外表面积往往占总面积的极小部分，故可看作是一种及其疏松的固相泡沫体。(2)良好的选择性。对不同气体具有选择性的吸附作用。(3)较高的机械强度、化学稳定性与热稳定性。(4)大的吸附容量。吸附容量是指在一定温度和一定的吸附质浓度下，单位质量或单位体积吸附剂所能吸附的最大吸附质质量。吸附容量除与吸附剂表面积有关外，还与吸附剂的孔隙大小、孔径分布、分子极性及吸附剂分子的功能团性质有关。(5)来源广泛，造价低廉。(6)良好的再生性能。

4. 什么是汽气比？

答：汽气比是指水蒸气的用量与干原料气的体积比。

$$水汽比=V_{H_2O}/V_{气}$$

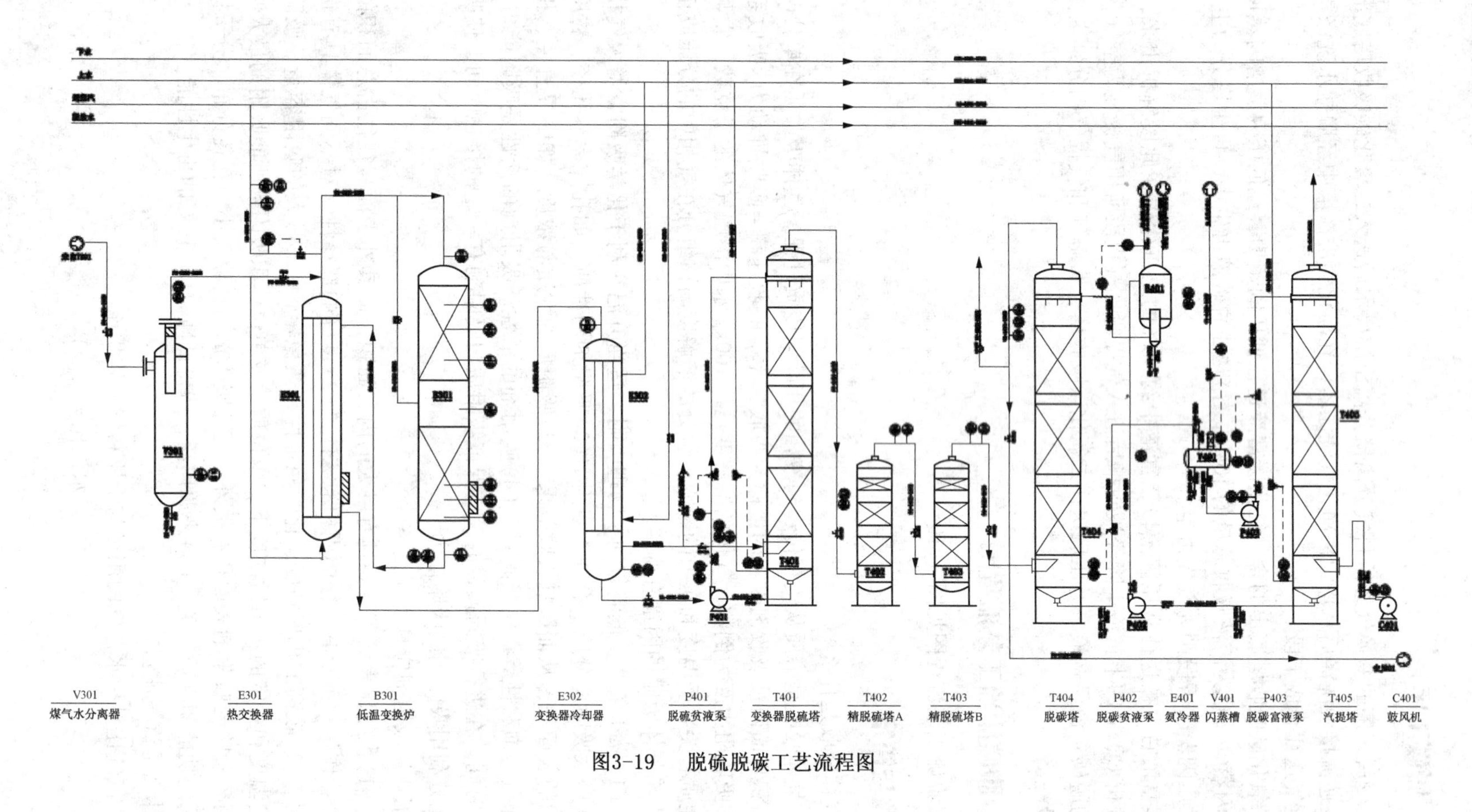

图3-19 脱硫脱碳工艺流程图

5. Co-Mo 系耐硫变换催化剂在使用前为什么要硫化处理？

答：耐硫变换催化剂在使用前一般要将其活性组分的氧化态转化为硫化态，这一转化过程称之为硫化。

6. 什么是耐硫变换催化剂的反硫化？

答：MoS_2在一定的水蒸气分压下发生反应生成 H_2S，这种反应叫反硫化现象。

$$MoS_2+H_2O = MoO_2+H_2S$$

7. 变换催化剂为什么要分段？

答：由于变换原料气 CO 含量较高，变换反应温升较大，必须采用分段变换移走热量。

8. 对变换触媒有危害的物质有哪些？危害程度如何？哪些因素是可以控制的？如何控制？

答：对触媒有害的物质有：水、氧、炭黑等。其中水会影响触媒强度、使触媒粉化，炭黑会沉积在触媒表面，影响活性。氧浓度高会造成触媒氧化。上述物质是操作能控制的。调整炭黑洗涤塔的水量，可以控制工艺气含炭黑量。控制炭黑洗涤塔液位及稳定系统压力可以有效防止系统带水。

9. 何谓气提？

答：加入一种溶解度很小的惰性气体，以降低气相中溶质的分压，促使溶解在溶剂中的溶质解吸出来的方法称为气提。

10. 何谓物理吸收？其特点是什么？

答：利用气体中有关组分能溶解在水中或有机溶剂的性质，用与溶解的气体组分不起反应的非电解质或有机溶剂作吸收剂。

物理吸收过程，气相中较高的溶质分压有利于吸收的进行，低温也有利于吸收的进行。

11. 低温甲醇洗的优点有哪些？

答：(1)可以同时除去气体中的多种杂质；

(2)净化度高，气体中残余的 CO_2和 H_2S可分别降低到 20μL/L 和 1μL/L 以下；

(3)吸收能力大，循环量比较小，动力消耗小。

12. 简述吸收塔的正常操作要点？

答：(1) 保证吸收剂的质量和用量；

(2) 控制好吸收温度；

(3) 控制好吸收塔液位；

(4) 控制好压强差；

(5) 控制好气体的流速。

13. 变换系统采用何种类型的催化剂？其主要特点是什么？

答：采用 Co-Mo 钼系宽温耐硫变换催化剂，其主要特点为：(1)外形 ϕ3～5mm，球形床层阻力小。(2)堆密度低。(3)高强度。(4)高耐硫，耐硫无上限。(5)高活性。(6)易硫化。(7)遇水不粉化。(8)对有机硫有良好的转化作用。

14. 请分别叙述 NHD 脱硫脱碳、低温甲醇洗的原理是什么？

NHD 为聚乙二醇二甲醚，化学式是 $CH_3-O(CH_2CH_2)_N-CH_3$，是一种有机溶剂，化学式中含有-OH，因此具有弱碱性，对 H_2S、CO_2等酸性气体有很强的选择吸收能力。

低温甲醇洗原理：甲醇是一种极性有机溶剂，变换气中各种组分在其中的溶解度有很大差异，依此为 H_2O、NH_3、HCN、H_2S、COS、CO_2、CH_4、CO、N_2、H_2，而 H_2O、NH_3、HCN 在甲醇中的溶解度远大于 H_2S、COS、CO_2 在甲醇中的溶解度，H_2S、COS 在甲醇中的溶解度为 CO_2 在甲醇中的溶解度的几倍以上，H_2S、COS、CO_2 在甲醇中的溶解度远大于 CH_4、CO、N_2、H_2 在甲醇中的溶解度，甲醇洗工艺正是依据这些物质在甲醇中溶解度的差异来实现气体分离的。

项目七 甲醇合成

一、物理性质

甲醇是最简单的饱和一元醇，俗称"木酒精"、"木醇"，其分子式为 CH_3OH，相对分子质量为32.04。

常温常压下，纯甲醇是无色透明、易燃、极易挥发且略带醇香味、刺激性气味的有毒液体。甲醇能和水以任意比互溶，但不形成共沸物，能与水、乙醇、乙醚、苯、丙酮和大多数有机溶剂相混溶，并形成恒沸点混合物。甲醇能和一些盐(如 $CaCl_2$、$MgCl_2$ 等)形成结晶化合物，称为结晶醇(如 $CaCl_2 \cdot CH_3OH$、$MgCl_2 \cdot 6CH_3OH$)，与盐的结晶水合物类似。甲醇能溶解多种树脂，但不能与脂肪烃类化合物互溶。甲醇水溶液的密度随甲醇浓度和温度的增加而减小；甲醇水溶液的沸点随液相中甲醇浓度的增加而降低。甲醇蒸汽和空气混合能形成爆炸性混合物，遇明火、高热能引起爆炸。甲醇燃烧时无烟，其燃烧时显蓝色火焰。与氧化剂接触发生化学反应或引起燃烧。在火场中，受热的容器有爆炸危险，其蒸气比空气重，能在较低处扩散到相当远的地方，遇明火会引起回燃，属危险性类别；试剂甲醇常密封保存在棕色瓶中置于较冷处。

甲醇有很强的毒性，属神经和血液毒物，它可以通过消化道、呼吸道和皮肤等途径进入人体，对中枢神经系统有麻醉作用；对视神经和视网膜有特殊选择作用，引起病变；可导致代谢性酸中毒，故空气中甲醇蒸气的最高允许浓度为操作区 $5mg/m^3$，居民区 $0.5\ mg/m^3$。

甲醇急性中毒症状有：头疼、恶心、胃痛、疲倦、视力模糊以至失明，继而呼吸困难，最终导致呼吸中枢麻痹而死亡。慢性中毒反应为：眩晕、昏睡、头痛、耳鸣、现力减退、消化障碍。甲醇摄入量超过4g 就会出现中毒反应，误服一小杯超过10g 就能造成双目失明，饮入量大造成死亡。

甲醇的中毒机理是，甲醇经人体代谢产生甲醛和甲酸(俗称蚁酸)，然后对人体产生伤害。常见的症状是，先是产生喝醉的感觉，数小时后头痛，恶心，呕吐以及视线模糊。严重者会失明，乃至丧命。失明的原因是，甲醇的代谢产物甲酸会累积在眼睛部位，破坏视觉神经细胞。脑神经也会受到破坏，产生永久性损害。甲酸进入血液后，会使组织酸性越来越强，损害肾脏导致肾衰竭。

甲醇中毒，通常可以用乙醇解毒法。其原理是，甲醇本身无毒，而代谢产物有毒，因此可以通过抑制代谢的方法来解毒。甲醇和乙醇在人体的代谢都是同一种酶，而这种酶和乙醇更具亲和力。因此，甲醇中毒者，可以通过饮用烈性酒(酒精度通常在60度以上)的方式来缓解甲醇代谢，进而使之排出体外。而甲醇已经代谢产生的甲酸，可以通过服用小苏打(碳酸氢钠)的方式来中和。

甲醇在常温下无腐蚀性，但对于铅、铝例外。其物性参数见表3-16，甲醇饱和蒸汽温度与压力平衡表见表3-17。

表3-16 甲醇物性参数表

序 号	项 目	单 位	数 值
1	沸点(1.013×10^5Pa)	℃	64.5~64.8
2	凝固点	℃	-97~-97.8
3	闪点	℃	12(闭口)~16(开口)
4	自燃点	℃	473(空气中)~461(氧气中)
5	相对密度(d_{20})	g/mL	0.7915
6	蒸汽压力(20℃)	Pa	11825
	蒸汽压力(21.2℃)	Pa	13333
7	临界压力	MPa	7.95
8	临界温度	℃	240
9	燃烧热(25℃液体)	kJ/mol	726.55
10	蒸发潜热(64.7℃)	kJ/mol	35.3
11	液体热容(20~25℃)	kJ/mol·℃	2.51~2.53
12	气体热容(77℃)	kJ/mol·℃	1.63
13	爆炸上限	%	36.5
14	爆炸下限	%	6
15	最小点火能量	MJ	0.216
16	相对分子质量		32.04
17	黏度(20℃)	mPa·s	0.5945

表3-17 甲醇饱和蒸汽温度与压力平衡表

温度/℃	蒸汽压/mmHg	温度/℃	蒸汽压/mmHg	温度/℃	蒸汽压/mmHg
-67.4	0.102	20	96.0	130	6242
-60.4	0.212	30	160	140	8071
-54.5	0.378	40	260.5	150	10336
-48.1	0.702	50	406	160	13027
-44.4	0.982	60	625	170	16292
-44.0	1	64.7	760	180	20089
-40	2	70	927	190	24615
-30	4	80	1341	200	29787
-20	8	90	1897	210	35770
-10	15.5	100	2621	220	42573
0	29.6	110	3561	230	50414
10	54.7	120	4751	240	59660

注：1mmHg=133.322Pa。

二、化学性质

甲醇不具酸性，也不具碱性，对酚酞和石蕊均呈中性。

1. 氧化反应

甲醇完全氧化燃烧，生成CO_2和H_2O，并放出热量：

$$2CH_3OH+3O_2 \longrightarrow 2CO_2+4H_2O+1453.10kJ/mol$$

甲醇在电解银催化剂上可被空气氧化成甲醛。这是重要的工业制备甲醛的方法：

$$CH_3OH+1/2O_2 \longrightarrow CH_2O+H_2O+159kJ/mol$$

2. 脱氢反应

$$CH_3OH \longrightarrow CH_2O+H_2-83.68kJ/mol$$

3. 酯化反应

甲醇可与多种无机酸和有机酸发生酯化反应。

(1) 甲醇与硫酸作用，生成硫酸氢甲酯：

$$CH_3OH+H_2SO_4 \longrightarrow CH_3OSO_2OH+H_2O$$

硫酸氢甲酯加热减压蒸馏生成重要的甲基化试剂硫酸二甲酯：

$$2CH_3OSO_2OH \longrightarrow CH_3OSO_2OCH_3+H_2SO_4$$

(2) 甲醇与硝酸作用，生成硝酸甲酯：

$$CH_3OH+HNO_3 \longrightarrow CH_3NO_3+H_2O$$

(3) 甲醇与盐酸作用，生成氯甲烷：

$$CH_3OH+HCl \longrightarrow CH_3Cl+H_2O$$

(4) 甲醇与甲酸反应生成甲酸甲酯：

$$CH_3OH+HCOOH \longrightarrow HCOOCH_3+H_2O$$

4. 羰基化反应

甲醇与CO在一定温度和压力下发生羰基化反应生成醋酸、醋酐。

$$CH_3OH+CO \longrightarrow CH_3COOH\text{(醋酸)}$$

$$2CH_3OH+2CO \longrightarrow (CH_3O)_2O+H_2O\text{(碳酸二甲酯)}$$

5. 胺化反应

甲醇与氨基酸在活性Al_2O_3或作催化剂时可生成一甲胺、二甲胺、三甲胺的混合物。

$$CH_3OH+NH_3 \longrightarrow CH_3NH_2+H_2O$$

$$2CH_3OH+NH_3 \longrightarrow (CH_3)_2NH+2H_2O$$

$$3CH_3OH+NH_3 \longrightarrow (CH_3)_3N+3H_2O$$

6. 脱水反应生成二甲醚

甲醇在高温、高压下分子间脱水生成二甲醚。

$$2CH_3OH \longrightarrow (CH_3)_2O+H_2O$$

7. 甲醇与苯作用

生成甲苯。

$$CH_3OH+C_6H_6 \longrightarrow C_6H_5 \cdot CH_3+3H_2O$$

8. 甲醇与金属钠作用

生成甲醇钠。

$$2CH_3OH+2Na \longrightarrow 2CH_3ONa+H_2$$

9. 甲醇和异丁烯

在催化剂作用下生成甲基叔丁基醚（MTBE）：

$$CH_3OH+CH_2=CH(CH_3)_2 \longrightarrow CH_3-O-C(CH_3)_3$$

10. 裂解制烯烃（0.1~0.5MPa，300~500℃）

$$2CH_3OH \longrightarrow CH_2=CH_2+H_2O$$

三、甲醇的用途

甲醇是一种重要基本有机化工原料和溶剂，在世界上的消费量仅次于乙烯、丙烯和苯。甲醇可用于生产甲醛、甲酸甲酯、香精、染料、医药、火药、防冻剂、农药和合成树脂等；也可以替代石油化工原料，用来制取烯烃（MTP、MTO）和制氢（MTH）；还广泛用于合成各种重要的高级含氧化学品如醋酸、酸酐、甲基叔丁基醚（MTBE）等。

甲醇是较好的人工合成蛋白的原料，蛋白转化率较高，发酵速度快，无毒性，价格便宜。

另外，由于世界石油供给不稳定因素的影响以及世界能源危机与交通运输业蓬勃发展形成了极度尖锐的矛盾，利用甲醇、二甲醚等清洁燃料部分替代汽油、柴油、液化石油气，其燃烧热值高、挥发性好且燃烧气毒物排放量低，在工业上和民用上具有较大的应用潜力。

四、甲醇定性检验法

检测试剂为浓硫酸和间苯二酚溶液（5g/L）。检测时将一小段表面被氧化的细铜丝投入约 6mL 含甲醇的试样中，间隔一段时间，将此溶液缓缓倒入浓硫酸之中，会出现分层现象，再滴加间苯二酚溶液 2 滴，在和浓硫酸的分界面之间会出现玫瑰红色，这就证明有甲醇存在。

五、工业甲醇包装储运

工业甲醇应该用干燥、清洁的铁制槽车、船、铁桶等包装运输，并定期清洗和干燥。工业甲醇应储存在干燥、通风、低温的危险品仓库中，避免日光照射并隔绝热源、二氧化碳、水蒸气和火种，储存温度不超过 30℃，储存期限 6 个月。槽车、船、铁桶在装运甲醇过程中应在螺丝口加胶皮垫密封，避免漏损，装卸运输工具应有接地设施。

目前工业上都是采用一氧化碳、二氧化碳加压催化氢化法合成甲醇。典型的流程包括原料气制造、原料气净化、甲醇合成、粗甲醇精馏等工序。

1. 以天然气为原料生产甲醇

天然气是制造甲醇的主要原料，主要成分是甲烷，还含有少量的其他烷烃、烯烃与氮气。以天然气生产甲醇原料气有蒸汽转化、催化部分氧化、非催化部分氧化等方法，其中蒸汽转化法应用得最广泛，它是在管式炉中常压或加压下进行的。反应进行如下：

$$2CH_4+O_2 \longrightarrow 2CH_3OH$$

这是将便宜的原料甲烷变成贵重的甲醇最简单的方法。在通常情况下，容易发生甲烷深度氧化生成二氧化碳和水。为了解决这个问题，反应是在铜金属催化剂存在下，于20.0~30.0MPa和350~470℃的条件下进行的。但因甲醇工业的大型化，甲醇成本大幅度降低，用一种清洁能源生产另一种清洁能源的意义不是很大，特别是在我国天然气紧缺的情况下，用天然气生产甲醇不会受到普遍的重视。

2. 以煤与焦炭为原料生产甲醇

煤与焦炭是制造甲醇粗原料气的主要固体燃料。以煤和焦炭制甲醇的工艺路线包括燃料的气化、气体的脱硫、变换、脱碳及甲醇合成与精制。气化的主要设备是煤气发生炉，按煤在炉中的运动方式，气化方法可分为固定床气化法、流化床气化法和气流床气化法。用煤和焦炭制得的粗原料气组分中氢碳比太低，故在气体脱硫后要经过变换工序。使过量的一氧化碳变换为氢气和二氧化碳，再经脱碳工序将过量的二氧化碳除去。

3. 以油制取甲醇

工业上用油基路线制取甲醇的油品主要有二类：一类是石脑油，另一类是重油。用石脑油生产甲醇原料气的主要方法是加压蒸汽转化法。以重油为原料制取甲醇原料气有部分氧化法与高温裂解法两种途径。裂解法需在1400℃以上的高温下，在蓄热炉中将重油裂解，虽然可以不用氧气，但设备复杂，操作麻烦，生成炭黑量多。重油部分氧化是指重质烃类和氧气进行燃烧反应，反应放热，使部分碳氢化合物发生热裂解，裂解产物进一步发生氧化、重整反应，最终得到以H_2、CO为主及少量CO_2、CH_4的合成气供甲醇合成使用。

4. 联醇工艺

与合成氨联合生产甲醇简称联醇，这是一种合成气的净化工艺，以替代合成氨生产用铜氨液脱除微量碳氧化物而开发的一种新工艺。联醇生产的工艺条件是在压缩机五段出口与铜洗工序进口之间增加一套甲醇合成的装置，压缩机出口气体先进入甲醇合成塔，大部分原先要在铜洗工序除去的一氧化碳和二氧化碳在甲醇合成塔内与氢气反应生成甲醇，联产甲醇后进入铜洗工序的气体一氧化碳含量明显降低，减轻了铜洗负荷；同时变换工序的一氧化碳指标可适量放宽，降低了变换的蒸汽消耗，而且压缩机前几段气缸输送的一氧化碳成为有效气体，压缩机电耗降低。联产甲醇后能耗降低较明显。

甲醇生产的各种方法。按生产原料不同可将甲醇合成方法分为合成气($CO+H_2$)方法和其他原料方法。

一、合成气($CO+H_2$)生产甲醇的方法

以一氧化碳和氢气为原料合成甲醇工艺过程有多种。其发展的历程与新催化剂的应用以及净化技术的发展是分不开的。甲醇合成是可逆的强放热反应，受热力学和动力学控制，通常在单程反应器中，CO和CO_2的单程转化率达不到100%，反应器出口气体中，甲醇含量仅为6%~12%，未反应的CO、H_2和CO_2需与甲醇分离，然后被压缩到反应器中进入一步合成。为了保证反应器出口气体中有较高的甲醇含量，一般采用较高的反应压力。根据采用的压力不同可分为高压法、中压法和低压法三种方法。

1. 高压法

即用一氧化碳和氢在高温(340~420℃)高压(30.0~50.0MPa)下使用锌-铬氧化物作催化剂合成甲醇。用此法生产甲醇已有八十多年的历史，这是20世纪80年代以前世界各国生产甲醇的主要方法。但高压法生产压力过高、动力消耗大，设备复杂、产品质量较差。

2. 低压法

即用一氧化碳和氢气为原料在低压(5.0MPa)和255℃左右的温度下，采用铜基催化剂(Cu-Zn-Cr)合成甲醇。这种方法是20世纪70年代实现工业化的合成甲醇方法。低压法成功的关键是采用了铜基催化剂，铜基催化剂比锌-铬催化剂活性好得多，使甲醇合成反应能在较低的压力和温度下进行。铜基催化剂的选择性比锌-铬催化剂好，因此，消耗在副反应中的原料气和粗甲醇中的杂质都比较少。但设备体积庞大，生产能力较小，且甲醇合成收率较低。

低压法又分为气相法与液相法，低压气相法，该方法单程转化率低，一般只有10%~12%左右，有大量的未转化气体被循环。

液相法工艺有两种。一种是浆态床工艺，所用的催化剂为$CuCrO_2/KOCH_3$或$CuO-ZnO/Al_2O_3$，是以惰性液体有机物为反应介质，催化剂呈极细的粉末分布在有机溶剂中，反应器可用间歇式或连续式，也可将单个反应器或多个反应器串联使用。另一种是液相络合催化法工艺技术，所用催化剂为金属有机物或羰基化合物，催化剂与溶剂及产物甲醇呈单一的均相存在，目前该技术仍处于实验室研究阶段。

3. 中压法

随着甲醇合成工业的迅速发展，新建厂的规模也日趋大型化，目前已建成投产的装置有日产超过5000t的。如果采用低压法建设这样的大型工厂，由于处理气量大，会出现设备庞大而一次性投资高的弊病，也会带来设备制作和运输的困难。因此在70年代出现了中压法合成甲醇的工艺流程，它是在低压法基础上开发的在5~10MPa压力下合成甲醇的方法，该法成功地解决了高压法的压力过高对设备、操作所带来的问题，同时也解决了低压法生产甲醇所需生产设备体积过大、生产能力小、不能进行大型化生产的困惑，有效降低了建设费用和甲醇生产成本。该法的关键在于使用了一种新型铜基催化剂(Cu-Zn-Al)，综合利用指标要比低压法更好。

4. 中压联醇法

我国结合中小型氮肥厂的特殊情况，自行开发成功了在合成氨生产流程中同时生产甲醇的工艺。这是一种合成气的净化工艺，采用铜基催化剂，合成压力在10.0~13.0MPa，合成温度在235~315℃。在联醇工艺中，铜基催化剂易中毒，要求合成甲醇的原料气中含硫总量应小于$1cm^3/m^3$。该法不但流程简单，而且投资省，建设快，可以大中小同时并举，对我国合成甲醇工业的发展具有重要意义。

二、甲醇生产基本概念

1. 空间速度

所谓空间速度(简称空速)，是指在单位时间内，单位体积的催化剂所通过气体的体积数。其单位是$m^3/(m^3$催化剂·h)。可用来表示反应器的生产能力，即空速越高，单位体积催化剂处理能力越大，生产能力就越大。

2. 空间时间

空间时间(简称空时)，是指气体与催化剂的接触时间。是空速的倒数，也常用于表示反应器的生产能力。例如，空时为5s，表示每5s所处理的原料体积与反应器的体积相等。因此，当进料体积流量一定时，空时越小，反应器的生产能力越大。

必须注意的是：如果反应过程中物料的密度发生改变，体积流量也随之变化，此时空间时间不等于物料在反应器内停留时间。只有在反应过程中密度不变(等密度过程)时，空时才与物料停留时间相等。

3. 转化率

转化率是指参加反应的原料数量与通入反应器原料数量比值的百分率，它说明原料的转化程度。转化率越大，参加反应的原料越多。

参加反应的原料量=通入反应器的原料量-未反应的原料量

$$\text{转化率}=\frac{\text{参加反应的原料量}}{\text{通入反应器的原料量}}\times 100\%$$

当通入反应器的原料是新鲜原料和循环物料的混合物时，则计算得到的转化率称为单程转化率。

4. 选择性

选择性是指实际所得目标产物量与反应掉原料计算应得产物理论量之比。

$$\text{选择比}=\frac{\text{实际所得的目标产物量}}{\text{按反应掉原料计算应得产物的理论量}}\times 100\%$$

$$=\frac{\text{转化为目标产物的原料量}}{\text{反应掉原料量}}\times 100\%$$

5. 收率

收率是指转化为目标产物的原料量与通入反应器原料量之比。

$$\text{收率}=\frac{\text{转化为目标产物的原料量}}{\text{通入反应器原料量}}\times 100\%$$

有循环物料时产物总收率和的计算如下：

$$\text{总收率}=\frac{\text{转化为目标产物的原料量}}{\text{新鲜原料量}}\times 100\%$$

三、甲醇合成工艺原理

(一) 主要的化学反应

甲醇合成反应是多相铜基催化剂上进行的复杂的、可逆的化学反应。

主反应有：

$$CO+2H_2 = CH_3OH+90.8kJ/mol$$

$$CO_2+3H_2 = CH_3OH+H_2O+49.6kJ/mol$$

$$CO+H_2O = CO_2+H_2+41.2kJ/mol$$

(二) 甲醇合成的副反应

1. 烃类

$$CO+3H_2 = CH_4+H_2O$$

$$2CO+2H_2 = CH_4+CO_2$$
$$CO_2+4H_2 = CH_4+2H_2O$$
$$2CO+5H_2 = C_2H_6+2H_2O$$
$$3CO+7H_2 = C_3H_8+3H_2O$$
$$nCO+(2n+2)\ H_2 = C_nH_{2n+2}+nH_2O$$

2. 醇类

$$3CO+3H_2 = C_2H_5OH+CO_2$$
$$3CO+6H_2 = C_3H_7OH+2H_2O$$
$$4CO+8H_2 = C_4H_9OH+3H_2O$$
$$CH_3OH+nCO+2nH_2 = C_nH_{2n+1}CH_2OH+nH_2O$$

3. 醛类

$$CO+H_2 = HCHO$$

4. 醚类

$$2CO+4H_2 = CH_3OCH_3+H_2O$$
$$2CH_3OH = CH_3OCH_3$$

5. 酸类

$$CH_3OH+nCO+2(n-1)H_2 = C_nH_{2n+1}COOH+(n-1)H_2O$$

6. 酯类

$$2CH_3OH = HCOOCH_3+2H_2$$
$$CH_3OH+CO = HCOOCH_3$$
$$CH_3OH+CH_3COOH = CH_3COOCH_3+H_2O$$
$$CH_3COOH+C_2H_5OH = CH_3COOC_2H_5+H_2O$$

7. 元素碳

$$2CO = C+CO_2$$

（三）甲醇合成反应机理

甲醇的合成反应符合多相催化机理，可以分为以下五个过程进行。

（1）扩散——气体自气相扩散到催化剂的界面。

（2）吸附——各种气体在催化剂的活性表面进行化学吸附，其中 CO 在 Cu^{2+} 上吸附，H_2 在 Zn^{2+} 上吸附并异裂。

（3）表面反应——化学吸附的反应物在活性表面上进行反应，生成产物。

（4）解吸——反应产物脱附。

（5）扩散——反应产物气体自催化剂界面扩散到气相中去。

以上五个过程，（1）、（5）进行得最快；（2）、（4）进行的速度比（3）快得多，因此整个反应过程取决于（3）过程，即反应物分子在催化剂的活性表面的反应速度。

（四）影响甲醇合成的工艺因素及工艺条件的选择

甲醇合成反应为放热、体积缩小的可逆反应，温度、压力及气体组成对反应进行的程度及速度有一定的影响。下面围绕温度、压力、气体的组成及空间速度对甲醇合成反应的影响来讨论工艺条件的选择。

1. 温度

在甲醇合成反应过程中，温度对于反应混合物的平衡和速率都有很大影响。

对于化学反应来说，温度升高会使分子的运动加快，分子间的有效碰撞增多，并使分子克服化合时的阻力的能力增大，从而增加了分子有效结合的机会，使甲醇合成反应的速度加快；但是，由一氧化碳加氢生成甲醇的反应和由二氧化碳加氢生成甲醇的反应均为可逆的放热反应，对于可逆的放热反应来讲，温度升高固然使反应速率常数增大，但平衡常数的数值将会降低。因此，选择合适的操作温度对甲醇合成至关重要。

所以必须兼顾上述两个方面，温度过低达不到催化剂的活性温度，则反应不能进行。温度太高不仅增加了副反应，消耗了原料气，而且反应过快，温度难以控制，容易使催化剂衰老失活。一般工业生产中反应温度取决于催化剂的活性温度，不同催化剂其反应温度不同。另外为了延长催化剂寿命，反应初期宜采用较低温度，使用一段时间后再升温至适宜温度。

2. 压力

甲醇合成反应为分子数减少的反应，因此增加压力有利于反应向甲醇生成方向移动，使反应速度提高，增加装置生产能力，对甲醇合成反应有利。但压力的提高对设备的材质、加工制造的要求也会提高，原料气压缩功耗也要增加以及由于副产物的增加还会引起产品质量的降低。所以工厂对压力的选择要在技术、经济等方面综合考虑。

3. 空间速度

空速的大小意味着气体与催化剂接触时间的长短，在数值上，空速与接触时间互为倒数。一般来说，催化剂活性愈高，对同样的生产负荷所需的接触时间就愈短，空速愈大。

甲醇合成所选用的空速的大小，既涉及合成反应的醇净值、合成塔的生产强度、循环气量的大小和系统压力降的大小，又涉及到反应热的综合利用。

当甲醇合成反应采用较低的空速时，气体接触催化剂的时间长，反应接近平衡，反应物的单程转化率高。由于单位时间通过的气量小，总的产量仍然是低的。由于反应物的转化率高，单位甲醇合成所需要的循环量较少，所以气体循环的动力消耗小。

当空速增大时，将使出口气体中醇含量降低，即醇净值降低，催化剂床层中既定部位的醇含量与平衡醇浓度增大，反应速度也相应增大。由于醇净值降低的程度比空速增大的倍数要小，从而合成塔的生产强度在增加空速的情况下有所提高，因此可以增大空速以增加产量。但实际生产中也不能太大，否则会带来一系列的问题：

（1）提高空速，意味着循环气量的增加，整个系统阻力增加，使得压缩机循环功耗增加。

（2）甲醇合成是放热反应，依靠反应热来维持床层温度。那么若空速增大，单位体积气体产生的反应热随醇净值的下降而减少。空速过大，催化剂温度就难以维持，合成塔不能维持自热，则可能在不启用加热炉的情况下使床层温度跨掉。

4. 入塔气体组成

原料气组成对催化剂活性的影响是比较复杂的问题，现就以下几种原料气成分对催化剂活性的影响作一下讨论。

（1）惰性气体（CH_4、N_2、Ar）的影响：

合成系统中惰性气体含量的高低，影响到合成气中有效气体成分的高低。惰性气体的存在引起 CO、CO_2、H_2分压的下降。

合成系统中惰性气体含量，取决于进入合成系统中新鲜气中惰性气体的多少和从合成系统排放的气量的多少。排放量过多，增加新鲜气的消耗量，损失原料气的有效成分。排放量过少则影响合成反应进行。

调节惰性气体的含量，可以改变触媒床层的温度分布和系统总体压力。当转化率过高而使合成塔出口温度过高时，提高惰气含量可以解决温度过高的问题。此外，在给定系统压力操作下，为了维持一定的产量，必须确定适当的惰性气体含量，从而选择(驰放气)合适的排放量。

(2) CO和H_2比例的影响：

从化学反应方程式来看，合成甲醇时CO与H_2的分子比为1∶2，CO_2和H_2的分子比是1∶3,这时可以得到甲醇最大的平衡浓度。而且在其他条件一定的情况下，可使甲醇合成的瞬间速度最大。但由生产实践证明，当CO含量高时，温度不易控制，且会导致羰基铁聚集在催化剂上，引起催化剂失活，同时由于CO在催化剂的活性中心的吸附速率比H_2要快得多，所以要求反应气体中的氢含量要大于理论量，以提高反应速度。氢气过量同时还能抑制高级醇、高级烃和还原物质的生成，减少H_2S中毒，提高粗甲醇的浓度和纯度。同时又因氢的导热性好，可有利于防止局部过热和降低整个催化层的温度。但氢气过量会降低生产能力，工业生产中用铜系催化剂进行生产时，一般认为在合成塔入口的$V(H_2)$∶$V(CO)=4\sim5$较为合适。

实际生产中我们的氢碳比按照以下关系确定。

$$(H_2-CO_2)/(CO+CO_2)=2.05\sim2.15$$

(3) CO_2的影响：

CO_2对催化剂活性的影响比较复杂而且存在极值。完全没有CO_2的合成气，催化剂活性处于不稳定区，催化剂运转几十小时后很快失活。所以CO_2是活性中心的保护剂，不能缺少。在CO_2浓度4%以前，CO_2对活性的影响成正效应，促进CO合成甲醇，自身也会合成甲醇；但如果CO_2含量过高，就会因其强吸附性而占据催化剂的活性中心，因此阻碍反应的进行，会使活性下降，同时也降低了CO和H_2的浓度，从而降低反应速度，影响反应平衡，而且由于存在大量的CO_2，使粗甲醇中的水含量增加，在精馏过程中增加能耗。一般认为CO_2在3%~5%左右为宜。

5. 甲醇合成副反应的控制

甲醇合成过程不可避免的会生成一些副产物，副产物的生成不但影响产品质量，造成各项消耗的上升，同时在实际生产中，生成副产物会经常使换热器堵塞直至停车，造成损失。为此研究副产物的生成机理，并在生产中进行合理的控制是非常必要的。

(1) 催化剂的选择性：

甲烷、乙醇等副产物热力学上较甲醇更稳定，更容易生成。因而它们生成量的多少，主要为反应动力学所控制，即取决于催化剂的性能与操作条件的变化。也就是说，在合成甲醇过程中，在催化剂表面上存在着甲醇反应与诸多副反应的竞争，如果催化剂对合成甲醇具有很高的活性，相对来说抑制了副反应的发生，即具有良好的选择性，当催化剂使用后期或发生严重中毒而使其活性明显衰退时，对副反应的竞争有利，催化剂的选择性逐渐降低，副产物的生成量逐渐增加。

(2) 操作条件的选择：

操作条件的变化对催化剂选择性也有较大的影响。与合成甲醇相比，副反应具有较高的活化能，对反应温度更敏感，提高温度更有利于副反应的进行，对于铜系催化剂，当反应温度超过300℃时，就容易发生甲烷化反应。同时研究表明催化剂在210℃以下与原料气接触时，有可能导致蜡的产生，操作中应避开这一温度区域。

提高反应压力也会有利于副反应的进行，因为这些副反应发生时，反应前后其体积收缩程度较合成甲醇反应更明显。

采用低空速运转时，合成甲醇反应在接近平衡状态下进行，反应速度较低，反之，反应物及产物在催化剂表面上停留时间延长了，这对副反应的进行是有利的，对于碳链增长的反应尤为有利。

气体组成对催化剂的选择性也有影响，适当提高 CO_2 含量可抑制醚等副产物的生成；当 $(H_2-CO_2)/(CO+CO_2)$ 比值提高时，相应降低了 CO 的浓度而抑制了副反应的发生。当气体中硫含量较高时，必须逐步提高反应温度以弥补催化剂活性的下降，与此同时，也加速了副反应的进行，降低了催化剂的选择性。

总之，为减少副产物的生成，必须使催化剂中有害杂质含量尽可能低，活性要好，原料气中硫含量要低，操作条件以低温(210℃以上)、低压、高空速对生产有利。同时尽可能减少开停车次数，避免操作条件的波动。

能够改变反应速度 ，而自身不发生变化的物质叫催化剂，甲醇合成反应是有机工业中最重要的催化反应过程之一。没有催化剂的存在。合成甲醇反应几乎不能进行，因此，催化剂的活性及寿命是甲醇合成催化剂的关键指标。催化剂的选用决定了合成反应的压力和温度及甲醇生成速度和 CO 的单程转化率。

自从 CO 加氢合成甲醇工业化以来，合成催化剂和合成工艺不断研究改进。实验中研究出了多种甲醇合成催化剂，但工艺上使用的催化剂只有锌铬和铜基催化剂。

德国 BASE 公司于 1923 年首先开发成功的锌铬(ZnO/Cr_2O_3)催化剂，要想获得理想的催化活性和较高的转化率，操作温度需在 590~670K 之间，操作压力需在 25~35MPa，因此被称为高压催化剂。1966 年以前世界上几乎所有的甲醇合成厂家都是用该催化剂。我国，1954 年开始建立甲醇工业，早期也使用锌铬催化剂，目前该催化剂逐渐被淘汰。从 50 年代开始，很多国家着手进行低温甲醇催化剂的研究工作。1966 年以后，由英国 ICI 公司和德国 Lurgi 公司先后研制成功了铜基催化剂。铜基催化剂是一种低压催化剂，主要组分为 $CuO/ZnO/Al_2O_3$，操作温度为 500~530K，压力却只有 5~10MPa，比传统的合成温度低得多，对甲醇反应平衡有利。目前总的趋势是由高压向低压、中压发展。低中压流程所用的催化剂都是铜基催化剂。

一、锌铬催化剂

锌铬催化剂曾在甲醇合成中长期使用。锌铬催化剂一般采用共沉淀法制造。将锌与铬的硝酸盐溶液，用碱沉淀，经洗涤干燥后成型制得催化剂成品。也可以用氧化铬溶液加到氧化锌悬浮液中，充分混合，然后分离水分、烘干、掺进石墨成型；也可用干法生产，将氧化锌与氧化铬细粉混合均匀，添加少量氧化铬水溶液和石墨压片，然后烘干得到成品。

锌铬(ZnO/CrO_3)催化剂是一种高压固体催化剂，其活性温度在590~670K之间，操作压力为25~35MPa，锌铬催化剂有较好的耐热性、抗毒性和机械强度，使用寿命长，但其催化活性较低。

二、铜基催化剂

铜基($CuO/ZnO/Al_2O_3$)催化剂是一种中低压催化剂，其活性温度为500~530K，合成操作压力为5~10MPa。中低压法合成甲醇具有能耗低，粗甲醇中的杂质少，容易得到高质量的粗甲醇，因此近期中外均致力于中低压甲醇催化剂的研究。在对铜基催化剂的组成、活性、物理特性和作用机理进行研究，知道纯铜是没有合成甲醇的催化活性的，添加氧化锌成为Cu-ZnO双组分催化剂，或者再添加氧化铬或氧化铝成为Cu-Zn-Cr或Cu-Zn-Al三组分催化剂，才有了很好的工业活性。我国于20世纪70年代初投产的合成氨联醇装置也都使用铜基催化剂。

铜基催化剂系列品种较多，有铜锌铬系（$CuO/ZnO/Cr_2O_3$）、铜锌铝系($CuO/ZnO/Al_2O_3$)、铜锌硅系（$CuO/ZnO/Si_2O_3$）、铜锌锆系($CuO/ZnO/ZrO$)等。这些铜基催化剂同高压法使用的Zn-Cr催化剂相比，具有活性温度低，选择性好，使用温度低的特点，通常工作温度为220~300℃，压力为5.0~10.0MPa。但是铜基催化剂的耐温性和抗毒性均不如Zn-Cr甲醇催化剂。

三、中低压法合成甲醇催化剂催化机理

中低压法合成甲醇催化剂现在使用较多的是铜基催化剂，主要是$CuO-ZnO-Al_2O_3$为主要组成的催化剂。该催化剂三部分的作用也各不相同。在合成甲醇时，一氧化碳在铜催化剂表面的吸附率相当高，而对氢的吸附就比一氧化碳慢的多，氧化锌是很好的氢化剂，使氢吸附和活化，因此提高了铜基催化剂的转化率。

在实验中证实，纯铜对甲醇合成是没有活性的。催化理论认为氢和一氧化碳合成甲醇时，是在一系列的活性中心上进行的。而这种活性中心存在于被还原的Cu-CuO界面上。当催化剂被还原之后，开始生产时，合成气中的氢和一氧化碳都是还原剂，因此有使氧化铜进一步还原的趋势，这种过度的还原，使得活性中心存在的界面越来越小，催化剂活性也越来越低。因此在催化剂中加入少量的Al_2O_3，其功能就是阻止一部分氧化铜还原。

从合成的整个过程来看，随着还原表面向催化剂的内层深入，而使未还原的核心越来越小，作为Cu-CuO界面的核心表面积也越来越小，合成反应速率也随之降低，以至于反应热不能补充气体所带走热量时，催化剂就失去了继续使用的价值。

无论选用哪一种催化剂，一旦选定之后，其组成就已经确定。使用者任务就是根据本厂的工艺条件，在可能的范围之内进行调整，使得催化剂在最佳的条件下工作。

根据上述的催化理论，在实际操作过程中，延长使用寿命的主要措施有以下几方面：

首先，要控制使催化剂中毒的有害物质如S、Cl、羰基铁或镍等的含量。通常S和Cl的量应小于0.05g/m³。

第二，适当调整合成气的组分，以控制催化剂的过度还原。在合成反应过程中。其有效组分为一氧化碳、二氧化碳和氢，其中只有一氧化碳为含氧的极性分子，它能够阻止催化剂的过渡还原，同时二氧化碳在与氢反应生成甲醇时还生成一个分子的水。水的存在对CuO的还原也起到了阻碍作用。

第三，尽量避免反应点的局部超温。Cu基催化剂的第二弱点是耐热性较差，主要应考

虑两方面：一方面，应当提高合成气中的二氧化碳含量，二氧化碳与氢气合成甲醇时生成一个摩尔的水，有利于避免局部过热；另一方面，应尽量控制合成气中的氧含量，由于合成气含有少量的氧，氧进入催化剂床层，会使还原好的金属迅速氧化，放出大量的热。因此，控制合成气中的氧含量，避免催化剂过热，对于延长催化剂的寿命是很有必要的。

四、甲醇合成催化剂的还原

（一）催化剂还原工艺原理

催化剂还原后才具有活性，因此使用前必须先进行还原。催化剂还原中主要是氧化铜被还原。反应方程式如下：

$$CuO+H_2 = Cu+H_2O+86.7kJ/mol$$

还原反应是用 H_2或(H_2+CO)的混合物，在惰性气体如 N_2或天然气气氛中进行。并且还原气体中不能含有 Cl、S 及重金属等使催化剂中毒的物质。

在还原过程中必须严密监视床层温度(出口温度)的变化，当床层温度急剧上升时，必须立即采取停止或减少 H_2(或 CO+H_2)的气量，加大气体循环量或转换系统等措施进行处理。由于氧化铜的还原是放热反应，所以在还原过程中应遵守“提氢不提温，提温不提氢”原则。

（二）催化剂还原过程

不同型号的催化剂还原过程有所不同，但大体上有以下几个阶段：

1. 升温阶段

在升温还原前应对系统进行试漏，然后用 N_2或脱 S 天然气置换吹扫，此阶段即从催化剂升温开始到还原反应有出水为止。100℃以前，升温速率可稍大些(≤25℃/h)。100~120℃段，升温速率控制在 10℃/h，这一阶段主要是烘干催化剂内的结晶水，这一部分水称为物理水。

2. 还原初期

向系统补入新鲜还原气，升温速率控制在 2~3℃/h，至温度升到 160℃左右。

3. 主要期

此阶段升温速率要缓慢，不超过 20℃/h，在 170℃时要维持不低于 15h。为了催化剂得到充分还原，此阶段持续时间较长，并且要防止反应过分剧烈而导致温度失控。至温度升到 180℃左右结束。

4. 后期

180~190℃升温速率控制在 1~2℃/h，190~210℃控制在 3~4℃/h。

5. 末期

210~230℃升温速率控制在 10℃/h，在 230℃后恒温 2h 后逐步加氢。当反应器出口气体中 H_2或 CO+H_2的浓度接近于进口浓度并且也不再产生水时，则为催化剂还原终点，就可以认为催化剂基本上还原好了。

（三）升温还原注意事项

（1）系统排气试漏时，要求 O_2<0.5%；

（2）每半小时分析一次合成塔进出口 H_2、CO、CO_2含量。整个还原期间：

合成塔进出口(H_2+CO)浓度差值为 0.5%左右，最高不超过 1.0%。

（3）控制循环气中 CO_2含量<10%，水汽浓度≤5000μL/L，如 CO_2含量>10%，应开大补 N_2阀，并排出过多的 CO_2。

（4）还原终点的判断：

① 累计出水量接近或达到理论出水量；

② 出水速率为 0 或小于 0.2kg/h；

③ 合成塔进出口（H_2+CO）浓度基本相等。

（5）升温还原控制原则：

① 三低：低温出水、低氢还原，还原后有一个低负荷生产期。

② 三稳：提温稳、补氢稳、出水稳。

③ 三不准：提温提氢不准同时进行；水分不准带入合成塔；不准长时间高温出水。

④ 三控制：控制补 H_2速度；控制 CO_2浓度；控制出水速度。

五、甲醇合成催化剂的寿命、衰老和中毒

1. 催化剂寿命

催化剂在合成塔内长期使用，活性逐渐下降。那么把催化剂具有足够活性的期限，称为催化剂的寿命。催化剂的寿命一方面取决于其组成和制备的方法及工艺条件；另一方面取决于原料气的净化程度及操作质量。

原料气中某些组分与催化剂发生作用，使其组成结构发生变化，活性降低甚至使催化剂失去活性。由氧及含氧化合物引起的中毒，可以通过重新还原使催化剂恢复活性，这叫暂时性中毒。由 S、Cl 及一些重金属或碱金属、羰基铁、润滑油等物质引起的中毒，使催化剂原有的性质、结构彻底发生变化，不能再恢复催化活性，称为永久性中毒。S、Cl 与催化剂中的 Cu 作用生成无活性的物质：CuS、$CuCl_2$；而油受热析出炭，堵塞催化剂的活性中心，从而引起活性下降。

实际操作表明，催化剂中毒物质主要是由硫化物引起的，因此耐硫催化剂的研制越来越引起注意。虽然含硫甲醇催化剂的单程转化率很高，为 36.1%，但甲醇选择性太低，只有 53.2%，副反应产物后处理复杂，距工业化生产还有较大距离；目前大型甲醇装置均致力于原料气精纯化，总硫含量可达到 ppm 级以下。

2. 催化剂中毒

硫是最常见的毒物，也是引起催化剂活性衰退的主要原因。原料气中的硫一般以 H_2S 和 COS 形式存在，通常认为 H_2S 和活性组分铜起反应，使其失去活性，其反应式为：

$$H_2S+Cu \rightleftharpoons CuS+H_2$$

在合成甲醇的条件下，COS 会分解成 H_2S 而使催化剂中毒：

$$COS+H_2 \longrightarrow CO+H_2S$$

催化剂吸硫量达到 3.5%时，活性基本丧失。

应该指出，上述计算仅仅考虑催化剂的硫中毒，如果考虑到热老化等因素，入口气中 H_2S 含量必须控制在 0.1μL/L 以下，才能使催化剂有较长的使用寿命。

氯也是一种毒物，其毒害程度比硫还厉害。催化剂制造过程中，选择原料不当或工厂使用中由蒸汽系统可能引入氯。

3. 热老化

甲醇催化剂一般在 250~300℃下操作，使用过程中铜微晶逐渐长大，铜表面逐渐减小而引起活性下降，使用温度的提高将加速铜晶粒长大的速度，即加快活性衰退的速度。

防止热老化的措施：

（1）在还原、开停车过程中按预定的指标小心操作，防止超温。

（2）在保证产量及稳定操作的前提下，尽可能降低操作温度，每次提升热点温度应慎重，提升幅度不宜过大，一般以5℃为宜。

（3）适当提高新鲜气中的CO_2含量。

4. 开停车对催化剂的影响及对策

停车对催化剂不利，但不管如何精心操作，在停车过程中不可避免地总会损害催化剂的活性，如处理不当，未及时置换合成塔内的原料气，将使催化剂活性受到严重损害。有资料介绍，ICI公司的一套装置，因循环机故障，塔内的原料气48小时内置换，催化剂在不流动的羰基气氛中活性的损失相当于催化剂的使用寿命减少了9个月；而在德国一炉催化剂曾因受羰基气氛的毒化而被迫更换。为此，在使用过程中应力争避免不必要的开停车。

甲醇合成反应器实际是甲醇合成系统中最重要的设备。从操作结构，材料及维修等方面考虑，甲醇合成反应器应具有以下要求：

（1）催化剂床层温度易于控制，调节灵活，能有效移走反应热，并能以较高位能回收反应热；

（2）反应器内部结构合理，能保证气体均匀通过催化剂床层，阻力小，气体处理量大，合成转化率高，催化剂生产强度大；

（3）结构紧凑，尽可能多填装催化剂，提高高压空间利用率；高压容器及内件间无渗漏；催化剂装御方便；制造安装及维修容易。

甲醇合成塔主要由外筒、内件和电加热器三部分组成。内件是由催化剂筐和换热器两部分组成。根据内件的催化剂筐和换热器的结构形式不同，甲醇内件分为若干类型。

按气体在催化剂床的流向可分为：轴向式、径向式和轴径复合型。

按催化剂筐内反应热移出方式可分为冷管型连续换热式和冷激型多段换热式两大类。

按换热器的形式分为列管式、螺旋板式、波纹板式等多种形式。

目前，国内外的大型甲醇合成塔塔型较多，归纳起来可分为五种：

1. 冷激式合成塔

这是最早的低压甲醇合成塔，是用进塔冷气冷激来带走反应热。该塔结构简单，也适于大型化。但碳的转化率低，出塔的甲醇浓度低，循环量大，能耗高，又不能副产蒸汽，现已经基本被淘汰。

2. 冷管式合成塔

这种合成塔源于氨合成塔，在催化剂内设置足够换热面积的冷气管，用进塔冷管来移走反应热。冷管的结构有逆流式、并流式和U形管式。由于逆流式与合成反应的放热不相适应，即床层出口处温差最大，但这时反应放热最小，而在床层上部反应最快、放热最多，但温差却又最小，为克服这种不足，冷管改为并流或U形冷管。如1984年ICI公司提出的逆流式冷管型及1993年提出的并流冷管TCC型合成塔和国内林达公司的U形冷管型。这种塔型碳转化率较高但仅能在出塔气中副产0.4MPa的低压蒸汽。目前大型装置很少使用。

3. 水管式合成塔

将床层内的传热管由管内走冷气改为走沸腾水。这样可较大地提高传热系数，更好地移走反应热，缩小传热面积，多装催化剂，同时可副产2.5~4.0MPa的中压蒸汽，是大型化较理想的塔型。

4. 固定管板列管合成塔

这种合成塔就是一台列管换热器，催化剂在管内，管间(壳程)是沸腾水，将反应热用于副产3.0~4.0MPa的中压蒸汽。代表塔型有Lurgi公司的合成塔和三菱公司套管超级合成塔，该塔是在列管内再增加一小管，小管内走进塔的冷气。进一步强化传热，即反应热通过列管传给壳程沸腾水，而同时又通过列管中心的冷气管传给进塔的冷气。这样就大大提高转化率，降低循环量和能耗，然而使合成塔的结构更复杂。固定管板列管合成塔虽然可用于大型化，但受管长、设备直径、管板制造所限。在日产超过2000t时，往往需要并联两个。这种塔型是造价最高的一种，也是装卸催化剂较难的一种。随着合成压力增高，塔径加大，管板的厚度也增加。管板处的催化剂属于绝热段；管板下面还有一段逆传热段，也就是进塔气225℃，管外的沸腾水却是248℃，不是将反应热移走而是水给反应气加热。这种合成塔由于列管需用特种不锈钢，因而是造价非常高的一种。

5. 多床内换热式合成塔

这种合成塔由大型氨合成塔发展而来。目前各工程公司的氨合成塔均采用二床(四床)内换热式合成塔。针对甲醇合成的特点采用四床(或五床)内换热式合成塔。各床层是绝热反应，在各床出口将热量移走。这种塔型结构简单，造价低，不需特种合金钢，转化率高，适合于大型或超大型装置，但反应热不能全部直接副产中压蒸汽。典型塔型有Casale的四床卧式内换热合成塔和中国成达公司的四床内换热式合成塔。

合成塔的选用原则一般为：反应能在接近最佳温度曲线条件下进行，床层阻力小，需要消耗的动力低，合成反应的反应热利用率高，操作控制方便，技术易得，装置投资要低等。

一、甲醇合成工艺流程

蒸汽驱动透平带动压缩机运转，提供循环气运转的动力，同时往循环系统中补充H_2和混合气($CO+H_2$)，使合成反应能够连续进行。反应放出的大量热通过蒸汽包移走，合成塔入口气在换热器中被合成塔出口气预热至46℃后进入合成塔，合成塔出口气由255℃进入换热器，在进入冷却器换热至40℃以下，与补加的H_2混合后进入粗甲醇分离器，分离出的粗甲醇送往甲醇储罐，气相的一小部分送往火炬，气相的大部分作为循环气被送往压缩机，被压缩的循环气与补加的混合气混合后经油气分离器进入反应器。

反应器的温度主要是通过汽包来调节。压力主要靠混和气入口量、H_2入口量、放空量以及甲醇在分离罐中的冷凝量来控制；合成原料气在反应器入口处各组分的含量是通过混和气入口量、H_2入口量以及循环量来控制的。

二、甲醇合成工艺流程图

甲醇合成工艺流程见图3-20。

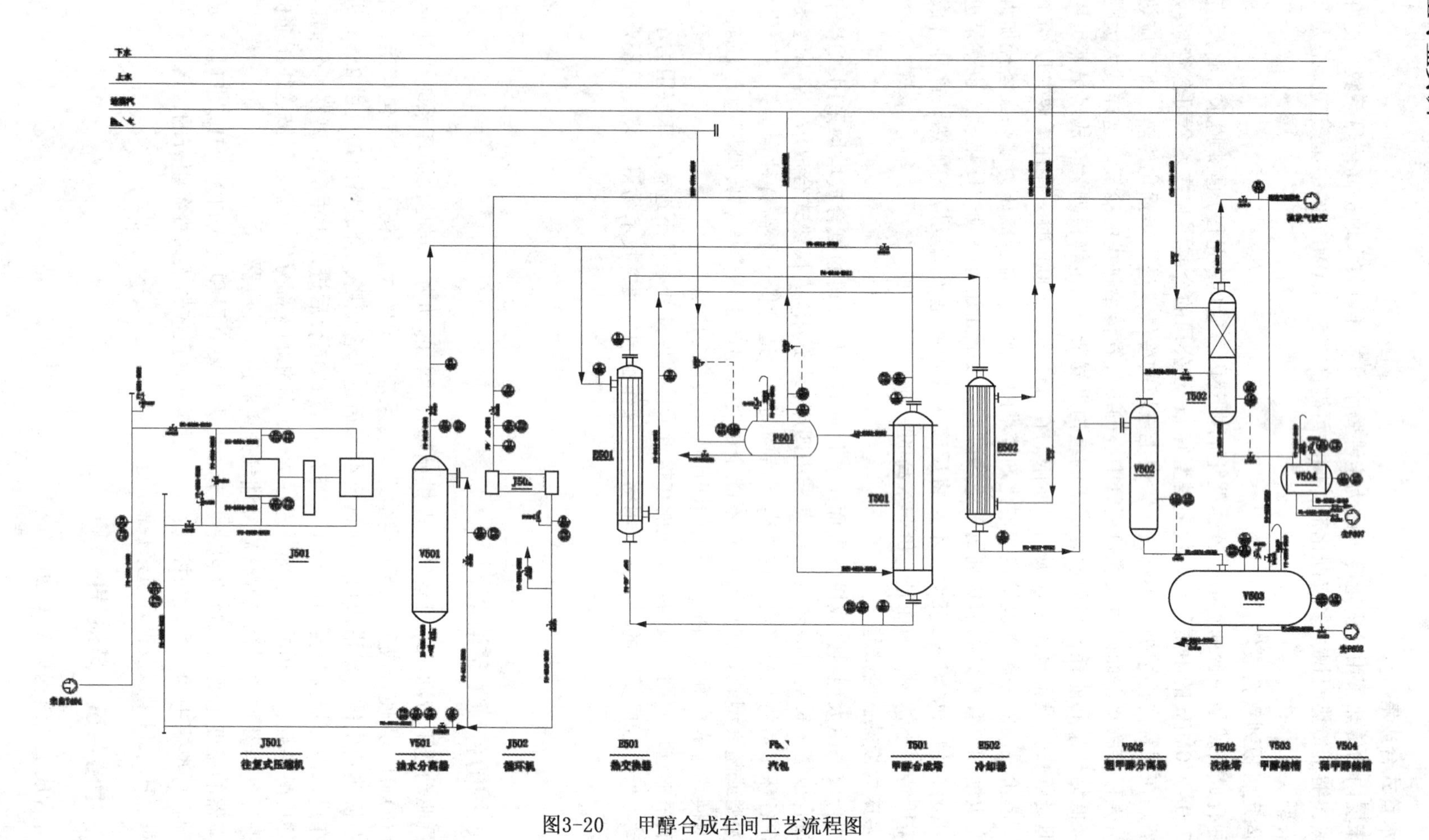

图3-20　甲醇合成车间工艺流程图

习题与答案

1. 目前世界上工业生产甲醇所采用的原料是什么？

答：目前世界上工业生产甲醇所采用的原料主要有煤、石油(渣油、石脑油)、天然气、煤气、乙炔尾气等其他富含氢气、一氧化碳、二氧化碳的废气等。

2. 目前工业上生产甲醇所采用工艺路线是什么？

答：目前工业生产几乎都采用以一氧化碳、二氧化碳、加氢加压合成生产甲醇。甲醇生产装置主要包括以下几大工序：原料气制备，原料气净化(脱硫、转化)，压缩，甲醇合成、精馏等工序。

3. 目前世界上甲醇生产工艺有哪几种？

答：目前世界上的甲醇生产，按照生产的压力可分为：

高压法：操作压力在25~35MPa，通常为30MPa；温度350~420℃，催化剂为Zn-Cr催化剂。高压法合成的特点：压力高，能耗较大，副产物多，催化剂选择性、活性较铜基催化剂差。

中压法：生产操作压力为10MPa，其流程工艺与低压甲醇工艺差不多，催化剂为铜基(铜-锌-铝，铜-锌-铬)。它是在低压法的基础上，针对大规模装置，为了节约投资，降低生产成本而发展起来的。

低压法：生产操作压力为5MPa，铜基催化剂(铜-锌-铝，铜-锌-铬)，合成塔进口温度220℃左右，出口温度250~270℃。能耗低，杂质少，催化剂活性好。

4. 甲醇反应的影响因素有哪些？

答：对甲醇反应影响较大的因素有：

(1) 温度：操作温度增加，反应速度增加，平衡常数下降，但副反应加大。

(2) 压力：操作压力加大，反应向反应物平衡方向移动，对反应有利。

(3) 空速：与催化剂接触时间有关。空速降低，生产强度下降。空速增加，催化剂生产强度增加，但阻力增加，能耗上升，入塔气预热面积需要增大、出塔气体中甲醇浓度下降。

(4) 气体组成：对于甲醇原料气，氢碳比要求控制在$(H_2-CO_2)/(CO+CO_2)=2.05\sim2.15$，并保持一定量的$CO_2$。

(5) 惰气成分：氮气，甲烷等不参加反应的惰性成分的存在，在反应气体中减少了反应气体的有效分压。在不同工艺中，不同种类催化剂的要求，在催化剂的不同使用时期，在甲醇合成系统中控制不同含量的惰气成分。一般在催化剂使用初期，催化剂活性好，惰气含量可适当控制高一点，后期则可以低一点。通常初期合成气体中可控制其含量在20%~25%左右，末期，15%~20%左右。

(6) 催化剂：活性越高，反应越好，选择性越高，副产物越低。

5. 铜基催化剂的特点是什么？

答：活性高，选择性好。缺点：抗硫、抗氯性能差，耐温性能差。

6. 甲醇合成气中二氧化碳的作用是什么？

答：(1) 二氧化碳本身是甲醇合成的一种原料。

(2) 二氧化碳的存在，在一定程度上抑制了二甲醚的生成。

(3) 阻止了一氧化碳转化为二氧化碳，这个反应在有水蒸气存在时会发生。

（4）有利于温度调节，防止超温，因为二氧化碳的合成反应热比一氧化碳的反应热要低，所以二氧化碳参加反应时可以有效地阻止合成温度的升高，从而保证催化剂的活性，延长催化剂的使用寿命。

7. 甲醇原料气中硫化物害处是什么？

答：（1）引起催化剂中毒。

（2）造成管道、设备的腐蚀。

（3）造成粗甲醇质量下降。

8. 锌铬催化剂活性及使用条件是什么？

答：锌铬催化剂活性温度高，约 350~420℃，由于受平衡的限制，需要在高压下操作。

9. 铜基催化剂活性及使用条件是什么？

答：铜基催化剂活性温度低，约在 230~290℃，可以在低压、中压下操作。近年来，低压铜基催化剂使用更普遍。

10. 反应温度对甲醇合成有何影响？

答：在甲醇合成反应过程中，温度对于反应混合物的平衡温度和速率的影响非常重要。对于化学反应来说，温度升高会使分子的运动加快，分子间的有效碰撞增加，并使分子克服化合时的阻力的能力增加，从而增加分子的有效结合机会，使反应速度加快，但一氧化碳和二氧化碳与氢气合成甲醇的反应均为可逆的放热反应，升高温度可以使反应速率常数增加，但平衡常数会下降。因此选择合适的操作温度对甲醇合成至关重要。

一般锌-铬催化剂的活性温度为 350~420℃，比较适宜的操作温度区间为 370~380℃左右；铜基催化剂的的活性温度为 200~290℃，比较适宜的操作温度区间为 250~270℃左右。

为了防止催化剂老化，在使用的初期宜维持较低的数值，随着使用时间的增加，逐步提高反应温度。另外，甲醇合成反应温度越高，则副反应增加，生成的粗甲醇中有机杂质等组分含量也增加。

11. 操作压力对甲醇合成反应有何影响？

答：甲醇合成反应为分子数减少反应，因此增大压力对平衡有利。

不同的催化剂对合成压力有不同的要求，锌-铬催化剂的活性温度为 350~420℃，要实现甲醇合成必须压力在 25MPa 以上，实际生产中锌-铬催化剂的操作压力在 25~35MPa 左右。

铜基催化剂的活性温度低(230~290℃)，甲醇合成压力要求低，采用铜基催化剂操作压力一般在 5MPa 左右。由于生产装置规模的大型化，从而发展了 10MPa 左右的甲醇合成中压法。

12. 甲醇合成系统中惰气成分有哪些？

答：甲醇原料气的主要成分是 CO、CO_2和 H_2，其中还含有少量的 CH_4和 N_2等其他气体组分。CH_4和 N_2 在甲醇合成中不参加反应，这些在甲醇合成中不参加反应的气体叫惰气，惰气会在合成系统中积累增加。

13. 惰气含量对甲醇合成有何影响？

答：循环气体中惰气增加会降低主要成分 CO、CO_2和 H_2的有效分压，对甲醇合成不利，而且增加压缩机的动力消耗。

14. 合成气水冷后的气体温度控制过高与过低的害处是什么？

答：合成气水冷后的气体温度控制过高，会影响气体甲醇和水蒸气的冷凝效果，随着合成气水冷温度的升高，气体中未被冷凝分离的甲醇含量增加，这部分甲醇不仅增加循环压缩机的能耗，而且在甲醇合成塔内会抑制甲醇合成向生成物方向进行。

但是，合成气水冷温度也不必控制得过低，随着水冷温度的降低，甲醇的冷凝效果会相应的增加，但当温度降低到20℃以下时，甲醇的冷凝效果增加就不明显了。所以一味追求过低的水冷温度很不经济，不仅设备要求提高，而且增加冷却水的耗量。

一般操作时控制合成气冷却后的水温在20~40℃。

15. 影响分离器分离效果的因素有哪些？

答：(1) 温度，一定在甲醇临界温度以下，温度越低越好。

(2) 压力。

(3) 分离器结构的好坏。

(4) 适当的气体流速。

(5) 分离器空间液位的高低。

16. 甲醇合成系统正常生产时的操作控制有哪些？

答：(1) 气体成分的控制。

(2) 合成系统压力的控制。

(3) 催化剂床层温度的控制。

(4) 液位控制(汽包、分离器、水洗塔、膨胀槽)。

(5) 循环量的控制。

项目八　甲醇的精馏

甲醇精制工序的目的就是脱除粗甲醇中的杂质，制备符合质量标准要求的精甲醇。粗甲醇精制为合格的甲醇，主要采用精馏的方法，其整个精制过程工业上习惯称为粗甲醇的精馏。

一、粗甲醇的组成

甲醇合成的产物与合成反应条件有密切的关系，虽参加甲醇合成反应的元素只有C、H、O三种元素，但是由于甲醇合成反应在合成条件，如温度、压力、空间速度、催化剂、反应气的组成及催化剂中微量杂质等的影响，在同时生产甲醇时，还伴随着一系列副反应。由于$n(H_2)/n(CO)$比例的失调，ZnO的脱水作用，可能生成二甲醚；$n(H_2)/n(CO)$比例太低，催化剂中存在碱金属，有可能生成高级醇；反应温度过高，甲醇分离不好，会生成醚、醛、酮等羰基化合物；进塔气中水汽浓度高，可能生成有机酸；催化剂及设备管线中带有微量的铁，就可能有各种烃类生成；原料气脱硫不尽，就会生成硫醇、甲基硫醇，使甲醇呈异臭；在联醇生产中，原料气中容易混入氨，就有微量有机胺生成。因此，甲醇合成反应的产物主要由甲醇以及水、有机杂质等组成的混合溶液，称为粗甲醇。

粗甲醇的组成是很复杂的，用色谱或质谱联合分析方法将粗甲醇进行定性、定量分析，可以看到除甲醇和水以外，还含有醇、醛、酮、酸、醚、酯、烷烃、羰基铁等几十种微量有机杂质。

各种有机杂质的含量都很少。粗甲醇中杂质组分的含量多少，可看作衡量粗甲醇的质量标准。显然，精甲醇的质量和精制过程中的损耗，与粗甲醇的质量关系极大。从精制角度考虑，甲醇合成中副反应越少越好，从而提高粗甲醇的质量，这样就比较容易获得高质量的精甲醇，同时又降低了精制过程中物料和能量的消耗。

粗甲醇的质量主要与所使用的催化剂有关，铜系催化剂的选择性较好，反应压力低，温度低，副反应少，所以制得的粗甲醇的杂质较少，特别是二甲醚的量大幅度下降，高锰酸钾值显著提高。因此，近年来新发展的甲醇厂均为中压法、低压法，采用铜系催化剂。

二、粗甲醇中杂质的分类

粗甲醇中所含杂质的种类很多，根据其性质可以归纳为如下几类。便于针对其特点选用精制方法。

1. 有机杂质

有机杂质包含了醇、醛、酮、醚、酸、烷烃等有机物，根据其沸点，将其分为轻组分和重组分。精制的关键就是怎样将甲醇与这些杂质有效地进行分离，使精甲醇中含有少量的有机杂质。随着分析技术的发展，对这些杂质的种类和含量认识得较清楚，在一定程度上减少了分离有机杂质的盲目性。

2. 水

粗甲醇中的水是一种特殊的杂质，水的含量仅次于甲醇，水与甲醇的分离是比较容易的。但水与其中许多有机杂质混溶，或形成水-甲醇-有机物的多元恒沸物，使彻底分离水分变得困难，甚至和甲醇一起被排除，而造成甲醇的流失。微量的水常被带至精甲醇中，如要制取无水甲醇，则需要特殊的精制方法。

3. 还原性物质

在有机杂质中，有些杂质由于不饱和键(碳碳双键和碳氧双键)的存在，很容易被氧化，带入精甲醇中，则影响其稳定性，从而降低了精甲醇的质量和使用价值。还原性物质常用高锰酸钾变色实验进行鉴别，其方法是将一定浓度和一定量的高锰酸钾溶液注入一定量的精甲醇中，在一定温度下测定其变色时间。时间越长，表示稳定性越好，精甲醇中的还原性物质越少，同时也可判定其他杂质清除得较干净；反之，时间越短，则稳定性越差。精甲醇的稳定性是衡量精甲醇质量的一项重要指标。

4. 增加电导率的杂质

粗甲醇中的胺、酸、金属以及不溶物残渣的存在，会增加其电导率。

5. 无机杂质

粗甲醇中除含有合成反应中生成的杂质以外，还有从生产系统中夹带的机械杂质及微量杂质。如由粉末压制而成的铜基催化剂，在生产过程中受气流冲刷，挤压而破碎，从而进入到粗甲醇中，由于钢制设备、管道、容器受到硫化物、有机酸等的腐蚀，粗甲醇中会含有微量铁杂质。这类杂质虽然量很小，但影响很大，如微量铁在反应中生成的羰基铁[$Fe(CO)_5$]混在粗甲醇中与甲醇共沸，很难处理掉，影响精甲醇的质量和外观。

三、甲醇的质量标准

甲醇的质量是根据用途不同而定的，各国的甲醇质量标准有所差异。中国精甲醇质量标准见表 3-18。

表 3-18　中国化工甲醇国家标准(GB 338—2004)

项　　目	指　　标		
	优级品	一级品	合格品
色度(铂-钴)/号 ≤	5	5	10
密度(20℃)/(g/cm³)	0.791~792	0.791~0.793	
温度范围 (0℃，101325Pa)/℃	64.0~65.5		
0.8		1.0	1.5
50		30	20
澄清		澄清	—
0.10		0.15	—
酸度(以 HCOO 计)/% ≤	0.0015	0.0030	0.0050
碱度(以 NH_3 计)/% ≤	0.0002	0.0008	0.0015
羰基化合物含量(以 CH_2O 计)/% ≤	0.002	0.005	0.010
蒸发残渣含量/% ≤	0.001	0.003	0.005

一、双塔精馏

高压法甲醇合成由锌铬催化剂改为铜系催化剂以后，随之也改进了繁复的粗甲醇精馏方法。目前国内全部甲醇生产装置(包括高、中、低压法)均采用铜系催化剂，提高了粗甲醇质量，同时也简化了精馏工艺。现在粗甲醇精馏方法，除引进的和国产化的 Lurgi 低压法流程外，其余均采用双塔常压精馏工艺(流程见图 3-21 所示)。

实践证明，双塔精馏流程简单，操作方便，运行稳定。尽管国内粗甲醇的生产多样，粗甲醇的质量也有较大差异，但经双塔精馏后精甲醇的质量，除乙醇含量之外，基本能达到国内一级品标准，已能较广泛地满足甲醇的用途。

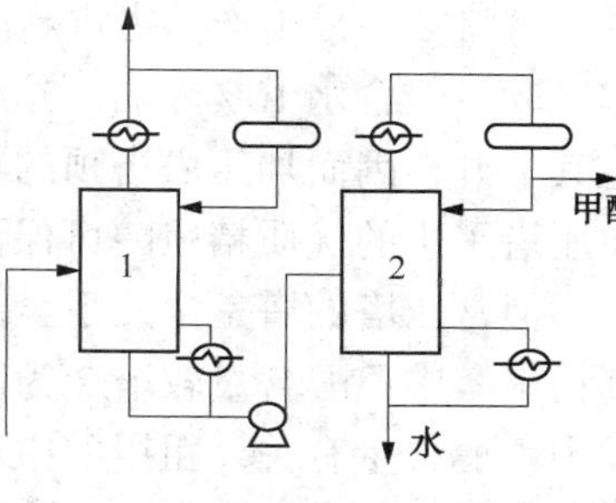

(1) 在预蒸馏塔中脱除轻组分时，结合流程特点，严格控制塔顶回流系统的冷凝温度，尽可能脱除部分乙醇。

(2) 提高主蒸馏塔回流比，将沸点高于甲醇的乙醇组分大部分压至塔的下部，使其浓集于入料口附近或接近塔釜的提馏段内，以提高塔顶精甲醇的纯度。

甲醇
1
2
水

图 3-21　甲醇双塔工艺流程示意图
1—预精馏塔；2—主精馏塔

(3) 据乙醇浓集的部位，一般为入料口上下，乙醇可达千 μg/g，适当采出部分液体，以排除乙醇，否则，当塔内组分达到平衡以后，乙醇仍然逐板上升进入塔顶产品中去。

$$Mt=\frac{m_1}{m}\times100\%$$

二、高质量三塔精馏工艺

该流程(见图3-22)的特点是三塔基本等压操作，由第三精馏塔采出产品。关键是由塔2分离水分，保持塔2顶部馏出物(塔3入料)含水量要少，以降低塔3釜液的含水量，一般10%左右，要求小于50%。由于塔3釜液中含水量甚少，大部分为甲醇，使得乙醇和残留的高沸点杂质得以浓缩，只需塔底少量采出即达到排除乙醇的目的。一次蒸馏甲醇收率可达95%左右。显然，上述流程弥补了双塔精馏之不足，实质上将主精馏塔采出产品移至第三精馏塔，这无疑增加了精馏过程的热负荷，所以单位产品能耗亦较高，也没有解决好节能和优质的矛盾。

三、节能型三塔流程

此流程与上述三塔流程不同的是第一精馏塔(加压)和第二精馏塔(常压)均采出产品，大约各占一半。该流程具有如下特点。

1. 节能

在粗甲醇精馏系统，一般流程都考虑废热的回收利用，如采用蒸汽冷凝水或残液等来加热粗甲醇。这里主要指多效利用热源蒸汽的潜热，如将原双塔流程的主精馏塔一分为二，第一塔(塔2)加压操作(约0.6MPa)，第二塔(塔3)为常压操作，则塔2由于加压操作顶部气相甲醇的液化温度约为123℃，远高于常压塔塔釜液体(主要为水)的沸点温度，其冷凝潜热可作为塔3再沸器的热源。这一过程称为双效法，较双塔流程(单效法)可节约热能40%左右，一般在正常操作条件下，比较理想的能耗为每精制1t精甲醇消耗热能3.0×10^6kJ左右。

自然，双效法三塔流程投资较多，若双塔单效法投资为100，则三塔双效法为113；但由于能耗下降前者的操作费用为100，后者仅为64。显然，三塔双效法效益显著，随着粗甲醇精馏规模的增大效益更加明显。

2. 降低精甲醇中乙醇含量

双效法三塔粗甲醇精馏工艺不仅节约热能，而且可制得低乙醇含量的优质精甲醇。由于塔2进料多，采出产品占进料的50%左右，故塔釜甲醇浓度很高，含水量却较低，据国内操作经验一般含水10%左右。这样的操作条件，有利于塔2内乙醇下移直至浓缩在塔釜内，避免其上升，因而加压塔塔顶的精甲醇产品中乙醇含量甚少，其他有机杂质含量也相对减少。加压塔采出的优质精甲醇可保证达到国标一级品，接近美国AA级标准。

但常压塔的塔釜中几乎全部为水，不利于乙醇的浓缩，因此若按一般操作方法，塔3顶部精甲醇中乙醇含量较塔2为高，其他有机杂质含量相应亦较高。至于乙醇含量多少与粗甲醇中乙醇含量有关，粗甲醇中乙醇含量低(<200μg/g)时精甲醇中乙醇含量可<100μg/g，否则，有可能超过100μg/g，与双塔精馏的产品质量相近。

常压塔釜采出的残液，送至汽提塔回收甲醇。甲醇中的乙醇含量可能达数千μg/g，一般不宜送入产品储罐。

3. 甲醇收率较高

由于加压塔获得了优质甲醇，如已满足了用户需要，则不必苛求常压塔的操作条件，一次蒸馏的甲醇收率即可达95%以上。

由上述特点不难看出，双效法三塔粗甲醇精馏工艺协调了节能与优质这对矛盾，有50%的精甲醇产品质量特优，可满足甲醇下游加工的特殊需要，其他50%产品也能达到工业使用的要求。能耗水平较先进。应该说这一工艺在工业上的应用是比较成功的。如果常压塔约50%的产品亦需进一步降低乙醇含量，也可用前述双塔流程的操作手段提高回流比、增加塔下部采出量等方法来达到，当然能耗要增加，但总体上能耗仍低于双塔流程。

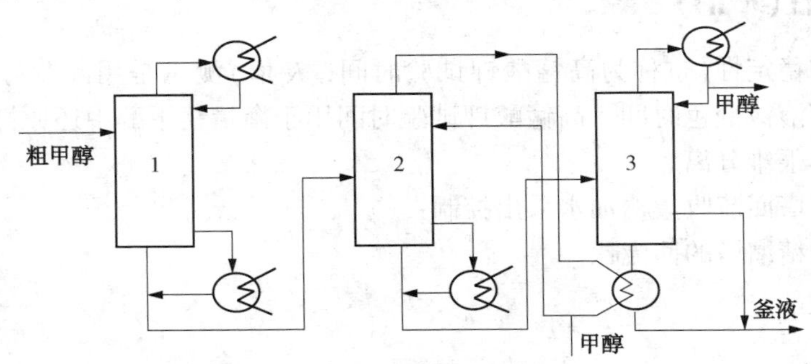

图3-22　三塔工艺流程示意图

1—预精馏塔；2—加压精馏塔；3—常压精馏塔

四、四塔流程

现在新上的精馏系统都是四塔（或者叫三加一塔），分别是预塔、加压塔、常压塔、回收塔（也有叫气提塔），特点如下：

（1）采用沸点进料，预塔进料用加压塔和回收塔的蒸汽冷凝液换热至65 ℃右，加压塔进料用加压塔塔釜液体预热到110℃右。

（2）加压塔的甲醇蒸汽去常压塔再沸器，给常压塔提供热源。

（3）常压塔采出的杂醇进入回收塔继续精馏，提取出其中的绝大多数甲醇。总之，四塔流程更加合理地利用了蒸汽，精醇质量有了进一步提高，特别是乙醇含量更低，废水中的含醇量降低，消耗降低。

一、水溶性

水溶性试验是精甲醇产品按1∶3的比例加入蒸馏水后，不出现混浊现象的指标。

（1）对预精馏塔中轻组分（低沸物）的控制。预精馏塔主要通过加水萃取精馏脱除甲醇油。

（2）主精馏塔中对杂醇油侧线采出的控制。

二、水分

精醇产品水分优等品的指标是小于0.1%。水分超标，主要是重组分上移所致。

三、色度

色度试验是用精甲醇产品与蒸馏水对比，没有呈现微锈色判为合格。色度的指标为≤5（铂-钴）。色度差一般是粗甲醇原料携带来的微量催化剂所引起。这部分杂质富集于主塔底部，随塔底残液排出。

四、稳定性（K值）

精醇产品的稳定性（也称为高锰酸钾试验时间，K值）测试是用配制好的高锰酸钾做氧化值试验，观察溶液变色时间。高锰酸钾试验时间用于衡量精甲醇中还原性杂质的多少。还原性物质与甲醇很难分离。

（1）预精馏塔回流收集槽油水采出控制；

（2）控制主精馏塔的回流比。

一、基本概念

精馏是将由挥发度不同的组分所组成的混合液，在精馏塔中同时多次地进行部分汽化和部分冷凝，使其分离成几乎纯态组分的过程。它是以热气相和液相逆流相互作用为基础的一种复杂的蒸馏过程。在精馏塔内从塔釜上升的气相，每经过一块塔板与塔板上液层接触一次，就部分冷凝一次。因此上升气相中易挥发组分含量逐板增大。从塔顶下降的回流液由于与上升气相接触，在每块塔板上都部分汽化一次。因此，从塔顶往下直至塔釜，液相中的易挥发组分含量逐渐减少。同时塔内温度从下到上逐板降低。只要塔板数足够多就可以在塔顶得到纯度很高的易挥发组分。同时可以在塔釜得到浓度很高的难挥发组分。

二、三个平衡

精馏塔的操作，应掌握三个平衡：

1. 物料平衡

物料平衡的建立，是衡量精馏塔内操作的稳定程度，它表现在塔的能力大小和产品质量的好坏。一般应根据入料量而适当采出馏出物量，保持塔内物料平衡，才能保证精馏塔内操作条件稳定。当塔的操作物料一旦破坏时，可以从塔压差的变化情况看出。如果进得多，采得少，则塔压差上升，反之，塔压差下降。主精馏塔在一定的负荷下，塔压差应在一定范围内，如果塔压差过大，说明塔内上升蒸汽的速度过大和塔板上的液层过高，雾沫夹带严重，甚至发生液泛，破坏塔的操作；若塔压差过小，表明塔内上升蒸汽的速度过小，塔板上气液湍动的程度过低，传质效率差，对筛板、浮阀等塔板还容易产生泄漏，降低塔板效率。当失去物料平衡时会在塔的温度及产品质量方面反映出来。

（1）当甲醇的采出量大于入料量，使塔内的物料组成变重，重组分上升，全塔温度逐步升高，以致精甲醇产品的蒸馏量降低，质量不合格。

（2）当甲醇的采出量小于入料量时，塔内各点温度下降，甲醇轻组分下移，以致釜液中甲醇含量大大超出指标，而造成甲醇有效组分的损失，这时，精甲醇产品可能出现初馏点降低，影响其质量。

由此可知，物料不平衡将造成塔内操作混乱，而达不到分离的目的。同时，热量平衡也将遭到破坏，在粗甲醇精馏操作中，维持物料平衡的操作是最频繁的调节手段。

2. 汽液平衡

汽液平衡主要表现了产品的质量及损失情况，是靠调节塔的操作条件（T、P）及塔板上汽液接触的情况来达到。汽液平衡是靠在每块板上汽液互相接触进行传质和传热而实现的。汽液平衡和物料平衡密切相关。物料平衡掌握得好，汽液接触好，传质效率高，每块板上的汽液组成接近平衡的程度就高，即板效率高。反之则低。塔内温度、压力的改变又可造成塔板上气相和液相的相对量的改变，从而破坏原先的物料平衡。

3. 热量平衡

对每块塔板　$Q_{冷凝}=Q_{汽化}$

对全塔　$Q_{入}=Q_{出}+Q_{损}$

热量平衡是实现前面两个平衡的基础，而又依附于物料平衡和汽液平衡。当塔的操作压力、温度发生了改变（即汽液组成改变），则每块板上汽相的冷凝热量和液相的汽化热量也会发生改变，最终体现在塔釜供热和塔顶取热的变化上。相反，热量平衡发生变化也会影响物料平衡和汽液平衡的改变。

一般来说精馏过程的操作就是掌握好这三个平衡，根据塔的负荷，给塔釜供给一定的热量，建立热量平衡，随之达到一定的气液平衡，然后用物料平衡作为经常的调节手段，控制热量平衡和气液平衡的稳定。操作中往往是物料平衡首先改变（负荷、组成），相应通过调节热量平衡（回流量、回流比、塔釜蒸汽量），而达到汽液平衡的目的。

三、精馏工艺条件选择

对于精馏操作工艺条件的选择，首先要使产品精甲醇的各项指标达到所需的标准，其次努力降低甲醇的损耗和能耗。

（一）压力

塔压的选择不仅取决于塔本身的分离要求，而且和系统的条件密切相关。一般来说：

若塔在常压下操作时不致引起物料的结焦、聚合、腐蚀或不希望发生的反应产生，就不应在真空下操作。

如果在常压下操作时可以用一般的冷却水进行冷却，在一般情况下不应用加压操作。

若精馏塔的塔顶物料冷凝温度较高，有可能作为另一个塔再沸器的热源，但温差不够，此时可以提高精馏塔的压力以满足传热温差的要求。

甲醇车间的三塔流程是节能型的，利用加压塔的塔顶冷凝热作为常压塔的再沸器能源。

（二）温度

对于确定了塔压的精馏塔为达到一定的产品质量即分离要求，塔的温度也就确定了。

在正常生产时，可以通过对塔板上的温度监视，去判断塔内三个平衡的变化情况，然后根据情况通过调节手段维持塔板上温度在一定范围内，达到精馏塔的平衡稳定。

对一个精馏塔，主要的温度有塔顶温度、塔釜温度、进料温度及灵敏板温度。

1. 塔顶温度

脱醚塔的塔顶温度是决定系统内轻组分含量的重要条件，如果塔顶温度过低，塔内的轻组分不能完全蒸到塔顶，通过冷却后出去，从而使塔釜中轻组分含量增加，而后面的几个产品塔，又不能将轻组分排除，所以必然影响精甲醇的质量，如果塔顶温度过高，必然会增加甲醇的损失量，不仅影响精甲醇的质量，而且增加产品单耗。

对于产品塔，加压塔、常压塔，当塔压稳定时，塔顶温度升高，说明塔顶重组分增加，这必然使甲醇产品质量波动，使甲醇的蒸馏量和高锰酸钾值达不到要求。

2. 塔釜温度

对于脱醚塔，塔釜只要将粗甲醇中轻组分蒸到塔顶，而不将轻组分带到加压塔即可。

对于加压塔、常压塔，如果塔内分离效果很好，釜液应接近水这一单一组分，维持正常的塔釜温度，可避免甲醇的流失量，提高甲醇的回收率，也可以减少残液的污染。如果塔釜温度降低，往往是甲醇带至残液中，必将影响甲醇的产量和产品消耗。

3. 进料温度

进料物流的温度对精馏塔操作的影响很大，由全塔热量平衡可知，塔底加热量，进料带入热量与塔顶冷凝量之间有一定关系(若固定回流比，即塔顶冷却量不变，进料温度高，进料带热愈多，塔底供热则愈少)，进料温度发生变化，若不及时调整塔顶冷凝塔量和塔底加热量，塔内的热平衡将会被打破，从而影响塔的分离能力，不但影响产品质量，而且热量损耗也很大。

4. 灵敏板温度

精馏塔在操作时受到某一外界因素的干扰(如回流比、进料状态发生波动等)，全塔各板的组成将发生变化，全塔的温度分布也将发生相应的变化，因此，可以用测量温度的方法预示塔内组成，尤其是塔顶馏出液组成的变化，但是，在高纯度分离时，在塔顶(底)相当高的一段塔板中温度变化极小，所以一般不用测量塔顶温度的方法来控制馏出液的质量，而且，即使观察到塔顶的温度发生了变化，再进行调整，此时已产生不合格产品，操作滞后严重，但在塔内精馏段或提馏段的某些塔板上，在操作条件变化后，温度变化较为显著，由于这些塔板温度对外界干扰因素的反映最灵敏，故将这些塔板称之为灵敏板。

对于精馏段，灵敏板一般比较靠近进料口，它可在塔顶馏出液组成尚未发生变化之前先感受到进料参数的变化并及时采取调节手段。

当塔底温度过低时再进行调节，易造成系统较大波动，可在提馏段选取一灵敏板，约为塔底向上6~8块塔板的温度，作为提馏段灵敏板温度，进行预先调节，不使轻组分流入塔釜，此温度也正是采出重组分的适宜温度，可由重组分(异丁基油)采出量进行控制。

暂定各精馏塔主要温度指标如表3-19所示。

表3-19 各精馏塔主要温度指标

项 目	预精馏塔	加压塔	常压塔
塔顶温度/℃	73	121	57
塔底温度/℃	81	127	95
进料温度/℃	65	81	127

(三) 回流比

塔顶冷凝器将塔顶蒸汽冷凝为液体，冷凝液的一部分流入塔顶称为回流液 L，其余作为

馏出液 D 连续排出。回流比通常指回流液 L 与馏出液 D 之比，即 $R=L/D$。

回流是构成汽液两相接触传热、传质的必要条件。上升蒸汽与自身冷凝回流液之间的接触过程中，重组分向液相传递，轻组分向汽相传递。

在塔的入料量一定的情况下，若规定塔顶及塔底产品的组成，根据全塔物料平衡，塔顶和塔底产品的量也已确定，因此增加回流比并不意味着上升蒸汽量的增加，增大回流比措施是增大塔底的加热速率和塔顶的冷凝量，增大回流比的代价是能耗的增大。

由于加大回流比是靠增大塔底加热率达到的，因此加大回流比既增加了精馏段的液汽比，也增加了提馏的汽液比，对提高两组分的分离程度都起积极作用。

回流比增大对塔顶出产品的精馏来说，可提高产品质量，但要降低塔的生产能力，增加水、电、汽的消耗，将造成塔内物料的循环量过大，甚至发生液泛，破坏塔的正常操作。

对于精馏操作有一最适宜回流比的选取，在此回流比下操作总费用(操作费、设备费)最低。

一、甲醇精馏工艺流程

从合成工段送来的浓度为93%左右的粗甲醇，经粗甲醇泵打到粗甲醇预热器，由蒸汽冷凝水提温至65℃左右进入预蒸馏塔，预蒸馏塔下部的预塔再沸器采用0.5MPa，170℃过热蒸汽间接加热液体粗甲醇，保持温度在75~80℃左右，塔顶温度用回流液控制在70℃左右，为了防止低沸点组分在塔顶冷凝，同时尽量减少甲醇损失，塔顶采用两级冷凝，一级冷凝器温度控制在65℃，二级冷凝器温度控制40℃。粗甲醇应加碱液控制其pH值，其目的是为了促使胺类及羰基化合物分解，并且防止粗甲醇中有机酸对设备的腐蚀；为了增加轻组分物质与甲醇的沸点差，还应控制预后粗甲醇的浓度，一般控制预后相对密度在0.84~0.87，补加水来自合成工序弛放气甲醇洗涤液，根据分析结果对补加的水量进行调节。

从预蒸馏塔顶冷凝器冷凝下来的液体进入预塔回流槽，经预塔回流泵打入塔内作为回流。从二级冷凝器冷凝下来的液体经分析，当低沸点物质太多时应采出去装桶。预蒸馏塔顶排出的不凝气体送往三废锅炉燃烧。

预蒸馏塔釜液通过预后甲醇泵进入加压塔，用0.5MPa、170℃过热蒸汽加热釜液，控制塔釜温度在130~132℃。塔顶蒸汽温度约122℃进入常压塔再沸器冷凝，冷凝液流入加压塔回流槽，一部分通过加压回流泵打回加压精馏塔作为回流液，另一部分经过加压塔产品冷却器冷却至40℃作为产品去精甲醇储槽。塔底甲醇溶液经减压后进入常压精馏塔。

常压塔再沸器由加压塔塔顶蒸汽加热，维持塔釜温度在105~110℃，塔顶蒸汽去常压塔冷凝器，冷凝液流入常压塔回流槽，经常压塔回流泵一部分打入塔顶作为回流液，另一部分取出经常压塔产品冷却器冷却后作为产品去精甲醇储槽。

常压塔溶液中还有一部分沸点介于甲醇与水之间的杂醇物，如乙醇等，一般聚集在塔下部，当分析精醇中杂质含量超标时，应采出富积乙醇的甲醇溶液去残液罐装桶。

二、甲醇精馏工艺流程图

甲醇精馏工艺流程图见图3-23。

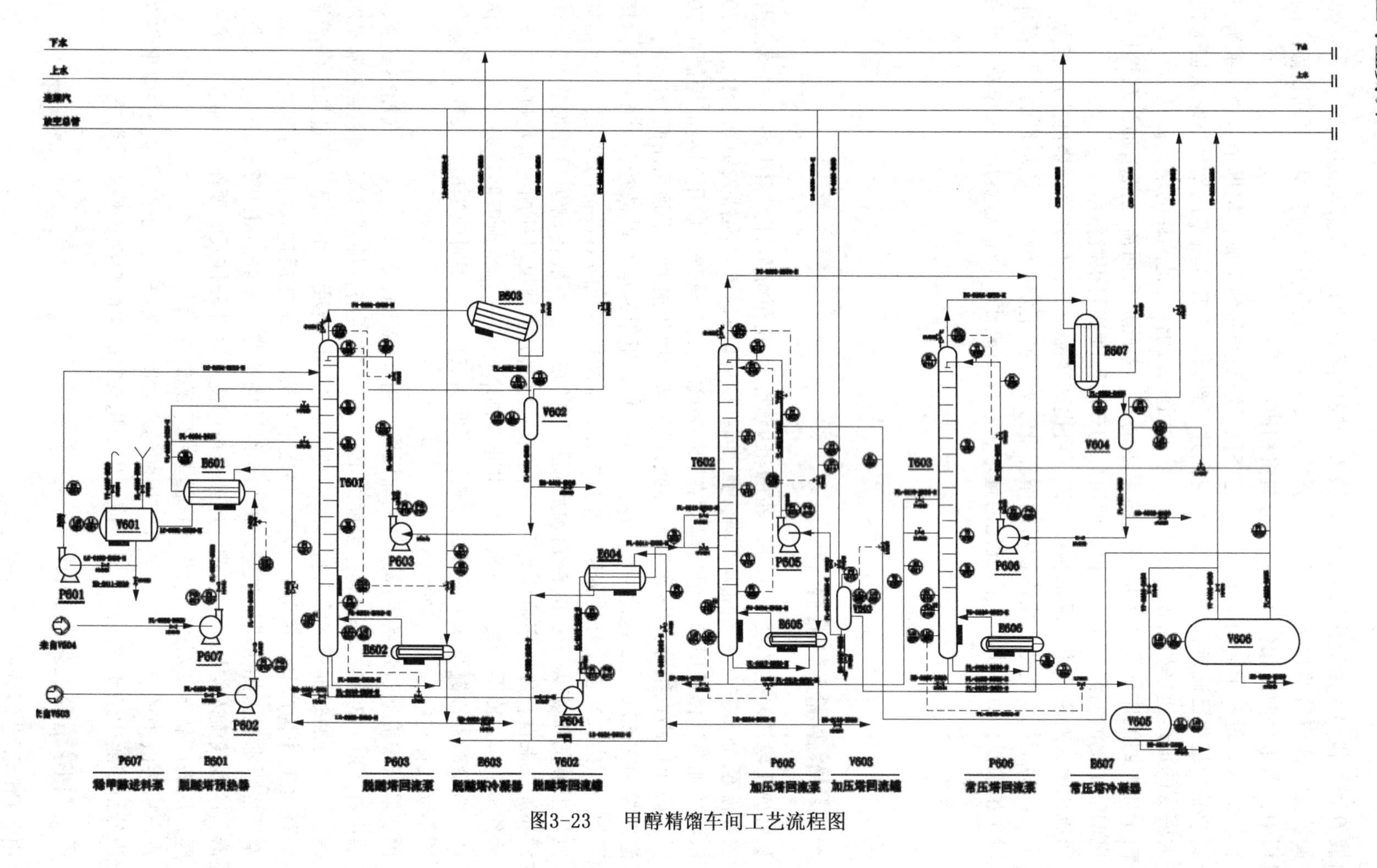

图3-23　甲醇精馏车间工艺流程图

习题与答案

1. 什么是挥发度？

答：挥发度通常用来表示在一定温度下饱和蒸汽压力的大小，对处于同一温度下的物质，饱和蒸汽压力大的称为易挥发物质，否则为难挥发物质。沸点越低，挥发度越高。精馏操作的依据是利用互溶液体混合物中各个组分沸点的不同而分离成较纯组分的一种操作。

2. 精馏塔中两段的作用分别是什么？

答：精馏段的作用主要是浓缩易挥发组分，以提高馏出液（塔顶产品）中易挥发组分的浓度。提馏段的作用则主要是为了浓缩难挥发组分，在釜底得到难挥发组分纯度很高的残液。

3. 甲醇精馏工艺流程分类有哪些？

答：单塔、双塔、三塔、四塔(3+1)流程。

4. 甲醇精馏中预塔作用是什么？预塔加碱液的目的是什么？

答：去除溶解在粗甲醇中的二甲醚、H_2、CO、CO_2等轻组分杂质。

加碱液中和粗甲醇中的酸性物质，以调整精甲醇的 pH 值，保证产品质量。

5. 粗甲醇中轻、重馏分的定义是什么？

答：以甲醇的沸点为界，将粗甲醇中有机杂质分为高沸点杂质和低沸点杂质。常压下甲醇的沸点为 64.7℃，甲醇杂质中，沸点低于甲醇沸点的物质叫轻馏分，沸点高于甲醇沸点的物质叫重馏分。

6. 粗甲醇中有那些轻馏分杂质？

答：甲醇杂质中轻馏分有：二甲醚、甲醛、一甲胺、二甲胺、三甲胺、乙醛、甲酸甲酯、戊烷、丙醛、丙酮、甲酸乙酯等。

7. 粗甲醇中有那些重馏分杂质？

答：甲醇杂质中重馏分有：已烷、乙醇、丁酮、丙醇、庚烷、异丁醇、水、甲酸、异戊醇、丁醇、乙醇、乙酸、辛烷、戊醇等。

8. 脱醚塔塔顶冷凝液温度控制的意义是什么？

答：在脱醚塔，以去除轻组分为主体的大部分有机杂质为目的，通过予塔塔顶的冷凝器的作用，大部分甲醇被冷凝下来，未被冷凝的轻组分进入放空系统，因此，冷凝温度的控制对脱出粗甲醇的轻组分杂质有直接的关系，控制过高，轻组分杂质脱出彻底，甲醇损失大，控制过低，轻组分杂质脱出不彻底。

脱醚塔塔顶冷凝温度控制一般在 30~40℃，但不是一成不变的，它随催化剂使用的初、中、晚期的不同，成分的变化可作适当小量调整。

9. 影响精馏塔塔底液位变化的因素有哪些？

答：(1) 釜液组成的变化：在塔压力不变的情况下，降低釜温，从而使釜液中轻组分增加，如排除量不变，塔底液位也将上升。

(2) 进料组成的变化：如果进料中水或重组分增加，如排除量不变，塔底液位也将上升。

(3) 进料量的变化：如果进料量增加，釜液排除量也相应该增加，否则，塔底液位也将上升。

(4) 加热量发生变化，塔低温度改变，塔釜液位将发生改变。

(5) 排除量加大，塔釜液位将发生改变。

（6）采出量发生变化时，也将影响塔釜液位。

10. 精馏进料量的大小变化对精馏有何影响？

答：进料增加，为维持整个塔的操作条件不变，蒸气上升的速度加快，塔底再沸加热量应增加，塔顶冷却量负荷加大，采出增加，为维持恒定的回流比，下降的回流液也增加。进料减少则相反。

11. 精甲醇产品常见的几种质量问题？

答：（1）水溶性：精甲醇加水后出现浑浊现象。

（2）稳定性：精甲醇产品的高锰酸钾氧化值时间过短。

（3）水分：精甲醇产品水分超标。

（4）色度：精甲醇与蒸馏水对比成微锈色，这可能是粗甲醇原料或精馏设备未清洗干净所致。

（5）碱性高：可能由于原料气中含有氨所导致（特别是联醇生产中）。

12. 精甲醇氧化值不合格的处理办法有哪些？

答：氧化值即高锰酸钾值，也是衡量甲醇稳定性的一个指标。

（1）加大主塔、予塔轻组分的排放。

（2）予塔进行加水萃取精馏操作将杂质去除。

（3）根据合成粗甲醇反应条件和催化剂使用的前期、中期、后期粗甲醇成分的变化，加强对予塔顶冷凝温度的控制。

（4）必要时可以在予塔采出部分粗馏物。

（5）加大回流比，严格控制好灵敏板的温度，避免重组分上移。

（6）连续采出部分杂醇油。

13. 影响甲醇收率的因素？

答：（1）主塔、予塔塔顶冷凝温度过高，甲醇冷不下来，从放空管放空损失部分甲醇。

（2）主塔塔底温度太低，甲醇从残液中排出。

（3）在侧线采出中，杂醇油中有部分甲醇未回收而损失。

（4）在粗甲醇输送、精馏过程中，泵体及设备的泄露，分析取样损失。

14. 脱醚塔、加压塔、常压塔作用是什么？

答：（1）脱醚塔作用主要是分离除去溶解性气体和低沸点物质。

（2）加压塔的作用是除去水和高沸点物质，得到精甲醇产品。

（3）常压塔的作用是除去水和高沸点物质，得到精甲醇产品。

项目九 甲醇冷模仿真实训

一、空分车间工艺流程

来自大气中的空气（常温、常压），首先进入自洁式空气吸入过滤器中除去灰尘和其他颗粒杂质，然后进入空气压缩机（C101），初步过滤后的空气经过多级压缩至 0.62MPa、100℃，压缩机级间的热量被中间冷却器中的冷却水带走。压缩空气进入空气冷却塔（T101），在其中与水直接接触进行冷却和洗涤，除去空气中大量的有害成分，如 SO_2、SO_3、NH_3等。

T101 下部通过大水泵（P101）进的是循环冷却水，上部通过小水泵（P102）进的是低温冷却水，该水是经出冷箱的污氮在换热器（E101）中冷却的，空气冷却塔的顶部装有除沫器，用来清除、分离水滴。

出空气冷却塔（T101）的空气，进入用来吸附水、CO_2、C_nH_m的吸附系统，该吸附系统由装有活性氧化铝（Al_2O_3）和分子筛（13X）的两台立式分子筛容器（L101 和 L102）组成，两台分子筛交替工作，切换周期 4h，当一台运行时，另一台由来自冷箱的污氮再生，在加热再生过程中，由蒸汽加热器（E102）对再生气体进行加热。

出空气纯化系统的洁净工艺空气一部分直接进入冷箱内的低压换热器，被返流出来的气体冷却至-170℃进入分馏系统下塔（X101）的底部，进行第一次分馏。其余空气进入空气增压机进一步压缩，经过膨胀增压机增压端压缩至 4.0MPa，经水冷器冷却至 40℃，进入高压换热器，被冷却至-110℃，经膨胀增压机膨胀端膨胀至 0.54MPa 后进入 X101 参与精馏；在 X101 中，上升气体与下流液体充分接触，传热传质后，在顶部得到纯氮气。纯氮气进入下塔顶部的冷凝蒸发器，在气氮冷凝的同时，液氧得到气化。一部分液氮作为下塔的回流液下流，其余液氮经过冷器过冷、节流后送入上塔顶部作为精馏段的回流液，同时在下塔顶部抽取中压氮经复热后作为产品送出。

从下塔底部、中部抽出来的富氧液空和污氮分别送入换热器，与 X101 顶部抽出的污氮气换热，节流后进入 X101 参与精馏，在 X1101 内，经过再次精馏，得到产品液氧和污氮气。

液氧从 X101 底部抽出，经液氧泵（C102）加压至 8.9MPa，被复热至常温送出冷箱。污氮气经复热至常温后分两路分别去分子筛吸附器（L101A/B）和 T101，同时抽出 $100Nm^3/h$ 作冷箱密封气。

二、气化车间工艺流程

（一）煤研磨和煤浆制备

煤浆制备由输送带输送来的原料煤（$<25mm$）送至煤储斗，经称重给料机控制输送量送入磨机；助熔剂（需要时）也从原煤储存与准备工序由输送带定量送入磨机。

来自甲醇精馏的废水及变换低温冷凝液进入磨煤水槽，根据液位加入原水，水经磨煤水泵加压后控制流量送入磨机。

为了控制煤浆黏度及保持水煤浆的稳定性需加入添加剂，固体添加剂在添加剂制备槽中加入原水，制成 25%左右浓度的溶液，由添加剂制备泵输送到添加剂槽中储存，按制煤浆所需量用泵加压后送入磨机。

为了调整水煤浆的 pH 值，需加入碱液。碱液由厂外运来，约 10d 一次。在碱液槽储存的碱液经计量泵加压后送磨机。

物料在磨机中进行湿法磨煤。出磨机的水煤浆浓度约 58%，排入磨机出口槽，经低压煤浆泵加压至 1.1MPa（表）后送至气化工序煤浆槽。

（二）煤制气和热回收

在本工序，煤浆与氧进行部分氧化反应制得粗合成气。

水煤浆由煤浆槽经高压煤浆泵（P201）加压至9.6MPa（表）后，连同空分送来的高压氧通过烧嘴进入气化炉（R201），反应在4.0MPa（表）、约1400℃下进行。气化反应在R201反应段瞬间完成，生成CO、H_2、CO_2、H_2O和少量CH_4、H_2S等气化气。离开R201反应段的热气体和熔渣进入激冷室水浴，被水淬冷后温度降低到250℃、4.0MPa（表），并被水蒸气饱和后出R201；气体经文丘里洗涤器（X201）同来自水洗塔（T201）的黑水混合后进入水洗塔。粗煤气在水洗塔T201下段水浴中用来自灰水处理工序的灰水（温度约为165℃）降温，降温后在水洗塔T201上段用来自变换工序的高温凝液（温度约为180℃）进一步降温洗涤后到241℃，4.0MPa（表）后送至变换工序。

气化炉R201反应中生成的熔渣进入激冷室水浴后被分离出来，在渣收集阶段排入锁斗（V201），定时排入渣池（V202），由捞渣机捞出后装车外运。渣收集阶段上部的黑水用锁斗循环泵抽出循环回气化炉，用于冲气化炉激冷室的渣。

水洗塔T201中部排出的较清洁的灰水用激冷水泵（P202）加压后分别送文丘里洗涤器（X201）及气化炉（R201）激冷循环，用于洗涤粗合成气。

气化炉、水洗塔及沉降槽等排出的洗涤水（称为黑水）送往灰水处理。

（三）灰水处理

本工序将气化来的黑水进行渣水分离，处理后的水循环使用。出气化炉激冷室的黑水最终进入到沉降槽。黑水被浓缩后进入澄清槽（V202），滤液在滤液槽中收集后，用泵送往磨煤水槽循环使用，滤渣用汽车运出厂外。

三、净化车间工艺流程

水煤气经水分离器分离后，在进入热交换器（E401）前分为两部分，一部分经热交换器（E401）管程与壳程的变换器换热，另一部分直接到热交换器（E301）的出口作为副线，调节变换气的进口温度；经热交换器（E301）调温后的工艺气体与来自蒸汽总管的水蒸气混合，进入低温变换炉（B301），经炉内宽温耐硫变换催化剂-CoO、MoO_3等，在操作温度为180~500℃，将水煤气中过量的CO变换成H_2，调节氢碳比例，并把有机硫转化为无机硫，同时，为了保证低温变换炉（B301）内的温度稳定在操作温度的范围内，采用变换原料气直接中间冷激进入低温变换炉（B301）。变换后的高温气体进入热交换器（E401）的壳程，与管程的原料换热后进入水冷却器（E302），与水冷却器（E302）壳程的冷却水换热后，进入精脱硫工段。来自变换工段的工艺气体，到变换气脱硫塔（T401）底部，与上部喷淋下来的吸收剂——碳酸钠水溶液逆流接触，湿法脱硫后的气体到精脱硫工段；吸收剂直接进入变换气脱硫塔（T401）的底部，通过脱硫贫液泵（P401）输送到变换气脱硫塔（T401）顶部，喷淋下来后循环利用；湿法脱硫后的气体输送到精脱硫塔（T402）的底部，气体自下而上经过精脱硫塔（T402）内的氢氧化铁脱硫剂，脱除一部分硫后的气体从顶部出来，到达精脱硫塔（T403）的底部，气体自下而上经过精脱硫塔（T403）内的活性炭脱硫剂，气体组分中硫含量降至小于0.2cm^3/m^3，进入NHD脱碳工段；来自精脱硫工艺气体，到脱碳塔（T404）底部，与上部喷淋下来的脱碳剂——聚乙二醇二甲醚（简称NHD）溶液逆流接触，湿法脱硫、脱碳、脱水后的气体，一部分放空；一部分送入压缩机，经加压后送入合成工段。氨冷器（E401）内的脱碳剂——NHD 溶液通过脱碳贫液泵输送到脱碳塔(T404)的顶部，自上而下喷淋下来，与气体逆流接触传质吸收后，输送到闪蒸槽(V401)，液体经脱碳富液泵(P403)输送到汽提塔(T405)顶部，与汽提塔(T401)底部进入的空气逆流接触传质解析后的贫液，经脱碳贫液泵(P402)输送到氨冷器(E401)，再输送到脱碳塔(T404)循环利用。鼓风机(C401)鼓入空气到汽提塔(T405)，自下而上通过塔吸收溶液中的 CS_2、C_4H_4S、CH_3SH、COS、H_2S、CO_2 后，顶部直接放空到放空总管；

四、甲醇合成车间工艺流程

来自脱碳装置的新鲜气与循环气一起经甲醇合成气压缩机(J501)压缩至 5.14MPa 后，经过入塔气预热器(E501)加热到 225℃，进入甲醇合成塔(T501)内，甲醇合成气在催化剂作用下发生如下反应：

$$CO + 2H_2 = CH_3OH + Q$$

$$CO_2 + 3H_2 = CH_3OH + H_2O + Q$$

甲醇合成塔(T501)为列管式等温反应器，管内装有甲醇合成催化剂，管外为沸腾锅炉水。

反应放出大量的热，通过列管管壁传给锅炉水，产生大量中压蒸汽(3.9MPa 饱和蒸汽)，减压后送至蒸汽管网。副产蒸汽确保了甲醇合成塔内反应趋于恒定，且反应温度也可通过副产蒸汽的压力来调节。

甲醇合成塔(T201)出来的合成气(255℃，4.9MPa)，经入塔气预热器(E501)、甲醇水冷器(E502)，进入甲醇分离器(V502)，粗甲醇在此被分离。分离出的粗甲醇进入粗甲醇储槽(V503)，被减压至 0.4MPa 后送至精馏装置。甲醇分离器(V502)分离出的混合气与新鲜气按一定比例混合后升压送至甲醇合成塔(T501)继续进行合成反应。

从甲醇分离器(V502)出来的循环气在加压前排放一部分弛放气，进入洗涤塔(T502)，被上部喷淋下来的水再次吸收气体中的甲醇后，弛放气减压后去燃气发电系统，以保持整个循环回路惰性气体恒定。粗甲醇分离器(V602)底部的液体及洗涤塔(T502)底部的液体分别到甲醇储槽(V503、V504)储存，用于后续精馏工段；甲醇储槽(V503)顶部排出的膨胀气去燃料气系统。

合格的锅炉给水来自变换装置；循环冷却水来自界区外部。汽包(F501)排污，经排污膨胀槽膨胀减压后就地排放。

五、甲醇精馏车间工艺流程

来自甲醇合成装置的粗甲醇(40℃，0.4MPa)，通过脱醚塔进料泵(P602，P607)，经粗甲醇预热器(E601)加热至 65℃，进入脱醚精馏塔(T601)，脱醚塔再沸器(E602)用 0.4MPa 的低压蒸汽加热，低沸点的杂质如二甲醚等从塔顶排出，冷却分离出水后作为燃料；回收的甲醇液通过脱醚塔回流泵(P603)作为该塔回流液。脱醚精馏塔(T601)底部粗甲醇液经加压塔进料泵(P604)进入加压精馏塔(T602)，加压塔再沸器(E605)以 1.3MPa 低压蒸汽作为热源，加压塔塔顶馏出甲醇气体(0.6MPa，122℃)经常压塔再沸器(E606)后，甲醇气被冷凝，精甲醇回到加压塔回流槽(V603)，一部分精甲醇经加压塔回流泵(P605)，回到加压精馏塔(T602)作为回流液，另一部分经加压塔甲醇冷却器冷却后进入精甲醇储槽(V606)中。加压精馏塔(T602)塔底釜液(0.6MPa，125℃)进入常压精馏塔(T603)，进一步精馏。常压塔再沸器(E606)以加压精馏塔(T602)塔顶出来的甲醇气作为热源。常压精馏塔(T603)顶部排出精甲醇气(0.13MPa，67℃)，经常压塔冷凝冷却器(E607)冷凝冷却后一部分回流到常压精馏塔(T603)，另一部分打到精甲醇储槽(V606)内储存。

产品精甲醇由精甲醇泵(P608)从精甲醇储槽(V606)送至甲醇罐区装置。

为防止粗甲醇中含有的甲酸、二氧化碳腐蚀设备，在脱醚塔进料泵(P602)后的粗甲醇溶液中配入适量的烧碱溶液，用来调节粗甲醇溶液的pH值。

甲醇精馏系统各塔排出的不凝气去燃料气系统。

由常压精馏塔(T603)底部排出的精馏残液经废水冷却器冷却至40℃后，由废水泵送到残液罐储存，一定量后送生化处理装置。

一、主要设备制造规格

主要设备制造规格见表3-20。

表3-20 主要设备制造规格

序号	项目名称	规格型号	数量
1	空气冷却塔	ϕ800mm×3200mm，镜面不锈钢	1台
2	冷却器	ϕ500mm×1200mm，镜面不锈钢	1台
3	分子筛吸附器	ϕ300mm×1800mm，镜面不锈钢	1台
4	分馏系统	800mm×800mm×4000mm，镜面不锈钢	1台
5	气化炉	ϕ700mm×3400mm，镜面不锈钢	1台
6	锁斗	ϕ600mm×900mm，镜面不锈钢	1台
7	文丘里洗涤器	自制，镜面不锈钢	1台
8	洗涤塔	ϕ600mm×3500mm，镜面不锈钢	1台
9	沉降槽	ϕ1000mm×1000mm，镜面不锈钢	1台
10	煤气水分离器	ϕ500mm×2300mm，镜面不锈钢	1台
11	热交换器	ϕ325mm×2500mm，镜面不锈钢	1台
12	低温变换炉	ϕ426mm×2800mm，镜面不锈钢	1台
13	变换气冷却器	ϕ325mm×2500mm，镜面不锈钢	1台
14	变换气脱硫塔	ϕ426mm×4600mm，镜面不锈钢	1台
15	精脱硫塔	ϕ426mm×2800mm，镜面不锈钢	2台
16	脱碳塔	ϕ500mm×5000mm，镜面不锈钢	1台
17	氨冷器	ϕ400mm×700mm，镜面不锈钢	1台
18	闪蒸槽	ϕ500mm×1000mm，镜面不锈钢	1台
19	汽提塔	ϕ600mm×5000mm，镜面不锈钢	1台
20	油水分离器	ϕ530mm×2400mm，镜面不锈钢	1台

续表

序号	项目名称	规格型号	数　量
21	热交换器	ϕ325mm×2500mm，镜面不锈钢	1台
22	合成塔	ϕ700mm×3000mm，镜面不锈钢	1台
23	汽包	ϕ530mm×1300mm，镜面不锈钢	1台
24	冷却器	ϕ530mm×3000mm，镜面不锈钢	1台
25	粗甲醇分离器	ϕ500mm×2400mm，镜面不锈钢	1台
26	洗涤塔	ϕ500mm×2200mm，镜面不锈钢	1台
27	甲醇储槽	ϕ530mm×1600mm，镜面不锈钢	1台
28	稀甲醇储槽	ϕ500mm×1150mm，镜面不锈钢	1台
29	碱液罐	ϕ500mm×1150mm，镜面不锈钢	1台
30	脱醚塔预热器	ϕ350mm×900mm，镜面不锈钢	1台
31	脱醚塔	ϕ500mm×3700mm，镜面不锈钢	1台
32	脱醚塔再沸器	ϕ450mm×1300mm，镜面不锈钢	1台
33	脱醚塔冷凝器	ϕ400mm×1100mm，镜面不锈钢	1台
34	脱醚塔回流罐	ϕ400mm×1100mm，镜面不锈钢	1台
35	加压塔预热器	ϕ350mm×900mm，镜面不锈钢	1台
36	加压塔	ϕ500mm×5000mm，镜面不锈钢	1台
37	加压塔再沸器	ϕ500mm×1450mm，镜面不锈钢	1台
38	加压塔回流罐	ϕ500mm×1400mm，镜面不锈钢	1台
39	常压精馏塔	ϕ600mm×5000mm，镜面不锈钢	1台
40	常压塔冷凝器	ϕ500mm×1200mm，镜面不锈钢	1台
41	常压塔回流罐	ϕ500mm×1400mm，镜面不锈钢	1台
42	常压塔再沸器	ϕ500mm×1450mm，镜面不锈钢	1台
43	精甲醇储槽	ϕ800mm×1500mm，镜面不锈钢	1台
44	残液罐	ϕ400mm×1100mm，镜面不锈钢	1台
45	脱硫贫液泵	化工离心泵	1台
46	脱碳贫液泵	化工离心泵	1台
47	脱碳富液泵	化工离心泵	1台
48	空气鼓风机	风机	1台
49	压缩机	模型机	1台
50	循环机	自制	1台
51	氧气透平压缩机	模型机	1台
52	空气透平压缩机	模型机	1台
53	氮气压缩机	模型机	1台
54	大水泵	化工离心泵	1台
55	小水泵	化工离心泵	1台
56	煤浆给料泵	化工离心泵	1台

续表

序号	项目名称	规格型号	数量
57	激冷水泵	化工离心泵	1台
58	碱液泵	化工离心泵	1台
59	脱醚塔进料泵	化工离心泵	1台
60	脱醚塔回流泵	化工离心泵	1台
61	加压塔进料泵	化工离心泵	1台
62	加压塔回流泵	化工离心泵	1台
63	常压塔回流泵	化工离心泵	1台
64	稀甲醇进料泵	化工离心泵	1台

二、主要设备列表

主要设备的位号、名称见表3-21。

表3-21 主要设备列表

序号	位号	名称	序号	位号	名称
空分车间					
1	C101	空气透平压缩机	7	L102	分子筛吸附器B
2	C102	氧气透平压缩机	8	P101	大水泵
3	C103	氮气压缩机	9	P102	小水泵
4	E101	冷却器	10	T101	空气冷却塔
5	E102	再生气体加热器	11	X101	分馏系统
6	L101	分子筛吸附器A			
气化车间					
1	T201	洗涤塔	5	V201	锁斗
2	P201	煤浆给料泵	6	V202	沉降槽
3	P202	激冷水泵	7	X201	文丘里洗涤器
4	R201	德士古气化炉			
净化车间					
1	B301	低温变换炉	9	E302	交换器冷却器
2	E301	热交换器	10	V301	煤气水分离器
3	C401	鼓风机	11	T402	精脱硫塔A
4	B401	氨冷器	12	T403	精脱硫塔B
5	P401	脱硫贫液泵	13	T404	脱碳塔
6	P402	脱碳贫液泵	14	T406	汽提塔
7	P403	脱碳富液泵	15	V401	闪蒸罐
8	T401	变换气脱硫塔	16		

续表

序号	位号	名　称	序号	位号	名　称
合成车间					
1	E501	热交换器	7	T502	洗涤塔
2	E502	冷却器	8	V501	油水分离器
3	F501	汽包	9	V502	粗甲醇分离器
4	J501	往复式压缩机	10	V503	甲醇储槽
5	J502	循环压缩机	11	V504	稀甲醇储槽
6	T501	甲醇合成塔			
精馏车间					
1	E601	脱醚塔预热器	13	P606	常压塔回流泵
2	E602	脱醚塔再沸器	14	P607	稀甲醇进料泵
3	E603	脱醚塔顶冷凝器	15	T601	脱醚精馏塔
4	E604	加压塔预热器	16	T602	加压精馏塔
5	E605	加压塔再沸器	17	T603	常压精馏塔
6	E606	常压塔再沸器	18	V601	碱液罐
7	E607	常压塔顶冷凝器	19	V602	脱醚塔回流罐
8	P601	碱液泵	20	V603	加压塔回流罐
9	P602	甲醇进料泵	21	V604	常压塔回流罐
10	P603	脱醚塔回流泵	22	V605	残液罐
11	P604	加压塔进料泵	23	V606	精甲醇储罐
12	P605	加压塔回流泵			

三、主要仪表列表

主要仪表见表 3-22。

表 3-22　主要仪表列表

序号	仪 表 号	说　明	单　位	正常数据
空分车间				
1	FI101	空气进料流量显示	km^3/h	
2	FIC102	大水泵进水流量控制	t/h	
3	FI103	小水泵进水流量显示	t/h	
4	FI105	再生气流量显示	km^3/h	
5	LIC101	空气冷却塔液位控制	%	50
6	PI101	空气进料压力显示	MPa	
7	PIC102	压缩空气进空气冷却塔压力控制	MPa	
8	PI103	大水泵压力显示	MPa	
9	PI104	小水泵压力显示	MPa	
10	PI105	分子筛 A 压力显示	MPa	

续表

序号	仪表号	说明	单位	正常数据
11	PI106	分子筛 B 压力显示	MPa	
12	PI108	氧气压力显示	MPa	
13	PI109	氮气压力显示	MPa	
14	PI110	再生加热器蒸汽压力显示	MPa	
15	TI101	空气进料温度显示	℃	
16	TI102	小水泵进水温度显示	℃	
17	TIC103	空气冷却塔出口温度控制	℃	
18	TI104	再生气温度显示	℃	
		气化车间		
1	FIC201	氧气进气化炉流量控制	km^3/h	
2	FIC202	水煤浆进气化炉流量控制	t/h	
3	FIC203	激冷水进洗涤器流量控制	t/h	
4	FIC204	激冷水进气化炉流量控制	t/h	
5	FI205	工艺水进洗涤塔流量控制	t/h	
6	FI206	洗涤塔出料煤气流量显示	km^3/h	
7	FIC207	气化炉点火油流量控制	t/h	
8	LIC201	气化炉激冷水液位控制	%	50
9	LIC202	洗涤塔液位控制	%	50
10	PI201	氧气进气化炉压力显示	MPa	
11	PI202	水煤浆进气化炉压力显示	MPa	
12	PI204	洗涤塔出料煤气压力显示	MPa	4.0
13	PI205	气化炉出口煤气压力显示	MPa	
14	TI201	气化炉温度显示	℃	
15	TI202	气化炉出口温度显示	℃	
16	TI204	洗涤塔出料煤气温度显示	℃	
17	TI205	洗涤塔进塔煤气温度显示	℃	
		净化车间		
1	AI301	变换炉出口氢气含量显示	%	
2	AI302	变换炉出口 CO 含量显示	%	
3	FIC301	水蒸气进变换炉流量控制	t/h	
4	LIC302	冷却塔液位控制	%	50
5	PI301	水蒸气进变换炉压力显示	MPa	
6	PI302	煤气水分离器出口压力显示	MPa	
7	TI301	水蒸气进变换炉温度显示	℃	
8	TI302	变换炉进气温度显示	℃	
9	TI303	一段上部温度	℃	200~220℃

续表

序号	仪 表 号	说　　明	单　　位	正常数据
10	TI304	一段中部温度	℃	220～260℃
11	TI305	一段下部温度	℃	230～260℃
12	TI306	变换炉中部温度显示	℃	250～300℃
13	TI307	二段上部温度	℃	
14	TI308	二段中部温度	℃	250～300℃
15	TI309	二段下部温度	℃	
16	TI310	变换炉出口温度显示	℃	
17	TI311	热交换器出口温度显示	℃	
18	AI401	脱碳塔出口 CO_2 含量显示	%	5%以下
19	FIC401	脱硫液循环流量控制	m^3/h	
20	FIC402	脱碳富液进汽提塔流量控制	t/h	
21	FI403	闪蒸槽放空流量显示	m^3/h	
22	FIC404	脱碳富液进闪蒸槽流量控制	t/h	
23	LIC401	脱硫塔液位控制	%	50
24	LIC402	脱碳液位控制	%	50
25	LIC403	氨冷器液位控制	%	50
26	LIC404	闪蒸槽液位控制	%	50
27	LIC405	汽提塔液位控制	%	50
28	PI401	脱硫塔进气压力显示	MPa	
29	PI402	循环脱硫液压力显示	MPa	
30	PI403	脱硫塔出口压力显示	MPa	
31	PI404	精脱硫塔 A 压力显示	MPa	
32	PI405	精脱硫塔 B 出口压力显示	MPa	
33	PI406	脱碳塔出口压力显示	MPa	
34	PIC407	脱碳贫液进塔压力控制	MPa	
35	PIC408	闪蒸罐压力控制	MPa	
36	PI409	脱碳富液压力显示	MPa	
37	PI410	鼓风机出口压力显示	MPa	
38	TI401	脱硫塔进气温度显示	℃	
39	TI402	精脱硫塔 A 温度显示	℃	
40	TI403	精脱硫塔 B 温度显示	℃	
41	TIC404	脱碳贫液进塔温度控制	℃	
		合成车间		
1	AI501	新鲜气含量显示	%	
2	AI502	循环气含量显示	%	
3	FI501	新鲜气流量显示	km^3/h	
4	FI502	油水分离器出口流量显示	km^3/h	
5	FI503	气包蒸气流量显示	km^3/h	
6	FIC504	进洗涤塔合成气流量控制	t/h	
7	FI505	工艺水进洗涤塔流量显示	t/h	

续表

序号	仪表号	说明	单位	正常数据
8	LIC501	气包液位控制	%	50
9	LIC502	粗甲醇分离器液位控制	%	50
10	LIC503	甲醇储槽液位控制	%	50
11	LIC504	洗涤塔液位控制	%	50
12	LI505	稀甲醇储槽液位显示	%	50
13	PI501	新鲜气压力显示	MPa	
14	PI502	油水分离器出口压力显示	MPa	
15	PI503	混合气压力显示	MPa	
16	PI504	循环气压力显示	MPa	
17	PI505	循环机出口压力显示	MPa	
18	PIC506	气包蒸气压力控制	MPa	
19	PI507	甲醇合成塔出口压力显示	MPa	
20	PI508	甲醇合成塔入口压力显示	MPa	
21	PI509	甲醇储槽压力显示	MPa	
22	PI510	进压缩机入口压力显示	MPa	
23	PI511	压缩机出口压力显示	MPa	
24	PI512	压缩机一段压力显示	MPa	
25	PI513	压缩机二段压力显示	MPa	
26	PI514	洗涤塔出口压力显示	MPa	
27	PI515	稀甲醇储槽压力显示	MPa	
28	TI501	循环机出口温度显示	℃	
29	TI502	原料气进热交换器温度显示	℃	
30	TI503	合成气出热交换器温度显示	℃	
31	TI504	原料气出热交换器温度显示	℃	
32	TI505	甲醇合成塔出口温度显示	℃	
33	TI507	冷却器出口温度显示	℃	
34	TI508	甲醇储槽温度显示	℃	
35	PI107	脱盐水压力显示	MPa	
		精馏车间		
1	AI501	新鲜气含量显示	%	
2	AI502	循环气含量显示	%	
3	FIC601	碱液流量控制	kg/h	
4	FIC602	脱醚塔进料流量控制	t/h	
5	FI603	脱醚塔回流流量显示	t/h	
6	FI604	脱醚塔再沸器蒸汽流量显示	t/h	
7	FI605	加压塔进料流量显示	t/h	
8	FI606	加压塔再沸器蒸气流量显示	t/h	
9	FI607	加压塔回流流量显示	t/h	
10	FI608	加压塔甲醇采出流量显示	t/h	

续表

序号	仪 表 号	说　　明	单　　位	正常数据
11	FI609	常压塔回流流量显示	t/h	
12	FI610	常压塔甲醇采出流量显示	t/h	
13	FI611	常压塔进料流量显示	t/h	
14	FIC612	稀甲醇进料流量控制	t/h	
15	LI601	碱液罐液位显示	%	
16	LIC602	脱醚塔液位控制	%	
17	LIC603	脱醚塔回流罐液位控制	%	
18	LIC604	加压精馏塔液位控制	%	
19	LIC605	加压塔回流罐液位控制	%	
20	LIC606	常压精馏塔液位控制	%	
21	LIC607	常压塔回流罐液位控制	%	
22	LI608	残液罐液位显示	%	
23	LI609	精甲醇储槽液位显示	%	
24	PI601	进脱醚塔预热器蒸汽压力显示	MPa	
25	PI602	脱醚塔顶压力显示	MPa	
26	PI603	脱醚塔底压力显示	MPa	
27	PDI604	脱醚塔压差显示	MPa	
28	PI605	脱醚塔回流压力显示	MPa	
29	PI606	脱醚塔回流罐压力控制	MPa	
30	PI607	进加压塔预热器蒸汽压力显示	MPa	
31	PI608	加压塔底压力显示	MPa	
32	PDI609	加压塔压差显示	MPa	
33	PI610	加压塔顶压力显示	MPa	
34	PI611	加压塔再沸器蒸汽压力显示	MPa	
35	PI612	加压塔回流罐压力显示	MPa	
36	PI613	常压塔底压力显示	MPa	
37	PI614	常压塔顶压力显示	MPa	
38	PI615	常压塔回流罐压力显示	MPa	
39	PI616	脱醚塔进料压力显示	MPa	
40	PI617	加压塔进料压力显示	MPa	
41	PI619	加压塔回流压力显示	MPa	
42	PI620	常压塔回流压力显示	MPa	
43	PI621	稀甲醇进料压力显示	MPa	
44	TIA601	脱醚塔釜温度显示	℃	
45	TI602	脱醚塔进料温度显示	℃	
46	TI603	脱醚塔下段温度显示	℃	
47	TI604	脱醚塔中段温度显示	℃	
48	TI605	脱醚塔上段温度显示	℃	
49	TIC606	脱醚塔顶蒸汽温度控制	℃	
50	TI607	脱醚塔回流温度显示	℃	

续表

序号	仪 表 号	说 明	单 位	正常数据
51	TI608	脱醚塔冷凝液温度显示	℃	
52	TI609	加压塔进料温度显示	℃	
53	TIA610	加压塔釜温度显示	℃	
54	TI611	加压塔上段温度显示	℃	
55	TI612	加压塔中段温度显示	℃	
56	TI613	加压塔下段温度显示	℃	
57	TIC614	加压塔顶蒸汽温度控制	℃	
58	TI615	加压塔回流温度显示	℃	
59	TIA616	常压塔釜温度显示	℃	
60	TI617	常压塔下段温度显示	℃	
61	TI618	常压塔中段温度显示	℃	
62	TI619	常压塔上段温度显示	℃	
63	TIC620	常压塔顶蒸汽温度控制	℃	
64	TI621	常压塔回流温度显示	℃	
65	TI622	常压塔冷凝液温度显示	℃	
66	TI623	常压塔再沸器甲醇蒸汽温度显示	℃	
67	TI624	常压塔釜残液温度显示	℃	
68	TI625	常压塔进料温度显示	℃	

四、装置平面布置图

装置平面布置图见图 3-24。

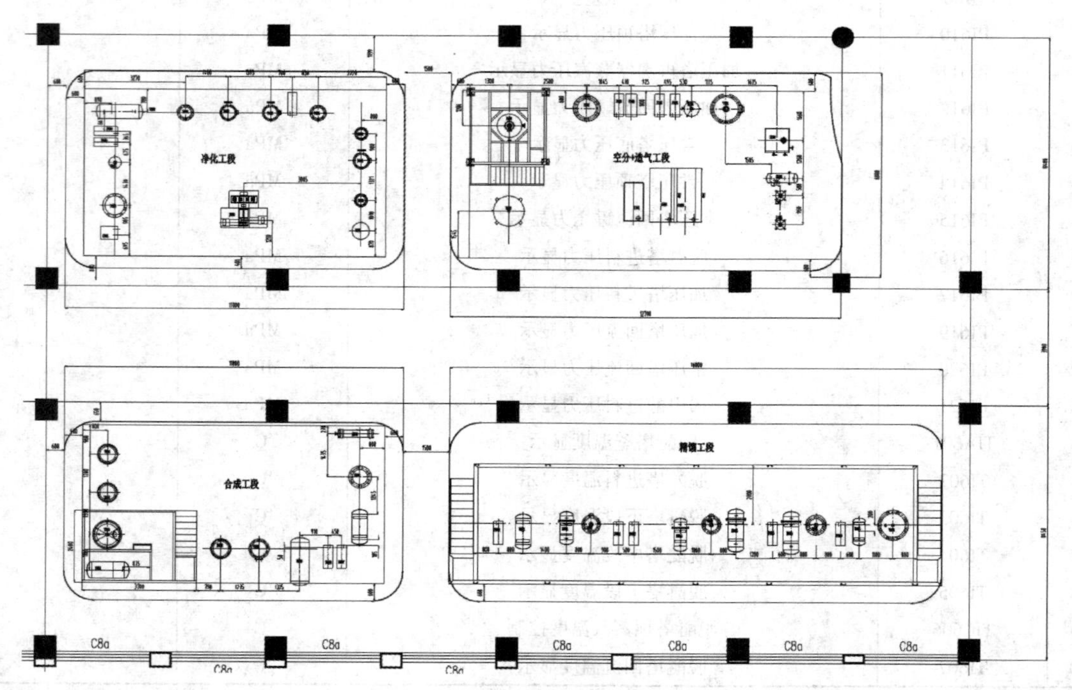

图 3-24 装置平面布置图

各工段工艺仿真流程图如图 3-25～图 3-33 所示。

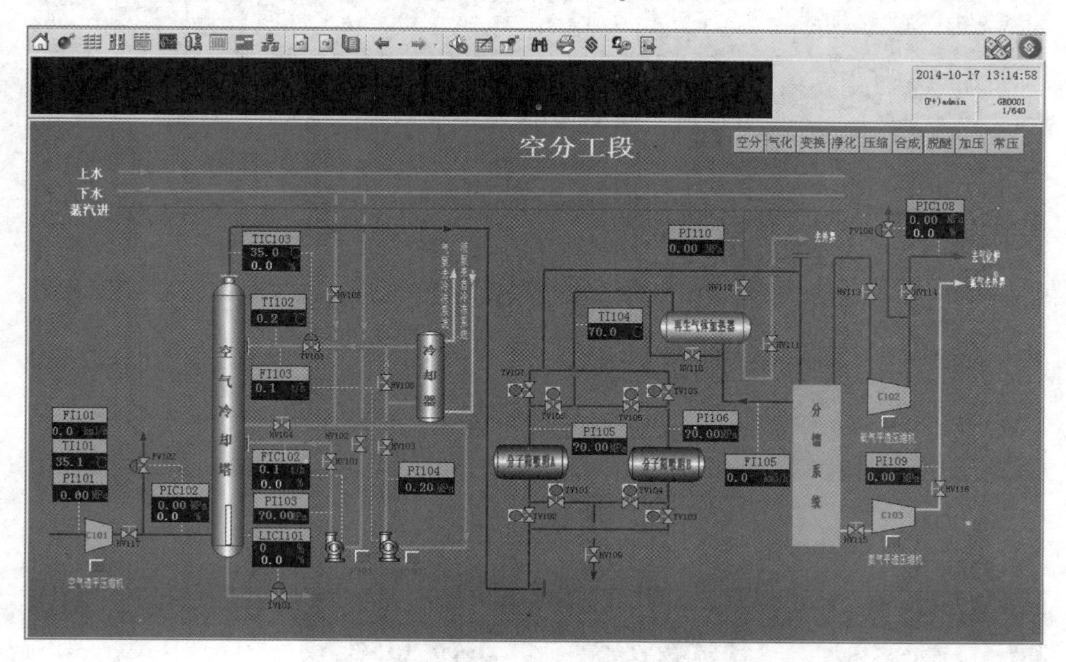

图 3-25 空分工段流程图

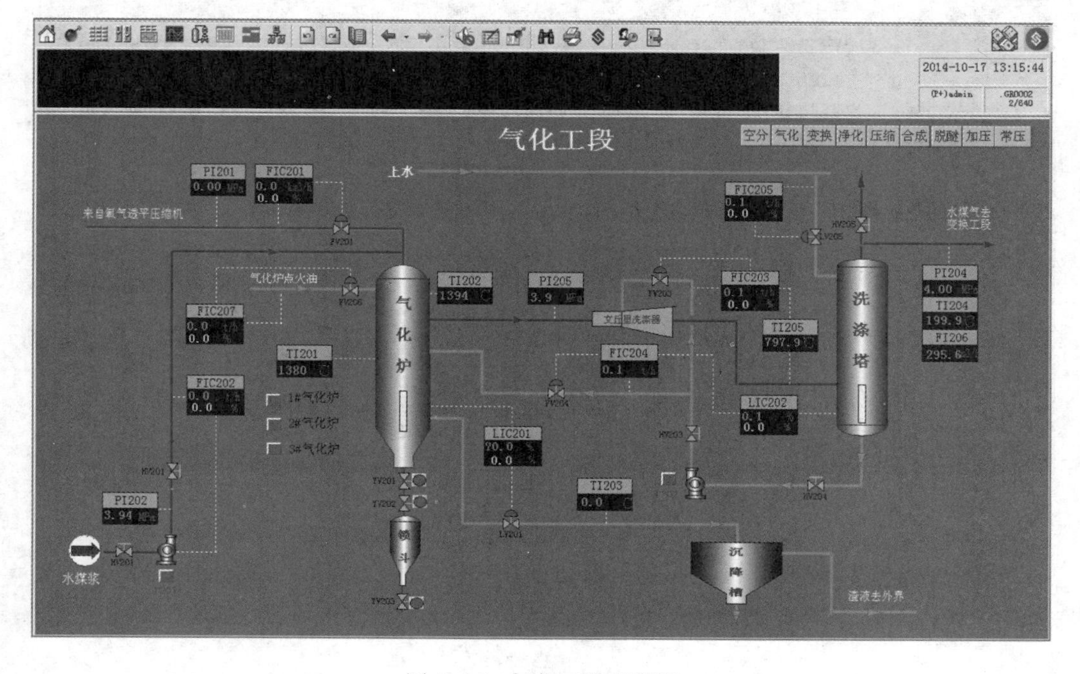

图 3-26 气化工段流程图

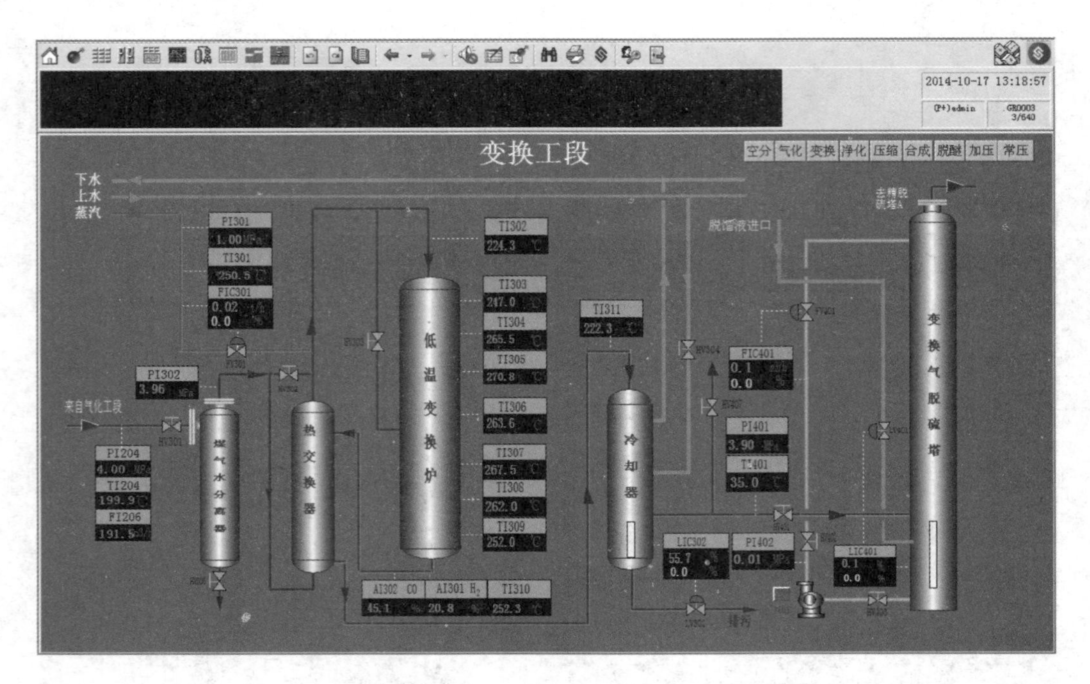

图 3-27　变换工段流程图

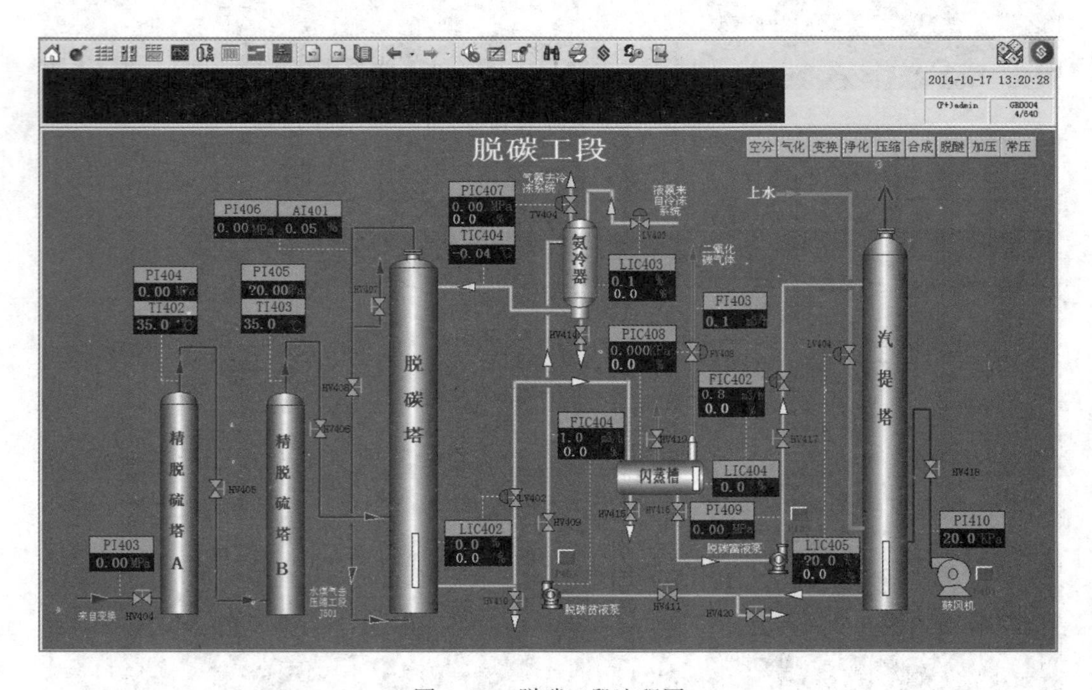

图 3-28　脱碳工段流程图

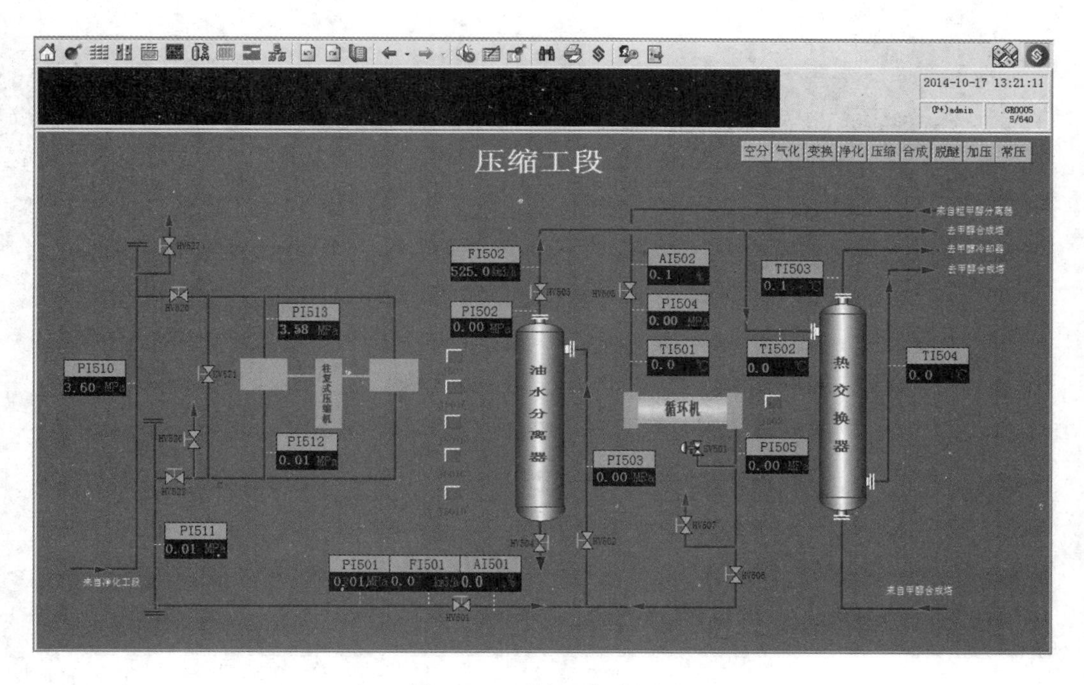

图 3-29 压缩工段流程图

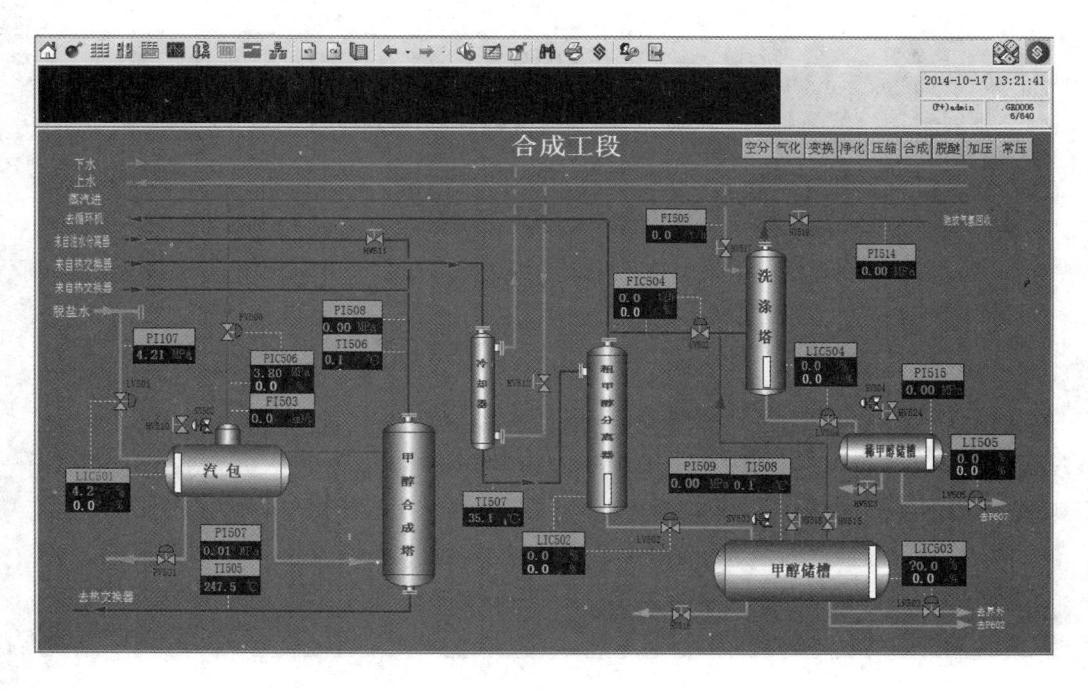

图 3-30 合成工段流程图

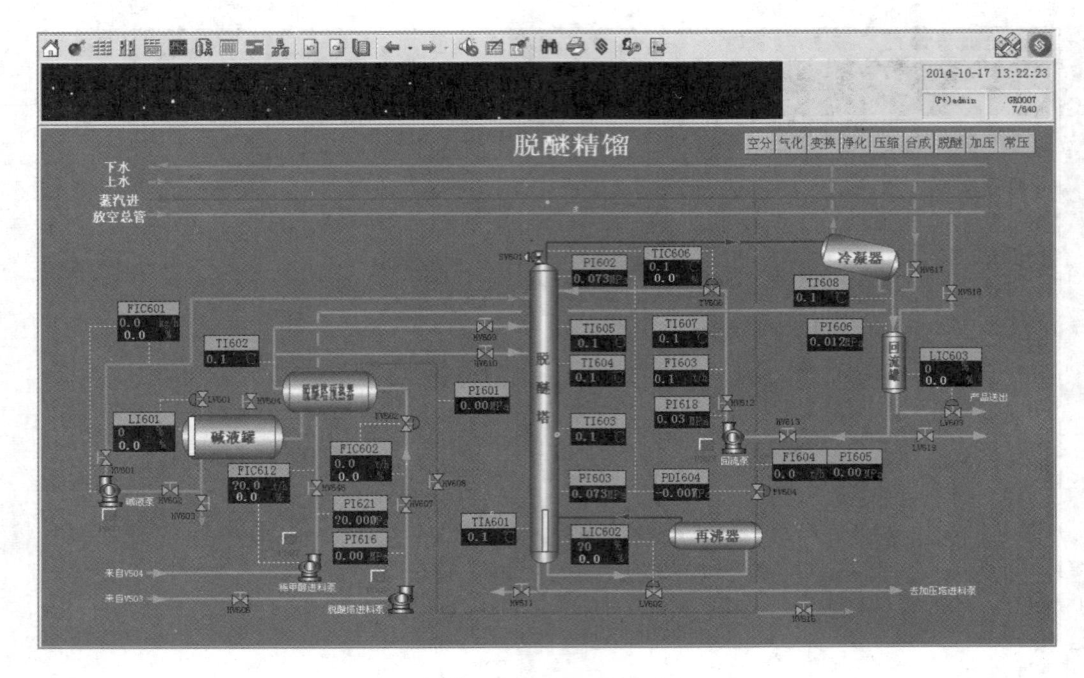

图 3-31　脱醚精馏工段流程图

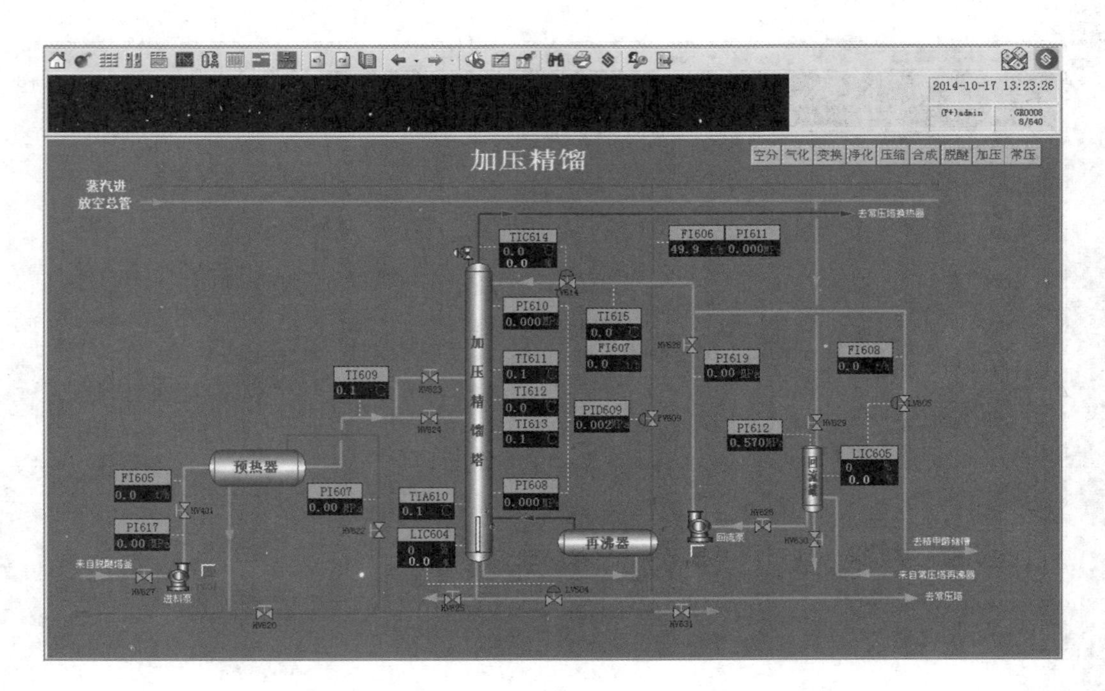

图 3-32　加压精馏工段流程图

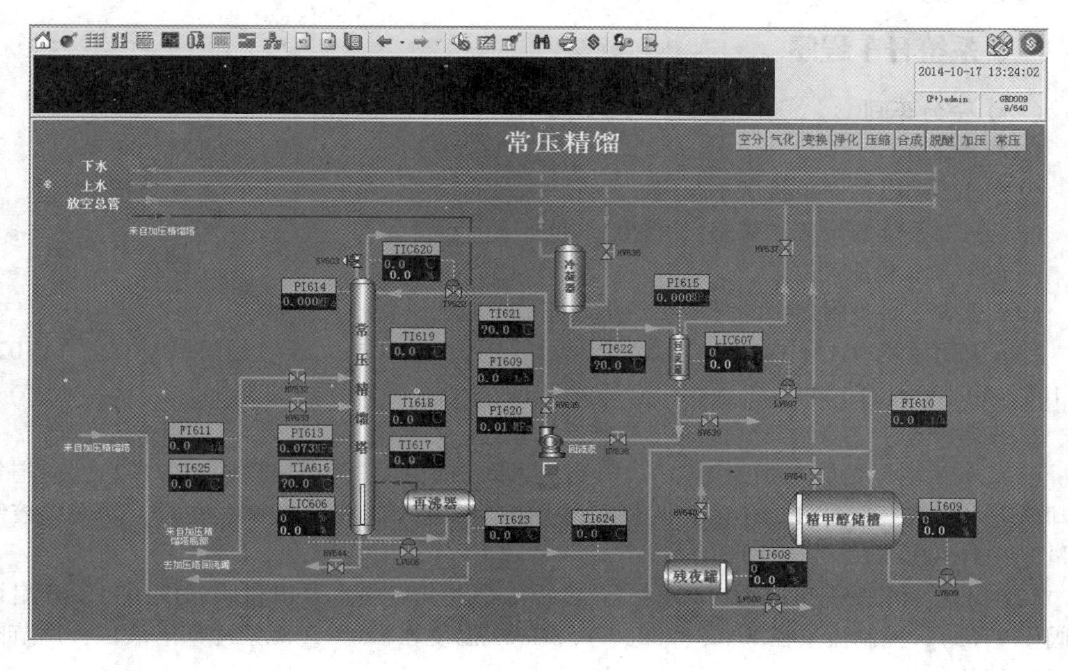

图 3-33　常压精馏工段流程图

实训操作之前，请仔细阅读实验装置操作规程，以便完成实训操作。

注：开车前应检查所有设备、阀门、仪表所处状态。

一、开车前准备

(1) 由相关操作人员组成装置检查小组，对本装置所有设备、管道、阀门、仪表、电气、分析、保温等按工艺流程图要求和专业技术要求进行检查。

(2) 检查所有仪表是否处于正常状态。

(3) 检查所有设备是否处于正常状态。

(4) 试电：

① 检查外部供电系统，确保控制柜上所有开关均处于关闭状态。

② 开启外部供电系统总电源开关。

③ 打开控制柜上空气开关。

④ 打开装置仪表电源总开关，打开仪表电源开关，查看所有仪表是否上电，指示是否正常。

⑤ 将各阀门顺时针旋转操作到关的状态。

(5) 开启公用系统：

将冷却水管进水总管和自来水龙头相连、冷却水出水总管接软管到下水道，待用。

二、系统开车程序

（一）空分车间

1. 准备工作

（1）各传动设备已单机试车合格。

（2）精馏系统的设备和管路已被加温、吹扫和干燥。

（3）冷却水准备就位。

（4）至少一台吸附器中的分子筛已事先完成解吸，具备投用条件。

（5）关闭风机（C101、C103、C102），机泵（P101、P102），开启阀门（PV102、YV102、YV107、YV106、YV104），其他阀门全部关闭。

2. 正常开车：

（1）开启大水泵进口阀（HV101），开启大水泵（P101），开启出口阀（HV102），向空气冷却塔进水，观察液位（LIC101），调节阀（LV101）开度控制液位在60%左右，泵变频控制流量FI102（300t/h）。

（2）开启小水泵进口阀（HV106），开启小水泵，开启小水泵出口阀（HV103），开启调节阀（TV103），控制流量在FI103（200t/h），TI102温度在-20℃。观察冷却塔液位，调节阀门（LV101）。

（3）开启压缩机（C101），向空气冷却塔供气，手操调节阀（PV102）的开度慢慢关小，使压缩机出口压力（PIC102）稳定在0.8MPa，流量FI101在160km^3/h，在空压机开启的过程中紧密注意LIC101的变化，注意调节液位。

（4）通过冷却器副线阀（HV106）的开度调节，调节阀（TV103）的开度调节，控制空气出冷却塔的温度TIC103在10～15℃左右。

（5）设定蒸汽压力4.2MPa，通过调节阀门（HV112）的开度，来调节解析气体温度TI104在110～150℃左右。解析结束时注意关闭蒸汽阀门，让解析气温度下降到30℃，给解析器降温完成后才能进行吸附过程。

（6）当分子筛吸附器由A转换成B时，先关闭YV106，泄压完成后，关闭YV104。开YV108，然后开启YV103，分子筛吸附器B进行空气的吸附纯化 。

（7）重新开启再生气体加热器，关闭YV102、YV107。开启YV101进行分子筛吸附器A泄压，开启YV105，进解析气，分子筛吸附器A进行解析。

（8）当系统压力PIC102维持在0.8MPa时，进口流量FI101在减小，开启氧压机和氮压机，氧气出口调节阀（PV108）开启，调节PIC108在4.4MPa左右。

（9）压力稳定后可以开启气化工段的进口阀，进行氧气输送。

3. 正常停车

（1）停空压机，开启放空阀门（PV102），注意压力变化引起的空气冷却塔液位的变化，调节阀（LV101）的开度调节。

（2）关闭阀门（HV101），停大水泵（P101）。

（3）关闭阀门（HV103），停小水泵（P102）。

（4）停运分子筛纯化系统。

（5）关闭氧气产品管线输送阀门。打开氧气放空阀门。

（6）关闭氮压机出口阀。

（7）停运氧压机和氮压机。

4. 正常操作运行

（1）主要工艺指标：

① 压力：

压缩机出口压力 PIC102：0.8MPa；

氧压机出口压力 PI108：4.4MPa。

② 温度：

空气冷却塔出口温度 TIC103：10~15℃；

解析气温度 TIC104：110~150℃。

③ 流量：

空气进料量 FI101：160m^3/h；

大水泵出口流量 FI102：200~300t/h；

小水泵出口流量 FI103：100~200t/h。

（2）通过系统各相应的调节手段，操作控制上述各项工艺指标在正常范围内，并使得产量、消耗维持在最佳水平。

（3）定期对系统进行巡回检查及对系统进行必要的维护，使得系统始终处于最佳状态，确保系统长周期安全稳定运行。定期作好系统运行记录，确保所有的操作、运行状况有据可查，并定期对系统运行状态进行分析与研究，以寻求最经济、最安全、最合理的运行操作方案。

（二）气化车间

1. 准备工作

（1）洗涤水引入到界区。

（2）煤气炉烘炉预热用点火油已从界外管网送来，火炬用液化气准备就绪，盲板已抽掉，默认全流程已用惰性气体置换合格。

（3）磨煤工序已开车稳定，生产出合格的水煤浆储存在煤浆储槽。

（4）开启洗涤塔进水阀（PV205），阀门开度在30%~40%之间，水流量在350~450m^3/h左右，洗涤塔液位控制在30%~60%。

（5）在仿真机上设定空分输送过来的氧气的压力 PI201 为4.4MPa。

（6）关闭其他所有的手阀、调节阀和机泵。

2. 正常开车

（1）开启激冷水泵进出口阀（HV203、HV204），开启激冷水泵（P202），开启 FV204 与 FV203，向煤气炉和文丘里洗涤器进水，做好煤气洗涤的准备。FV203 开度在30%~40%左右，流量 FIC203 控制在50~100m^3/h 左右，FV204 开度在30%~40%左右，流量控制在300~400m^3/h 左右。FV203 的开度调节温度 TI205 在500~600℃（要注意控制 FIC205 的数值大于 FIC204 的数值，保证洗涤塔液位稳定）。控制煤气炉液位 LIC201 在50%~60%之间。

（2）洗涤冷却系统准备好，煤气炉升温可以由仿真软件设定起始温度在1400℃，也可以通入少许氧气点燃开工点火油预热煤气炉。炉膛预热好以后，开启煤气炉1#，加入氧气。开启氧气调节阀门（FV201），开度慢慢调节，控制流量在 FIC203 在12~13km^3/h。

(3) 开启煤浆给料泵进口阀(HV201)，启动煤浆给料泵，开启泵出口阀(HV202)，通过变频调节煤浆流量，变频慢慢调节，控制 FI202 在 24~25.5km^3/h。在加氧和加煤的时候，要密切注意炉膛 TI201 的温度数值在 1350~1450℃。如果在进料的时候炉内温度下降，要适量增加进氧量，一定要慢慢加入，仔细观察炉膛温度变化。

(4) 确认锁斗在初始状态下，启动锁斗程序。首先，设定锁斗冲压完成，电磁阀(YV202)处于常开状态。设定锁斗冲压结束，锁斗压力和煤气炉相近。开启电磁阀(YV201)，开始锁斗收渣。收渣完成，关闭电磁阀(YV201)。设定锁斗泄压、清洗、冲压完成，开启电磁阀(YV203)，锁斗排渣，排渣之后，关闭阀门(YV203)。此程序不停循环操作。

(5) 气化炉压力随着水煤气的产生，不断的升高。要注意调整 FIC203、FIC204、FIC205 的开度，保持液位稳定。最终控制压力 PI204 在 4.4MPa 左右。

(6) 水煤气的温度压力与组成达到工艺参数要求，可以开启煤气炉 2#与 3#，开启下一工段的进口阀，输送出合格水煤气。

3. 正常停车

(1) 停气化炉 1#、2#、3#，关闭下一工段的进口阀。

(2) 降低负荷至正常的 50%。

(3) 缓慢开启系统放空阀(HV205)。

(4) 关闭氧气流量调节阀(FV201)的开度。

(5) 关闭煤浆泵(P201)。

(6) 减少激冷水流量为先前的一半，防止气化炉液位上升，同时调整洗涤塔液位，关闭进水阀门(FIC205)。

4. 正常操作运行

(1) 主要工艺指标：

① 压力：

氧气入口压力 PI201：4.4MPa；

水煤气出口压力 PI204：4.0MPa。

② 温度：

气化炉反应温度 TI201：1350~1450℃；

文丘里洗涤器出口水煤气温度 TIC205：500~600℃；

洗涤塔出口水煤气温度 TI204：200~220℃。

③ 流量：

洗涤塔进水流量 FI205：350~450t/h；

文丘里洗涤器进水流量 FI203：100t/h；

气化炉冷激水流量 FI203：300~400t/h；

氧气流量 FI201：12~13km^3/h；

煤浆流量 FIC202：25~26t/h。

④ 液位：

气化炉液位：1/3~2/3；

洗涤塔液位：1/3~2/3。

（2）通过系统各相应的调节手段，操作控制上述各项工艺指标在正常范围内，并使得产量、消耗维持在最佳水平。

（3）定期对系统进行巡回检查及对系统进行必要的维护，使得系统始终处于最佳状态，确保系统长周期安全稳定运行。定期作好系统运行记录，确保所有的操作、运行状况有据可查，并定期对系统运行状态进行分析与研究，以寻求最经济、最安全、最合理的运行操作方案。

（三）净化车间

1. 准备工作

（1）造气工段的气量充足供后续车间使用。

（2）冷却水、工艺水蒸气都准备到位。

（3）所有传动设备都以单机试车合格。

（4）开启阀门（LV401），向变换气脱硫塔（T401）进脱硫液，根据液位高低来调节阀门开度，控制液位在30%~60%。

（5）开启阀门（LV405），向汽提塔（T405）进脱碳液，根据液位高低来调节阀门开度，控制液位在30%~60%。

（6）开启阀门（LV403），向氨冷器进液氨，根据液位高低来调节阀门开度，控制液位在30%~60%。

（7）关闭其他所有的手阀、调节阀和机泵。

2. 正常开车

（1）设定P204压力为4.0MPa启，开煤水分离器（V301）进口阀（HV301），慢慢开启，调节流量FI206在220m^3/h左右。整个变换系统压力慢慢上升。

（2）开启脱硫贫液泵（P401），开启泵出口流量调节阀（FV401），控制流量在300t/h，液位稳定后，LV401开度在5%~10%左右。

（3）根据水煤气中水的含量，调节阀门（FV301）的开度，保证CO反应具有充足的水分。当CO变换炉的入口温度TI302升高，可以通过换热器副线阀（HV302）的开度调整TI302的温度在220℃。根据变化炉二段入口温度TI306，判断冷激阀门（HV303）的开度，保证TI306的温度在250~260℃左右。冷却器出口CO与H_2的含量可以通过微调HV303的开度调整H_2在45 %左右、CO在20%左右。水煤气变换时，要注意LIC302的液位，通过调节阀（LV302）的开度调整，调整液位LIC302在30%~60%之间。

（4）当整个反应过程中，系统的变换炉出口气体组成没有达到变换要求，可以通过放空阀门HV306放空不合格的水煤气。当系统生成的变换气合格后，系统压力PI401在3.6MPa以上，可以缓慢开启阀门HV401，慢慢向净化系统进气，阀门HV401缓慢开启后，阀门HV404、HV405、HV406全部打开，此时关注PI401的压力值，如果压力下降较快，适当关小阀门HV401，保证压力稳定。当阀门HV401开启，压力PI401稳定上升，可以继续开大阀门HV401。

（5）向净化工段进气的过程中，密切关注变换工段的进口流量FI206，当流量小于220m^3/h，适量开大阀门（HV301）调整流量。

（6）当净化工段进气后，开启脱碳贫液泵（P402），向脱碳塔进脱碳液，对水煤气进行CO_2脱除，流量的大小影响了CO_2的吸收率，一般FIC404的流量控制在500m^3/h，脱碳塔出口的分析点 AI401 要求 CO_2 含量在 5%左右。

(7) 脱碳液经过氨冷器冷却后进入脱碳塔，此时氨冷器液位下降，要适当调整氨冷器的进料阀门(LV403)，保证氨冷器液位在 30%~60%左右。因为液氨气化，压力 PIC407 的压力值将影响到脱碳液进料温度，调整调节阀(TV404)的开度，保证脱碳液温度在-10~0℃。

(8) 当脱碳塔液位稳定上升，净化工段的压力也在上升，开启阀门(LV402)，通过压力将富液输送到闪蒸槽。输送过程密切关注脱碳塔液位 LIC402 的变化，调整阀门 LV402 的开度。

(9) 当闪蒸槽液位稳定上升，开启汽提塔风机(C401)，开启泵(P403)，开启泵出口流量阀门(LV404)，向汽提塔进料进行富液解吸。关注汽提塔液位变换，需要时关小汽提塔进料阀门(LV405)。

(10) 闪蒸槽压力 PIC408 要求在 0. 05kPa 左右，当压力较高时，通过开启阀门(PV408)调整压力数值。

(11) 在调整脱碳塔与汽提塔的液位、流量的过程中，要保证 FIC404 和 FIC402 流量相近，这样才能达到物料平衡。

(12) 观察脱碳塔出口 AI401，如果气体没有脱碳合格，缓慢开启阀门 HV407，把不合格气体放空。如果气体脱碳合格，关闭阀门 HV407，压力 PI406 上升到 3. 6MPa 后，可以开启阀门 HV408，送入下一个工段。

3. 正常停车

(1) 通知煤气化车间退气，协调净化工段降低负荷。

(2) 缓慢降低系统负荷，逐步减少并切断煤气，关闭水煤气气进口阀(HV301)，关闭净化工段进口阀(HV401)。

(3) 逐渐减小并关闭蒸汽调节阀(FV301)。

(4) 关闭泵进出口阀，停脱硫贫液泵(P401)、脱碳贫液泵(P402)和脱碳富液泵(P403)。关闭液位调节阀(LV401、LV402、LV404、LV405)。

(5) 关闭冷却器进水阀(HV304)，氨冷器进口阀(HV412)。

(6) 打开统放空阀(HV306、HV407)，系统压力逐渐降低，关闭脱碳塔出口阀(HV408)。

4. 正常操作

(1) 主要工艺指标：

① 压力：

粗煤气压力≤4. 0MPa；

脱碳塔出口压力≤3. 6MPa；

低压闪蒸槽压力≤0. 05MPa。

② 温度：

变换炉温度 210~350℃。

其中：一段上部温度 200~220℃；

一段中部温度 220~260℃；

一段下部温度 230~260℃；

二段上部温度 250~300℃；

二段中部温度 250～300℃；

二段下部温度 270～350℃。

③ 液位：

变换器脱硫塔液位：1/3～2/3；

脱碳塔液位：1/3～2/3；

汽提塔液位：1/3～2/3。

④ 流量：

水分离器进口煤气流量 FI206：220km^3/h；

脱碳液流量 FIC404：500m^3/h；

汽提塔富液流量 FIC402：500m^3/h。

（2）通过系统各相应的调节手段，操作控制上述各项工艺指标在正常范围内，并使得产量、消耗维持在最佳水平。

（3）定期对系统进行巡回检查及对系统进行必要的维护，使得系统始终处于最佳状态，确保系统长周期安全稳定运行。定期作好系统运行记录，确保所有的操作、运行状况有据可查，并定期对系统运行状态进行分析与研究，以寻求最经济、最安全、最合理的运行操作方案。

（四）合成车间

1. 准备工作

默认全流程已用惰性气体置换合格，盲板均已抽掉。合成塔触媒已还原合格，合成塔初始炉温已达到合成反应温度要求。

（1）各传动设备已单机试车合格。

（2）工艺用脱盐水、循环水已供应到位。

（3）汽包液位在 1/2～2/3 位置。

（4）关闭所有阀门，关闭压缩机、循环机。

2. 正常开车

（1）设定 PI510 为 3.6MPa，开启阀门 HV520、HV521，向压缩机冲压，当 PI512 和 PI513 为 3.6MPa 后，压缩机冲压完成。慢慢关小阀门 HV521，开启压缩机 J501 进行合成气加压，阀门 HV521 完全关闭后，压缩机出口压力 PI512 升高到 5.4MPa 下，慢慢开启阀门 HV522，管道冲压，阀门的开度根据 PI512 的数值变化判断，如果压力下降很快，阀门关小，压力在升高，阀门开大。

（2）当压力 PI511 升高到 5.4MPa，慢慢开启阀门 HV501，向合成系统冲压，阀门 HV502、HV503、HV505、HV512 全开。

（3）HV501 开度根据压力 PI511 的数值变化判断，如果压力下降很快，阀门关小，压力在升高，阀门可以开大，当系统压力 PI511 一直在下降，表明气量严重不够，开启虚拟压缩机(J501A)。虚拟压缩机开启的台数根据压力 PI511 的数值变化情况来判定。

（4）合成气进入到合成塔进行合成反应，密切关注汽包压力 PIC506，一般控制在 4.0MPa。压力大小通过调节阀 PV506 开度调整。

（5）甲醇分离器液位 LIC502 控制在 30%～60%，甲醇储槽液位 LIC503 控制在 30%～60%，甲醇储槽压力控制在 1.0MPa 左右。

（6）当5台压缩机完全开启，合成系统压力达到5.4MPa，新鲜气流量FI501在120m^3/h，开启循环机（J502），循环气被加压，当PI505为6MPa左右，慢慢开启阀门（HV506），循环气进入到合成系统。阀门（HV506）的开度根据PI505的数值变化来调节，要保证PI505在6.0MPa左右。

（7）当油水分离器出口流量FI502在600m^3/h以后，合成塔全负荷运行。在循环气进入到合成系统后，由于气量的加大，要密切关注汽包压力PIC506，甲醇分离器液位LIC502和甲醇储槽液位LIC503和储槽压力PI509的变化。

（8）控制循环气的惰性气体含量AI502在5%~8%左右，当惰性气体含量升高，开启系统放空阀门UV502，排放惰性气体，同时开启洗涤塔洗涤水进水阀门HV517，控制流量在10t/h，惰性气体放空压力PI514在5KPa左右，通过阀门HV519调节。

（9）惰性气体含量不高，不需要放空，可以关闭洗涤水进水阀门HV517，控制好洗涤塔液位LIC504。

3. 正常停车

（1）关闭新鲜气进口阀（HV520），逐渐降低进入到合成回路的新鲜气量，直至为零，关闭压缩机。

（2）甲醇回路的气体放空阀关闭（UV502），保持回路原来的压力。

（3）维持循环机的循环气正常运行，直至循环气中$CO+CO_2$含量小于1%，按降温速率指标，合成塔循环降温。

（4）关系统放空阀（HV520），保持系统压力在5.0MPa左右。

（5）当温度降至活性温度以下，关汽包蒸汽出口阀（PV506），停汽包进水阀（LV501）。

（6）降温至80℃时，停循环机，停循环冷却水（HV512）。

（7）关闭汽包和管间的水蒸汽。

如系统需要泄压，则按如下步骤进行：

（1）开分离器出口系统放空阀（UV502），进行系统泄压，泄压时控制泄压速率在0.2MPa/min左右。

（2）当系统压力降到0.2MPa时，关系统放空阀（HV502）。

4. 正常操作

（1）主要工艺指标：

① 压力：

系统压力（循环机出口）PI511≤5.4MPa；

汽包压力PIC506≥4.0MPa；

中间储槽压力≤1.5MPa。

② 温度：

各段触媒层热点温度190~225℃。

③ 组分：

隋性气含量5%~8%。

④ 液位：

分离器液位：1/3~2/3；

甲醇中间储槽液位：1/3~2/3；

废热锅炉液位：1/3～2/3。

⑤ 流量：

新鲜气流量 FI501：120km^3/h；

循环气流量 FI404：500m^3/h。

（2）通过系统各相应的调节手段，操作控制上述各项工艺指标在正常范围内，并使得产量、消耗维持在最佳水平。

（3）定期对系统进行巡回检查及对系统进行必要的维护，使得系统始终处于最佳状态，确保系统长周期安全稳定运行。定期作好系统运行记录，确保所有的操作、运行状况有据可查，并定期对系统运行状态进行分析与研究，以寻求最经济、最安全、最合理的运行操作方案。

（五）精馏车间

1. 准备工作

（1）安全阀调试安全安装就绪；

（2）机、泵单体试车合格，机械设备完好；

（3）脱盐水、循环水、低压蒸汽已送至岗位；

（4）NaOH 溶液已配好；

（5）合成工序开车正常；

（6）各调节阀处于手动关闭的状态；

（7）储罐具备接受甲醇条件。

2. 正常开车

（1）低压蒸汽阀（PV604、PV609）关闭。

（2）合成工段的甲醇储槽中甲醇准备就绪。

（3）开启脱醚塔进料泵进出口阀（HV606、HV607），启动脱醚塔进料泵，向预精馏塔进料。

（4）开启碱液泵进出口阀（HV601、HV602），启动碱液泵，向脱醚精馏塔内输送碱液，控制在 pH 值 7～8 左右。

（5）主控手动关死脱醚精馏塔液位调节阀（LV602），待液位超过一定高度后，开启加压塔进料泵进出口阀，主控手操调节（LV602）开度启动加压塔进料泵，向加压塔进料。

（6）主控手动关死加压精馏塔液位调节阀（LV604），待液位超过一定高度后，开启蒸汽调节阀（PV604、PV609），控制预精馏塔和加压精馏塔塔底温度。

（7）开启预精馏塔塔顶冷凝器冷却水进口阀（HV617），当回流槽达到一定液位时，开启回流泵进出口阀（HV613、HV612），启动回流泵（P603），开启阀门（TV606）进行全回流操作，注意塔顶压力变化。

（8）加压精馏塔塔底液位达到一定高度后，开启液位调节阀（LV604），向常压塔进料。

（9）常压塔底有一定液位后，被加压精馏塔顶部蒸汽加热，开启塔顶冷凝器冷却水进口阀（HV636），当回流罐液位达到一定高度后，开启回流泵进出口阀（HV635、HV636），开启回流泵（P606），开启调节阀（TV520）调节液位，进行全回流操作，注意严防超压。

（10）三塔联调操作，压力、温度、流量和液位稳定后，取样分析合格后，可以进行产品产出。

3. 正常停车

（1）关蒸汽进口阀（PV604、PV609、HV606、HV622）。

（2）停脱醚塔和加压塔进料泵（P602、P604）。

（3）停碱液进料泵（P601）。

（4）手动关死液位调节阀（LV602、LV604、LV606）。

（5）当回流槽液位出现低报时，停三塔回流泵（P603、P605、P606）。

（6）当系统温度将到常温以后，停冷却水进水阀（HV618、HV328）。

4. 正常操作

（1）主要工艺指标：

① 压力：

预塔塔顶压力：0. 045MPa；

加压塔塔顶压力：0. 574MPa；

常压塔塔顶压力：0. 0083MPa。

② 温度：

预塔塔顶温度：73. 6℃；

预塔塔底温度：84. 8℃；

预塔进料温度：65℃；

加压塔塔底温度：132. 8℃；

加压塔塔顶温度：121℃；

常压塔塔底温度：107℃；

常压塔塔顶温度：65. 8℃。

③ 液位：

预塔回流槽液位：50%±5%；

预塔塔底液位：50%±5%；

加压塔塔底液位：50%±5%；

加压塔回流槽液位：50%±5%；

常压塔塔底液位：50%±5%；

常压塔回流槽液位：50%±5%。

（2）通过系统各相应的调节手段，操作控制上述各项工艺指标在正常范围内，并使得产量、消耗维持在最佳水平。

（3）定期对系统进行巡回检查及对系统进行必要的维护，使得系统始终处于最佳状态，确保系统长周期安全稳定运行。

（4）定期作好系统运行记录，确保所有的操作、运行状况有据可查，并定期对系统运行状态进行分析与研究，以寻求最经济、最安全、最合理的运行操作方案。

项目十 DCS 系统日常使用维护

一、系统维护人员职责

（1）负责 DCS 系统的软、硬件维护工作，确保 DCS 系统可靠运行，保障生产过程的安全、稳定。

(2) 协调并参与做好 DCS 的组态、控制方案的实现，以及系统的硬件连接、操作系统的安装和 DCS 系统调试工作。

(3) 负责与 DCS 厂商进行技术沟通，学习 DCS 系统的使用、维护和管理技术，充分发挥 DCS 系统的作用；根据工艺生产的要求，健全完善 DCS 系统的控制及管理功能。

(4) 指导操作人员进行 DCS 系统操作，解决操作人员操作中的问题；接到操作人员的请求后，立即作出响应并力求在最短的时间内解决问题。

(5) 做好 DCS 的日常、定期的巡检和维护工作；主动及时发现系统的问题和隐患，查找原因并有效的决，遇到疑难问题不能处理时，及时咨询 DCS 厂商协调处理。

(6) 负责系统运行参数修改、备份工作，避免出现任何数据损坏或丢失事件。

(7) 做好 DCS 系统软、硬件的有效备份工作。

(8) 负责 DCS 系统的启动和停止工作。

(9) 负责操作员口令的设置与修改工作。

(10) 制定 DCS 系统的维护及管理规定。

二、维护管理

1. 控制室维护管理

(1) 制定机柜室、操作室管理规定。对机柜室、操作室的卫生环境保持、进出人员管理、操作员操作管理、维护人员维护管理等作出详细规定。

(2) 控制室除维持适当的温度和湿度外，还要做好防水、防尘、防腐蚀、防干扰、防鼠、防虫、避免机械震动等工作，具体请参考《控制系统环境规程》中的相关规定。

2. 计算机(操作站、工程师站、服务器站)维护管理

(1) 随时提醒操作人员文明操作，爱护设备，保持清洁，防水、防尘。

(2) 禁止操作人员退出实时监控；禁止操作人员增加、删改或移动计算机内任何文件或更改系统配置；禁止操作人员使用外来存储设备或光盘。

(3) 尽量避免电磁场对计算机的干扰，避免移动运行中的计算机、显示器等，避免拉动或碰伤连接好的各类电缆。

(4) 计算机应远离热源，保证通风口不被其他物品挡住。

(5) 严禁使用非正版的操作系统软件(非正版操作系统软件指随机赠送的 OEM 版和其他盗版软件)；严禁在实时监控操作平台进行不必要的多任务操作或运行非必要的软件；严禁强制性关闭计算机电源；严禁带电拆装计算机硬件。

(6) 注意操作站(工程师站)计算机的防病毒工作，做到：

① 不使用未经有效杀毒的可移动存储设备(如：移动硬盘、U 盘等)；

② 不在控制系统网络上连接其他未经有效杀毒的计算机；

③ 不将控制网络连入其他未经有效技术防范处理的网络等。

(7) 操作站、工程师站、服务器等计算机设备如果需重新安装软件，必须按照中控技术有限公司提供的《控制系统装机规程》要求开展。

(8) 正常运行时，关闭计算机站(操作站、工程师站、服务器站)柜门。

3. 控制站维护管理

（1）控制站（主控卡）的任何部件在任何情况下都严禁擅自改装、拆装。

（2）在进行例行检查与改动安装时，避免拉动或碰伤供电、接地、通讯及信号等线路。

（3）卡件维护时必须戴上防静电手套。

（4）正常运行时，关闭控制柜柜门。

4. 系统软硬件、系统组态文件、控制及运行参数的备份管理

（1）以下备份工作须在本计算机硬盘上进行备份，同时要求在U盘、光盘或其他计算机上进行备份，备份前需做好更新记录或更新说明：

① 对操作员没有权限修改的控制参数（PID参数、调节器正反作用等）、控制变量、工艺参数等数据进行备份。

② 对组态文件及组态子目录文件（组态文件、流程图文件、控制算法文件及报表文件等）等组态文件进行备份。

③ 如有对异系统的通讯，应对通讯协议、通讯方案、通讯地址等数据及有关文件进行备份及存档。

（2）需对接线图纸、安装图纸等设计资料及交工资料等资料进行存档保管。

（3）计算机需要安装的各种软件需在本地计算机的硬盘上进行备份，如操作系统软件、DCS系统组态及监控软件、驱动软件等，做好版本标识并编写安装说明。

（4）了解系统的记录周期，并根据工艺生产的要求对操作记录、报警记录、历史趋势等生产运行记录做到不遗漏，定期备份，刻制光盘后做好标识并交有关人员保管。

（5）做好备品备件的保管工作，需要保证系统软件、硬件备品备件的及时性、有效性（保证在实际运用时能及时到位，并且性能良好）。

5. 维护注意事项

（1）清洁时不能用酒精等有机溶液清洗。

（2）维护时避免拉动或碰伤供电、接地、通讯及I/O信号线路。

（3）锁好系统柜、仪表柜及操作台等柜门，避免非系统维护人员打开。

三、日常巡检

每日巡视DCS系统工作站，实时掌握DCS系统的运行情况：

（1）向操作人员了解DCS运行情况，及时解决操作人员的疑难问题。

（2）查看DCS系统故障诊断画面，检查是否有软、硬件故障及通讯故障等提示，查阅DCS故障诊断记录。

（3）检查操作室与机柜室的环境及空调设备的运行情况。

（4）打开系统柜、仪表柜、操作台等柜门，检查系统硬件指示灯及通讯指示灯有无异常。

（5）检查有无老鼠、害虫等活动痕迹。

（6）做好每日的巡检维护记录。

四、定期巡检

1. DCS的定期检查

DCS投运正常后，应定期对其进行检查，以确保整个系统能够长周期持续正常工作。定期检查时，可使用专门的“DCS 定期巡检记录表”，作为 DCS 的维护与使用的主要记录。

2. 控制室环境检查

（1）检查照明情况、抗干扰情况、振动情况、温度与湿度情况、空调设备的运行情况，并应特别注意检查控制机柜内部的卡件等电子设备有无出现水珠或者凝露。

（2）检查有无腐蚀性气体腐蚀设备，设备上有没有过多的粉尘堆积等。

（3）每星期至少进行一次定期检查，并做好定期巡检记录。

3. 控制站、操作站定期检查

（1）检查计算机、显示器、鼠标、键盘等硬件是否完好；

（2）检查系统实时监控工作是否正常，包括数据刷新、各功能画面的操作是否正常；

（3）检查故障诊断画面，查看是否有故障提示；

（4）向操作人员了解 DCS 运行及工艺生产情况，为以后控制方案优化提供依据；

（5）系统在运行一定时间后，应及时备份或清理历史趋势和报表等运行历史文件；

（6）打开系统柜、仪表柜、操作台等检查系统有无硬件故障(FAIL 灯亮)及其他异常情况；

（7）检查各机柜电源箱是否工作正常，电源风扇是否工作，5V、24V 指示灯是否正常；

（8）检查系统接地(包括操作站、控制站等)、防雷接地装置是否符合标准要求；

（9）定期清除积累的灰尘以保持干净、整洁。

（10）以上检查内容每星期至少定期进行一次，并做好定期巡检记录。

（11）当操作站运行一定时期后(通常三个月)，请用操作系统提供的磁盘整理程序整理硬盘 C：\ 和 D：\ 。

4. DCS 网络定期检查

（1）检查各操作站网卡指示灯状态是否正常；

（2）检查所有主控卡、数据转发卡、I/O 卡等卡件的通讯指示灯是否正常；

（3）检查集线器、交换机通讯指示灯是否正常；

（4）检查各通讯接头连接是否可靠正常；

（5）检查监控软件的“故障诊断”画面中是否有提示通讯故障，“诊断信息”中是否有通讯故障的记录；

（6）建议 DCS 网络的检查每个月进行一次。定期检查可使用“故障诊断”软件。

五、大修期间维护

1. 大修期间对 DCS 系统应进行彻底的维护

内容包括：

（1）系统停电检修，包括彻底的灰尘清理，改接线等内容。

（2）对于在日常巡检，定期巡检中发现而不能及时处理的问题进行集中处理，如系统升级，组态下载等。

（3）系统在检修前应对 DCS 系统组态进行备份，并对系统运行参数(如 PID 等)进行下载和备份。

（4）在检修期间更改组态、控制及联锁程序，必须组织工艺、设备、电气和仪表相关负责人共同参与联锁调试，并形成联锁调试记录。

（5）检修期间应检查供电和接地系统是否符合要求。

（6）及时做好大修期间 DCS 维护记录。

2. 大修期间系统维护步骤

第一步：检查校对备份：

检查软件备份，组态文件备份、控制及工艺数据等备份是否正确、齐全。

第二步：按如下顺序切断电源：

（1）每个操作站依次退出实时监控及操作系统后，关闭操作站工控机及显示器电源；

（2）逐个关闭控制站电源箱电源；

（3）关闭各个支路电源开关；

（4）关闭不间断电源（UPS）开关；

（5）关闭总电源开关。

第三步：进行 DCS 停电维护：

（1）操作站、控制站停电吹扫检修。包括工控机内部，控制站机笼、电源箱等部件的灰尘清理。

（2）针对日常巡检、定期巡检中发现而不能及时处理的故障进行维护及排除。

（3）仪表及线路检修：包括供电线路、I/O 信号线、通讯线、端子排、继电器、安全栅等。确保各仪表工作正常，线路可靠连接，标识清晰正确。

（4）接地系统检修。包括端子检查、各操作站（工控机、显示器）接地检查、各控制站（电源、机笼）接地检查、对地电阻测试。

第四步：现场以及 DCS 的各项维护工作完成后，检查确认以下各项重新上电条件是否满足：

（1）首先应联系工艺、电气、设备、仪表等专业共同确认是否满足 DCS 系统的上电条件。

（2）确认电气提供的总电源符合要求后，合上供电总断路器，并分别检查输出电压。

（3）合上配电箱内的各支路断路器，分别检查输出电压。

（4）若配有 UPS 或稳压电源，检查 UPS 或稳压电源输出电压是否正常。

第五步：系统上电及测试：

（1）启动工程师站、服务器站、操作站、同时将系统各电源箱依次上电检查。

（2）检查各电源箱是否工作正常，电源风扇是否工作，5V、24V 指示灯是否正常。

（3）检查各计算机的系统软件及应用软件的文件夹和文件是否正确；硬盘剩余空间无较大变化，并通过磁盘表面测试。

（4）将修改后的组态进行编译下载。

（5）从每个操作站实时监控的故障诊断中观察是否存在故障。

（6）打开控制站柜门，观察卡件是否工作正常，有无故障显示（FAIL 灯亮）。

（7）供电冗余测试：

① 分别开通冗余交流 220V AC 总进线的一路，其他交流供电回路失电，但系统应仍然可以正常工作。

② 分别开通冗余直流电源一路，关闭其他直流电源，测量每一机笼（架）母板电源端子上 5V、24V 的电压。

（8）通信冗余测试：分别接通各冗余通讯线的其中一路通讯线（其他通讯线脱开），利用下载组态功能测试是否正常，如均正常则表明通讯网络正常。

（9）卡件冗余测试：通过带电插拔互为冗余的卡件，检查冗余是否正常。

第六步：控制、工艺参数检查：

（1）校对各个已经成功运行过的控制、工艺参数（因组态修改下载，部分参数可能出现混乱现象，需重新输入）。

（2）对现场仪表（变送器、调节阀等）更换过的控制回路、新增加的控制回路（程序），其参数需要重新整定及并进行调试。

六、故障处理指导

（1）通信网络故障：

① 通信接头接触不良会引起通信故障，确认有该故障发生后，可以利用专用工具重做接头。

② 由于各通信单元有地址设置，通信维护时，确认网卡、主控卡、数据转发卡的地址设置是否正确。

（2）现场设备故障：操作人员应将自控回路切为手动，阀门维修时，应起用旁路阀。

（3）系统出现 I/O 卡件故障时：

① 应将相应控制回路、控制程序、联锁立即切手动，并由系统维护人员立即更换故障卡件，确认故障消除后方方可再次将系统投入自动。

② 卡件更换前，应将地址、配电、冗余等开关或跳线拨到原卡件位置（参见《硬件手册》）。

③ 对于非冗余的输出卡件故障，故障卡对应的阀门、设备等在 DCS 端无法操作，需通知现场操作人员进行现场操作，待故障排除后方可进行 DCS 操作。

（4）在工厂供电系统出现异常中断时，应根据工艺要求，处理好动设备、阀门等仪表设备后，按系统断电步骤给 DCS 断电。

（5）当控制系统出现故障导致系统瘫痪（此情况甚少）时，需预先制定事故预案。

七、组态修改及下载指导

1. 组态修改基本原则

组态文件修改之前必须对当前组态文件进行备份，以备紧急恢复使用。

组态文件的修改必须在工程师站进行。

2. 生产过程中的组态修改

在生产过程中，因各种原因需要对 DCS 组态进行修改，以达到良好地监控效果，在修改过程中需对修改内容进行有效区分：

（1）仅增加或修改总貌（或流程图、报表、趋势页、控制分组、数据一览、用户权限、二次计算、语音报警、操作小组、自定义键）、修改位号单位（或位号注释）等操作，在完成上述操作后，进行全体编译后传送至各操作站并重载组态即可，无需进行下载工作。

（2）增加或删除卡件、增加或删、改位号或修改位号量程（或报警信息），则需要进行下载。

① 当使用SP243X、XP243、FW243L三款主控卡时，如工艺装置处于生产状态则不能进行下载工作，必须在工艺装置在停车状态下进行下载，否则将对生产产生一定的影响；

② 如使用XP243X、FW243X、FW247主控卡时，如对卡件、位号的修改不涉及控制程序，则可在工艺装置处于生产状态时进行下载工作；如涉及控制程序，则需将相关控制程序停用(如联锁取消、自动切为手动)后，方可进行下载工作。

(3) 进行了控制程序的修改，则需要进行组态下载工作。

① 当使用SP243X、XP243、FW243L三款主控卡时，如工艺装置处于生产状态则不能进行下载工作，必须在工艺装置在停车状态下下载，否则将对生产产生一定的影响；

② 如使用XP243X、FW243X、FW247主控卡时，则需将涉及该控制程序的所有控制程序停用(如联锁取消、自动切为手动)后，方可进行下载工作。

(4) 对某控制站增加或减少了机笼，必须在工艺装置处于停车状态下进行，严禁在工艺装置处于生产状态时进行组态修改、下载工作。重要一点，若在现有卡件地址中间或者在现有自定义位号中间增加，删除内容，在线下载会引起大量数据不一致，应予避免杜绝。

3. 生产过程中下载时注意事项

(1) 在线下载应选择生产平稳的时机，并避开顺控切换、累积量精确计量等时序，下载前确认重要联锁切除，重要回路暂切为手动操作。

(2) 下载时必须将控制程序及控制回路全部切到手动；切除联锁。

(3) 组态文件修改下载前、后，均应对修改的内容进行相应的验证，确保其正确性。

(4) 组态下载后，须及时传送组态以保证各操作站工程师站的组态保持一致。

(5) 生产过程在线下载的操作流程：

用更改完成的新组态替换现场工程师站运行目录上的组态。

① 打开二次计算软件，再退出，组态编译通过后，启动实时监控软件。

② 与相邻的操作员站对比修改前后的软件界面数据，调节回路开度、PID参数、调节器正反作用，确认无误后再进行下一步。

③ 联系工艺操作人员解除界面上本系统联锁，以确保联锁不会误动作，并将调节回路切为手动，重要仪表、电气设备，切换到现场操作。

④ 下载组态。下载完成后及时为新修改增加的方案设定初值。

⑤ 联系工艺操作人员对新修改增加的方案进行测试。

⑥ 工艺员确认流程图上PID参数、温度、液位、压力等显示正常，确认无误后，准备投入联锁，恢复调节回路自动控制，现场操作人员撤离。

⑦ 下载完毕，各方确认。

4. 非生产状态下的更改与下载

(1) 如组态更改较多，不符合在线下载的规定时，可以在工艺停车时修改下载。

(2) 下载后必须立即对程序给予调试，检查确认各程序、阀位、参数是否正常，检查确认无误后方可再次开车。

八、系统升级指导

注意事项：

(1) 升级前必须备份原组态、参数。

（2）升级时工艺生产必须处于停车状态，并严格按相关升级说明书操作。

（3）升级后必须检查、确认各控制回路、参数等是否正常。

（4）必须及时将新版本的软件及安装说明拷贝到各升级后的计算机；删除各计算机硬盘上原有的的软件备份；老版安装光盘必须销毁或标识作废。

九、UPS维护指导

1. UPS的使用环境

（1）UPS所在机房应保持恒定的温度，建议控制在20~25℃；蓄电池应在5~30℃；

（2）UPS机房应保持通风，风扇处不能有遮挡物；不可将UPS及电池放入密封构造物体内，以免导致机器损坏、人身受伤害；

（3）UPS表面应保持清洁、干燥状态。

2. UPS的正确使用

（1）必须严格按照正确的开、关机顺序进行操作，避免因突然加载或减载时UPS的输出电压波动太大；

（2）严禁频繁的关闭或开启UPS。一般要求在关闭后，至少等候6s再进行开启操作，否则UPS可能进入“启动失败”状态，即进入无市电输入又无逆变输出状态；

（3）UPS禁止超载使用，最大负载最好控制在80%之内；

（4）UPS的开关机是属于防勿动操作，开关机请按住1s以上；

（5）雷击是所有电器的天敌，一定要注意保证UPS的有效屏蔽和接地保护。

注：当山特UPS出现故障时，需按照说明书上的要求去检查一下前面板上的指示灯：所有的开关是否启动；是处于开机状态还是旁路状态(注意旁路状态下UPS也是有响声的)；是否有市电输入；UPS背面的市电开关是否打开；UPS的电池箱开关是否合上；有时机器长鸣红灯亮，提示UPS故障，此时UPS没有坏是超载，关机卸掉负载重新启动一下，UPS就正常工作了。

3. 蓄电池的正确使用

（1）在同一个UPS中，必须使用同品牌、同型号、同规格的蓄电池；

（2）不要将蓄电池放在火源及发热处使用；

（3）在安装的过程中，如果光线昏暗切勿使用火源照明，以免引起爆炸及火灾；

（4）扭矩板手、钳子等金属安装工具需用乙烯胶布包裹，安装过程中不要将电池的极性接反，否则将导致火灾及UPS充电器损坏；

（5）蓄电池一般使用寿命在3~4年，需要定期更换；25℃常温下更换期为三年，30℃为2.5年，40℃为2年；

（6）如果长时间未有停电，则需人为对蓄电池进行放电操作，一般三个月一次(根据后备电池时间进行放电)；蓄电池的连续放电量不可超过说明书允许的最大值，放电后应立即充电，不可进行无电存放；

（7）当每次停电时需要用万用表测量一组电池的电压(最好5min一次)，如下降的很快就要做好关机的准备，以免电池深度放电；若主机发出报警声音应立即关机；

（8）电池充电的设定电压应该在UPS的指定范围内，超出范围易造成电池的破损、容量降低及寿命的缩短。

注：不同型号UPS的具体维护详见各UPS厂商的说明书。

十、校验维护介绍

1. X219 通用型过程校验仪使用简介

X 系列过程校验仪是一种电池供电的手持式仪表，功能键和数字按键并存，操作便利，能同时测量和输出多种信号，支持电压、电流、电阻、频率、热电偶、热电阻等各种信号类型，可使用 4 节 AA Ni-MH 或 Ni-Cd 充电电池，也可使用碱性电池，维护成本低，主要应用于工业现场和实验室信号的测量和校准，可用于 DCS 卡件维护、过程仪表故障诊断、校准、检定。

X219 有如下主要特点：

（1）小型化设计，便于携带、手持；

（2）功能按键与数字按键并存，操作便利；

（3）电池电量显示，电量不足自动关机；

（4）白色 LED 背光液晶屏，在光线较弱的环境里也能正常使用；

（5）测量五位数显示，且根据信号大小自动调整显示分辩力；

（6）智能闪光插孔提示，避免误操作；

（7）左测量端子与右测量/输出端子完全隔离；

（8）同时具有左测量和右测量/输出功能，两输入或一输入一输出可同时进行；

（9）信号测量/输出具有清零功能；

（10）电阻测量时，2/3/4 线制可选；

（11）电阻输出时具有输出引线电阻补偿功能；

（12）自动步进和斜波输出；

（13）幅值(0~22V)可调的频率信号输出；

（14）输出或测量热电偶信号时，可自动进行冷端环境温度补偿，无需运算；

（15）冷端环境温度补偿方式可选手动或自动；

（16）内置 90 国际温标分度表；

（17）摄氏度与华氏度温标切换；

（18）测量或模拟低于 0℃ 的热电势值；

（19）测量热电偶或热电阻信号时，可同步显示温度值与电压或电阻值，无需再查分度表；

（20）可使用 4 节 AA Ni-MH 电池或 Ni-Cd 充电电池，也可使用碱性电池，维护成本低。

2. 维护 DCS 卡件

与 DCS 配套的 I/O 卡件有电流信号输入卡、电压信号输入卡、热电阻信号输入卡、电平信号输入卡、脉冲量输入卡、电流信号输出卡，均可以使用 X219 通用型过程校验仪进行故障诊断和定位，通过 X219 的自动步进和斜坡输出功能还可对卡件进行快速线性测试。

3. 驱动及维护执行机构

X219 支持Ⅱ、Ⅲ型模拟电流输出，具有较强的驱动能力，使用 X219 的模拟电流输出功能，可用于驱动现场的执行结构，如电气转换器、阀门定位器等。

4. 维护隔离栅

X219可模拟二线制变送器输出4~20mA电流信号，使用X219的模拟变送器功能，在同一个屏上显示隔离栅的输入和输出信号，仅用一台过程校验仪即可方便、快速、简单地在现场调校和维护隔离栅，无需外接电源和其他设备。

5. 维护校准变送器

X219可用于校准各种变送器，操作简单、快捷。X219模拟热电偶的输出并测量来自变送器的输出电流，液晶屏下方显示模拟热电偶输出值，上方显示变送器的输出电流。

十一、其他

DCS系统在使用一定年限(3年以上)以后，因存在如灰尘、腐蚀性气体等恶劣环境，容易造成元器件的老化、损坏等情况，可能导致系统通讯不畅、信号偏移等故障，因此我们将根据用户的实际需要为使用年限较长的系统提供全面的检测和维护(即点检)，清除可能存在的隐患，保证DCS系统长期的安全稳定运行。

参 考 文 献

[1] 张宏丽等．化工单元操作[M]．北京：化学工业出版社，2010.
[2] 周文昌．煤化工仿真实训[M]．北京：化学工业出版社，2013.
[3] 杨百梅等．化工仿真[M]．北京：化学工业出版社，2010.
[4] 王焕梅等，有机化工生产技术[M]．北京：高等教育出版社，2007
[5] 侯侠．煤化工生产技术[M]．北京：中国石化出版社，2012.
[6] 许祥静．煤气化生产技术[M]．北京：化学工业出版社，2010.
[7] 朱银惠．煤化学[M]．北京：化学工业出版社，2011.
[8] 李英华．煤质分析应用技术指南[M]．北京：中国标准出版社，1999.
[9] 白浚仁．煤质分析[M]．北京：煤炭工业出版社，1990.
[10] 汤国龙．工业分析[M]．北京：中国轻工业出版社，2004.
[11] 煤炭常用标准汇编[M]．北京：煤炭工业出版社，2000.
[12] 关梦嫔，张双全．煤化学实验[M]．徐州：中国矿业大学出版社，1993.
[13] 杨焕祥，廖玉枝．煤化学及煤质评价[M]．北京：中国地质大学出版社，1990.
[14] 郭崇涛．煤化学[M]．北京：化学工业出版社，1999.
[15] 余达用，徐锁平．煤化学[M]．北京：煤炭工业出版社，2004.
[16] 虞继舜．煤化学[M]．北京：冶金工业出版社，2000.
[17] 陶著．煤化学[M]．北京：冶金工业出版社，2000.
[18] 侯侠，于秀丽．化工装置仿真实训[M]．北京：中国石化出版社，2013.
[19] 郝临山．洁净煤技术[M]．北京：化学工业出版社，2010.